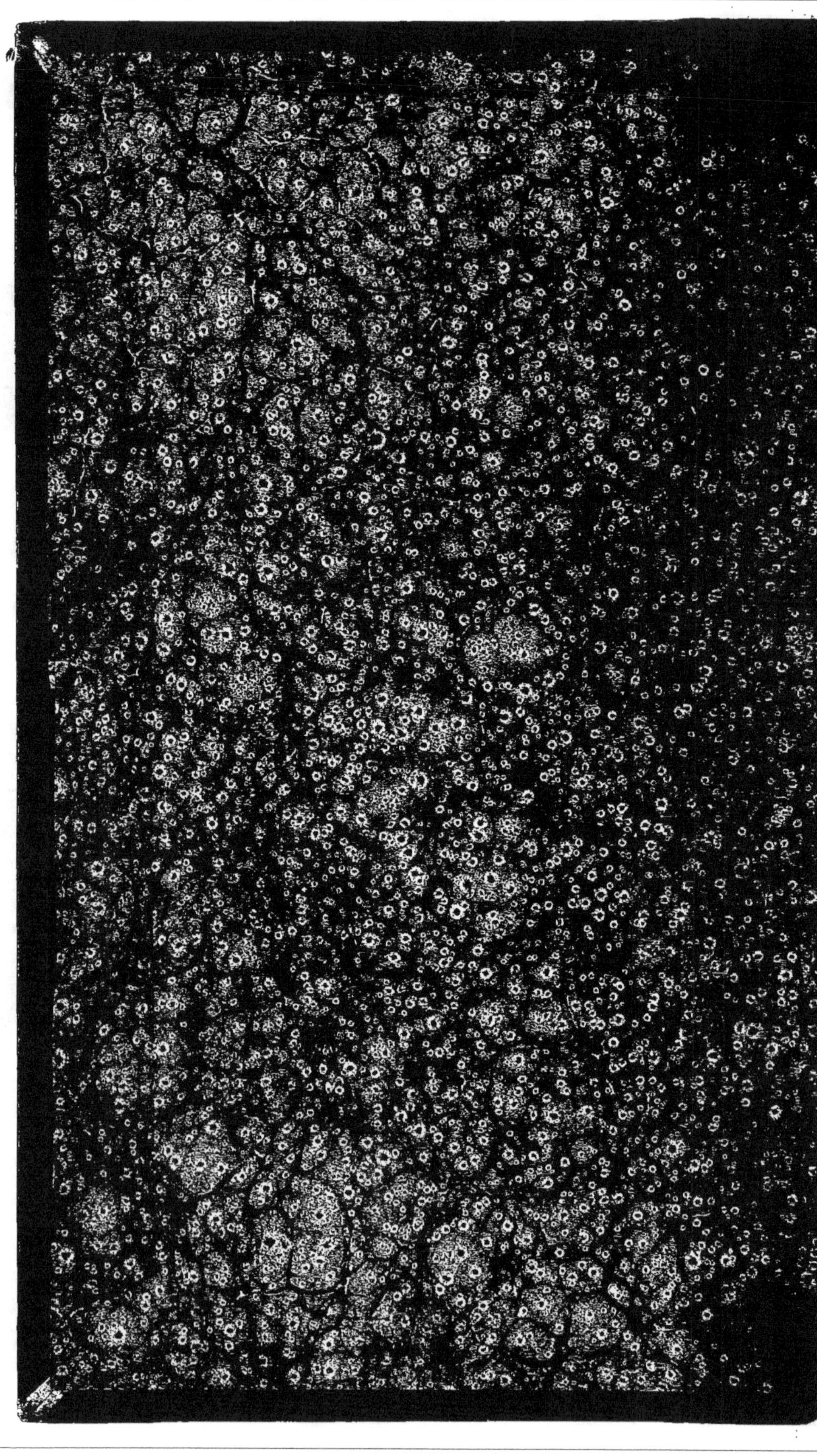

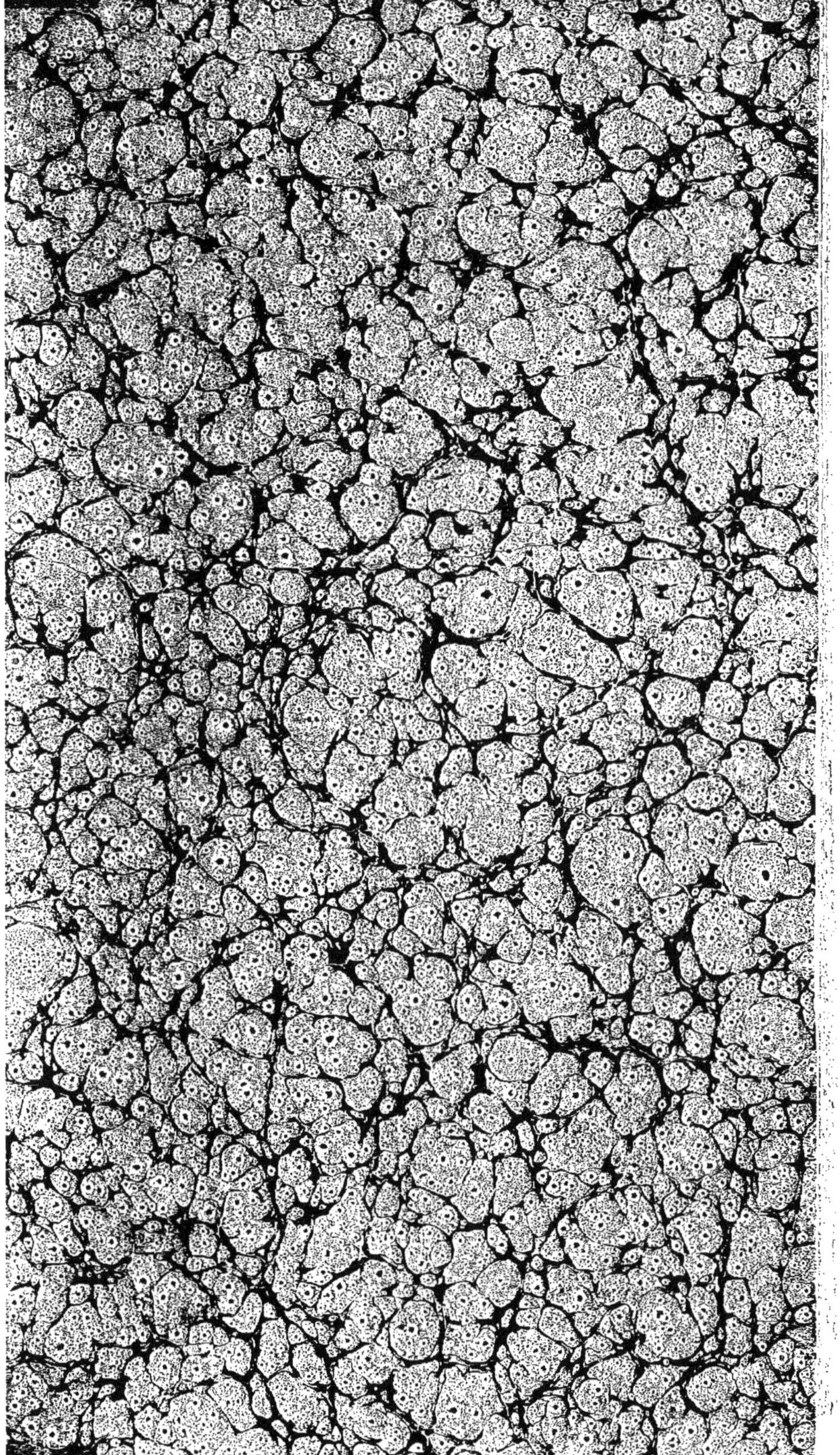

SUPPLÉMENT
AU
MÉMOIRE DE M. PARMENTIER,
SUR
LE MAÏS (OU PLUTÔT MAÏZ);

Par M. le Comte François de Neufchateau.

Imprimé par ordre du Gouvernement.

A PARIS,

De l'Imprimerie et dans la Librairie de Madame Huzard
(née Vallat la Chapelle),
Rue de l'Eperon Saint-André-des-Arts, n°. 7.

1817.

SUPPLÉMENT

Au Mémoire de M. PARMENTIER, *sur le maïs* (*ou plutôt maïz*).

PREMIÈRE PARTIE,

Contenant les notions sur cette plante, antérieures à la publication du mémoire de M. PARMENTIER, *et qui ont pu lui échapper.*

HOMMAGE

A la mémoire D'A.-A. PARMENTIER.

L'honneur est au premier qui remplit la carrière :
PARMENTIER la fournit entière ;
Mais à ses grands travaux trop foible associé,
Ce qu'il put laisser en arrière,
Je le glane. A dessein l'avoit-il oublié?
Peut-être! mais enfin de ce double hémisphère
Le Maïz et la Parmentière
Nourrissent au moins la moitié.
A ce riche banquet (ma jeunesse en fut fière),
PARMENTIER m'avoit convié.
Il n'est plus. Je rapporte à cette ombre si chère
Les miettes que j'ai dû ramasser pour lui plaire
A la table de l'amitié.

AVERTISSEMENT

Sur les Pièces qui suivent.

Nous avions conçu le plan de nouvelles recherches et de nouvelles expériences sur le maïs (ou plutôt maïz, comme on le verra ci-après), avant que notre cher confrère et respectable ami, feu M. *Parmentier,* eût donné, en 1812, la seconde édition de son mémoire sur cette plante, imprimé à Bordeaux en 1785. Nous comptions lui dédier le résultat de ce travail, que nous ne considérions que comme un appendice à son traité. Nous avons eu la douleur de perdre M. *Parmentier* avant qu'il nous eût été possible de rédiger les corollaires des matériaux que nous avions rassemblés uniquement pour lui en faire hommage.

Qui dit *supplément,* ne dit pas toujours *complément.* Quand un ouvrage est de main de maître, comme celui de M. *Parmentier,* les additions qu'on veut y faire n'y ajoutent souvent rien, nous ne l'ignorons pas; mais nous croyons pourtant que les diverses notions que nous avons recueillies et rangées par ordre chronologique, peuvent être considérées d'abord comme les pièces justificatives de l'histoire du maïz, par M. *Parmentier;* qu'elles présentent en outre les indications qui peuvent perfectionner la culture de cette plante qu'il a tant préconisée et en étendre les avantages, ce qui étoit un de ses vœux les plus ardens en faveur de l'humanité. Si nous ne pouvons continuer son génie, on nous excusera du moins de chercher à suivre ses intentions.

Ces recherches se divisent naturellement en deux périodes.

La première partie comprend un extrait de ce qui s'étoit publié de mieux sur le maïz, depuis l'année 1750 jusqu'à celle de 1785, date de l'impression du grand mémoire de M. *Parmentier,* couronné à Bordeaux en 1784. Ce sont des détails positifs, dont la connoissance peut être utile sous plusieurs rapports, non-seulement pour la bibliographie agronomique du maïz, mais pour montrer aussi le point d'où M. *Parmentier* étoit parti à l'égard de cette plante, et faire ressortir le terme où il est arrivé. Nous n'avons pas remonté au-delà de 1750, parce que M. *Parmentier* a dépouillé avec soin ce qu'avoient dit du maïz, avant cette époque, les récits des historiens, les relations des voyageurs et les mémoires des Académies; mais nous avons saisi cette occasion d'annoncer le grand travail de M. *Mouton-Fontenille* sur la synonymie des plantes, en donnant celle du maïz, qu'il a bien voulu nous adresser. Le public nous saura aussi quelque gré de lui faire connoître le mémoire de M. *Amoreux*, qui concourut dans le temps avec celui de M. *Parmentier*, et qui n'a pas été imprimé quoiqu'il eût dû l'être. Nous remercions MM. *Mouton-Fontenille* et *Amoreux* de leur confiance, et de l'intérêt que leurs lettres donnent à cette première partie de nos recherches.

La seconde partie contient l'analyse de ce qu'on a fait au sujet du maïz, depuis le mémoire de M. *Parmentier*, et d'après l'impulsion nouvelle qu'il avoit donnée à cette culture.

Ce supplément à son mémoire sur le maïz, et celui que nous pourrons donner également à son traité classique sur la pomme de terre, ou plutôt sur la parmentière, sont des offrandes que nous déposons sur la tombe de cet excellent homme. Si ces recherches et ces expériences peuvent offrir quelque chose d'utile, l'auteur dira, comme dans la *Henriade* :

C'est à vous, ombre illustre, à vous que je le dois !

ou comme dans *Virgile* :

His saltem accumulem donis, et fungar inani
Munere !

§. Ier.

Lettre de M. Mouton-Fontenille, *professeur d'histoire naturelle à l'Académie de Lyon, à M. le comte* François de Neufchateau, 1°. *sur la synonymie botanique du Maïz ou Maïs; 2°. sur la manière d'orthographier le mot de maïs.*

Monsieur le comte, je m'empresse de répondre aux deux questions que vous me faites sur le maïs:

1°. Vous pensez avec raison que la monographie d'une plante quelconque devroit commencer par la synonymie botanique de cette plante.

2°. Vous me faites, M. le comte, beaucoup trop d'honneur en me demandant mon avis sur l'orthographe du mot *maiz*, *mays*. Un littérateur aussi distingué que vous peut bien décider la question; mais puisque vous désirez connoître mon sentiment, voici ce que je pense.

Il me paroît plus naturel d'écrire mayz par un *z* final que par une *s* finale. Dans ce dernier cas, on l'écrit comme on prononce et comme on dit *lys*, *amaryllis*, etc.

On a écrit *maiz* ou *mays* de cinq manières différentes, ainsi que vous pouvez en juger par la note (n°. 2), dans laquelle j'ai réuni les citations d'un assez grand nombre d'auteurs dont je possède les ouvrages, et de laquelle il résulte que cinq auteurs ont écrit *maiz* ou *mayz ;* vingt-un, *mays ;* cinq, *maïs ;* deux, *mais ;* et un seul, *maitz :* la pluralité est pour *mays*.

J'ai pensé que ce petit résumé de l'orthographe du *mays* ou *mayz* pouvoit vous faire connoître la manière la plus générale d'écrire ce mot, qui, ayant été adopté par *Tournefort* comme *nom générique*, et par *Linné* comme *nom spécifique*, a été écrit de la même manière par les botanistes qui les ont suivis.

Je désire, M. le comte, que le travail que j'ai l'honneur de vous adresser puisse mériter votre approbation, et enrichir d'une synonymie botanique l'important ouvrage que vous vous proposez de publier.

Je suis avec respect, M. le comte, etc.

MOUTON-FONTENILLE.

Première note sur la lettre précédente, ou synonymie botanique du maïz ou maïs.

ZEA MAYS, LINNÉ.

Synonymie du genre.

Blé de Turquie. TOURNEF., Elém. de bot., pag. 422, pl. 303, 304 et 305.

Mays. TOURNEF., Inst., pag. 531, tab. 303, 304 et 305.

Mays. GOERTNER, tom. I, pag. 6, tab. 1, fig. 9.

Zea. LAMARK, tab. encyclop., pl. 739.

Zea. NECKER, tom. III, pag. 229, n°. 1613, tab. 45.

Zea. VENTENAT, tab. du Règ. végét., tom. 2, pag. 111, pl. 3, fig. 3.

Zea. JEAUMES ST.-HIL., tom. I, pag. 88, tab. 14, sect. 10.

Synonymie de l'espèce.

Turcicum frumentum. FUCHS, Hist., édit. in-fol. de 1542, pag. 824 et 825, avec une figure sur bois.

Turcicum frumentum. TRAGUS, éd. in-4°. de 1552 de Kyberus, pag. 651, avec une figure sur bois.

Frumentum turcicum. LONICER, Hist., édit. in-fol. de 1551, tom. I, pag. 253, avec une figure sur bois.

Frumentum indicum. MATTHIOLE, édit. latine in-fol. de 1565, à grandes figures sur bois, pag. 393.

Frumentum indicum. MATTH., édit. lat. in-fol. de 1583, à grandes figures sur bois, tom. I, pag. 356.

Formento indiano. Matth., édit. ital. in-fol. de 1568, à grandes figures sur bois, tom. I, pag. 416 et 417.

Frumentum indicum. Camerarius, Epist., édit. in-4°. de 1586, pag. 186, avec une figure sur bois.

Frumentum turcicum, Dodoeus *frum*. Edit. in-12 de 1566, pag. 74, avec une figure sur bois.

Frumentum turcicum sive maizium. Dod., Pempt., édit. in-fol. de 1616, pag. 509, avec la figure déjà citée des *frumentorum*.

Milium indicum plinianum, vel mais occidentalium et frumentum turcicum. Lobel, Icon., édit. in-4°. oblong, tom. I, pag. 39, avec une figure sur bois qui est celle de *Dodoeus*. Cet auteur décrit trois variétés de mays; savoir :

1°. *Milium indicum rubrum*. Icon., pag. 40;
2°. *Milium indicum flavum*. Icon., pag. 40;
3°. *Aliud milium indicum magnum*. Icon., pag. 40.

Triticum indicum, Fuchsio *turcicum*. Dalechamp, Hist. gén. plant., édit. lat. in-fol. de 1587, tom. I, pag. 382, avec une figure sur bois qui est celle de *Fuchs*, réduite.

Triticum indicum Matthioli. Dalech., Hist.,

tom. I, pag. 382, avec une figure sur bois qui est celle de *Matthiole*, réduite.

Froment d'Indie ; de Turquie, selon *Pline*. DALECH., Hist. gén. des plant., édit. française in-fol. de 1653, tom. I, pag. 321, avec la figure sur bois de l'édition latine.

Froment d'Indie de *Matthiole*. DALECH., Hist., tom. I, pag. 321, avec la figure sur bois de l'édition latine.

Frumentum turcicum. TABERNAMONTANUS, Hist., édit. latine in-fol. de 1687, publiée par *G. Bauh.*, tom. I, pag. 616, avec une figure sur bois. Cet auteur donne quatre variétés de mays ; savoir :

Frumentum indicum, 1°. *rubrum* ; 2°. *purpureum* ; 3°. *luteum* ; 4°. *album*.

Frumentum indicum: TABERNAM., Hist., tom. I, pag. 617, avec une figure sur bois. Cet auteur donne six variétés de mays à grains de couleur simple ; savoir :

Frumentum indicum, 1°. *luteum* ; 2°. *spadiceum* ; 3°. *album* ; 4°. *nigrum* ; 5°. *violaceum* ; 6°. *aureum* ; et quatre variétés à grains de couleur composée, savoir :

Frumentum indicum, 1°. *spadiceum et cœruleum* ; 2°. *rubrum et spadiceum* ; 3°. *aureum et album* ; 4°. *luteum album et punc-*

tulis cœruleis pictum, toutes avec figures. Elles sont répétées dans les Icones du même auteur, édit. latine in-4°. de 1590, format oblong, tom. I, pag. 263 à 273.

Frumentum asiaticum. GERARD, Herb., édit. anglaise in-fol. de 1633, pag. 81, avec une figure sur bois.

Frumentum turcicum. GERARD, Herb., pag. 81, avec une figure sur bois, et celle de l'épi au bas de la page. Cet auteur donne trois variétés de mays ; savoir :

Frumentum indicum, 1°. *luteum* ; 2°. *rubrum* ; 3°. *cœruleum*. La figure de la troisième variété est celle de *Tabernamontanus* ; celles des deux premières sont copiées de *Lobel.*

Milium indicum maximum Mayz dictum sive Frumentum indicum vel turcicum. PARKINSON, Théât., édit. anglaise in-fol. de 1640, pag. 1138, avec une figure sur bois copiée de *Dodoeus.* Cet auteur indique une variété sans figure, sous le nom de *Frumentum indicum alterum sive minus.*

Frumentum indicum Mays dictum. G. BAUHIN, Pin., pag. 25, n°. 3.

Frumentum indicum Mays dictum alterum.

G. Bauhin, Pin., pag. 26, n°. 4. Cet auteur en donne deux variétés ; savoir :

1°. *Frumentum indicum grano avellanæ magnitudine*. Pin., pag. 25, n°. 2 ; 2°. *Frumentum indicum Mays dictum minus*. Pin., pag. 26, n°. 5.

Frumentum indicum Mays dictum. G. Bauh., Théât. bot., édit. lat. in-fol. de 1658, pag. 490 et 491, avec les figures sur bois de *Tabernamontanus*.

Frumentum indicum Mays dictum alterum. G. Bauh., Théât., pag. 498 et 499, avec les figures sur bois de *Tabernamontanus*. Cet auteur cite une variété de mays ; savoir : *Frumentum indicum mays dictum minus*. Théât., pag. 501, sans figure.

Triticum indicum. J. Bauhin, Hist. plant., édit. lat. in-fol. de 1651, tom. II, pag. 453, avec une figure sur bois imitée de *Matthiole*. Cet auteur donne quatre variétés de mays, dont une avec la figure de l'épi sous le nom de *triticum peruvianum album longum* ; les autres avec la figure d'un seul grain.

Triticum turcicum vel indianum. Chabroeus, stirp. Icon., édit. lat. in-fol. de 1666, pag. 174, avec la figure de l'*historia* de *J. Bauhin*.

Triticum peruvianum, *Frumentum indicum*,

Milium indicum, Mays dictum. CHABR., stirp. Icon., pag. 174, avec la figure de l'*historia* de *J. Bauhin.*

Frumentum indicum spicâ divisâ, seu polystachites. BOCCONE, Icon., édit. lat. in-4°. de 1674, pag. 32, tab. 16, fig. 1 sur cuivre. Cette figure présente un épi de mays divisé en cinq branches.

Frumentum indicum Mays dictum. MORISON, Hist. plant., édit. lat. in-fol. de 1715, tom. III, pag. 248, sect. 8, tab. 13, fig. 1 sur cuivre. Cet auteur cite quatre variétés de mays, dont deux avec figures ; savoir :

1°. *Frumentum indicum majus granis irregularibus*, sect. 8, tab. 13, fig. 2; 2°. *Frumentum indicum Mays dictum, spicâ divisâ, sive polystachites*, sect. 8, tab. 13. Cette dernière variété est celle de *Boccone*, mais la figure de *Morison* est différente.

Frumentum indicum seu turcicum. Hist. des plantes de l'Europe, vulgairement appelée le *petit Bauhin*, édit. in-12 de 1707, tom. I, pag. 32, avec une très-petite figure sur bois.

Frumentum indicum majus dictum. MERIAN, recueil de plantes, édit. de 1770, pl. 350, fig. 7 et 8 sur cuivre, imitées de *Tabernamontanus.*

Frumentum indicum majus dictum alterum. MERIAN, recueil de pl., pl. 350, fig. 9, et pl. 351, fig. 1, imitées de *Tabernamontanus.*

Le *Mays, blé de Turquie.* GILIBERT, Hist. des pl. d'Europe, édit. française in-12 de 1798, tom. I, pag. 347, avec la figure sur bois du *petit Bauhin.*

Le *Mays, blé de Turquie, Zea Mays.* GILIB., Hist. crit. des pl. d'Europe, édit. française in-8°. de 1806, tom. III, pag. 52, n°. 2233, avec la figure sur bois du *petit Bauhin.*

Deuxième note sur la lettre précédente, sur l'orthographe du mot maïs.

MAIZ, vel MAYZ.

Mayz. COESALPIN, Syst., pag. 181.

Mays, seu Frumentum indicum. RAI, Methodus, pag. 130.

Maïzio, seu Mays. HERMANN, hort. acad. Lugd. Bat. Catalog., pag. 262 et 410.

Mayz. MAGNOL, cité dans le Classes plant. de *Linné*, pag. 384, clas. 2, sect. 4, genr. 7.

Mayz. PONTEDERA, Anthol., pag. 126.

MAYS, vel ZEA.

Mays. TOURNEFORT, Elém. de bot., tom. I.

Zea Mays. DURANDE, Flore de Bourg., tom. II,

pag. 268, n°. 1080; détails sur ses usages.

Zea Mays. LINNÉ, dans ses divers ouvrages.

Zea Mays. THUMBERG, Flor. Japon., pag. 37; cité comme plante du Japon, où il pense qu'il a été apporté par les Chinois.

Zea Mays. REICHARD, Syst. plant., tom. IV, pag. 96.

Zea Mays. RŒUSCHEL, Nomencl. bot., pag. 268, n°. 167.

Zea Mays. ZINN., Catalog. plant. hort. et ag. Gottin., pag. 73.

Zea Mays. CRANTZ, Inst. rei herb., tom. I, pag. 393, genr. 376.

Mays. RUPPIUS, cité dans le Class. plant. de *Linné*, pag. 257, clas. 15, genr. 14.

Mays. BOERHAAVE, cité dans le Class. plant. de *Linné*, pag. 191, clas. 29, sect. 5, genr. 1.

Mays. LUDWIG, Défin. gen. plant., pag. 441, genr. 1099.

Zea Mays. SAUVAGES, Méthod. fol., pag. 40, n°. 105.

Zea Mays. ST.-GERMAIN, Manuel des végét., pag. 272, n°. 1488.

Mays. BUC'HOZ, Manuel alim. des pl., pag. 126; avec des détails sur ses usages.

Zea Mays. Dict. des pl. alim., tom. I, pag. 195; avec des détails sur ses usages.

Zea Mays. WITMANN, Sum. plant., tom. V, pag. 294.

Zea Mays. PETAGNA, Inst. bot., tom. V, pag. 1758.

Zea Mays. GOUAN, hort. reg., pag. 481.

Zea Mays. JACQUIN, ind. reg. végét., n°. 7795.

Zea Mays. JEAUMES ST.-HIL., Exposit. des fam. nat., tom. I, pag. 88, rapporte la synonymie de *Linné* qui écrit *mays*, et celle de *Jussieu* qui écrit *maïs*.

Mays. ORTEGA, contin. de la Flora espan., tom. 5, pag. 407, cite comme synonymes les noms officinaux de *mays, maiz, mayzium*, etc.

MAÏS.

Maïs. JUSSIEU, gen. plant.

Maïs. ADANSON, fam. des plant., 2e. partie ou tom. II, pag. 39.

Maïs. WILLEMET, phyt. encyclop., tom. III, pag. 1123; avec des détails sur ses usages.

Maïs. DECANDOLLE, Flore franç., tom. III, pag. 98; avec quelques détails sur ses usages.

Maïs. Hist. nat. de St.-Doming., pag. 265.

MAIS.

Mais. JOLYCLER, Syst. des végét., pag. 663, écrit aussi *zea mays*.

Mais. Diction. des pl. usuel., tom. V, pag. 5, par GARSAULT.

MAITZ.

CAMERARIUS, Epitome, pag. 186, cite *maitz*.

---

§. II.

Culture et usage du maïs dans l'Amérique septentrionale, par KALM, *naturaliste suédois, en* 1752.

(Article extrait de la *Collection académique*, tome XI, page 362 et suiv.).

« Cette plante aime la terre sablonneuse; elle vient mal dans l'argile. On voit souvent en Amérique des terrains si secs et si maigres qu'ils semblent incapables de produire, et qui portent de très-beau maïs. La terre trop grasse le fait luxurier.

» Pour le grand maïs, la distance est de 4 à 6 pieds; pour le petit maïs (ou maïs de trois mois), moitié moins.

» L'engrais fait bien lorsqu'il est suivi de pluie; mais la sécheresse le rend nuisible.

» Les habitans de la Nouvelle-York font usage d'une espèce de hareng dont ils mettent un ou deux dans chaque angle destiné au grain.

» On sème, lorsqu'on n'a plus de gelée à craindre.

» Le maïs résiste à la gelée. On a vu en Albanie et ailleurs ce grain gelé en terre jusqu'à deux fois et donner une très-belle moisson.

» On sème quatre ou cinq grains à l'intersection des sillons. On les recouvre de deux ou trois travers de doigt de terre. Il vient ordinairement deux ou trois tiges au même angle.

» Les sauvages plantent quelques semaines après des pois avec le maïs, ou des tournesols.

» Le maïs suspendu et gardé à l'air se conserve plusieurs années et est encore fécond.

» Les sauvages conservent les épis de maïs en terre. Ils font une fosse profonde en terrain sec, et étendent par-dessus une couche d'herbe sèche (*andropogon*). Le maïs s'y conserve plusieurs années; mais il ne faut pas que les rats y pénètrent.

» Ce grain est plus abondant que tous les autres. On a compté dans un seul épi six cent cinquante grains bien mûrs, et chaque tige porte ordinairement deux ou trois épis. Il n'y en a presque pas qui n'aient au moins trois cents grains.... On a en Amérique une année de disette, lorsque le maïs ne rend pas deux cents fois la semence; et l'expérience y fait voir que 2 boisseaux produisent la subsistance d'une famille nombreuse pendant une année.

» Si on fait bouillir dans l'eau les feuilles coupées vertes et séchées, les bestiaux la boivent avidement.

» Pour en faire du pain dans les colonies anglaises, l'usage le plus ordinaire est de le mêler au seigle. Il fait aussi de très-bon pain lorsqu'il est joint au froment.

» On attribue au maïs une vertu laxative.

» On joint quelquefois au maïs toutes sortes de courges, et on en fait du pain très-beau et très-doux.

» Il faut alors ôter soigneusement tout le son de la farine, cuire les courges et pétrir le tout ensemble. (Page 366.)

» Lorsqu'on veut faire du pain de maïs et de seigle, on fait une bouillie avec la farine de maïs. Lorsqu'elle est froide, on y pétrit la farine de seigle.

» On fait de la bière avec le maïs. On en fait aussi avec le pain de maïs. Enfin on en tire de bonne eau-de-vie.

» Quelques Américains ne sèment lè maïs bleu que pour en faire de la bière. Outre cette propriété, il a celle de mûrir une ou deux semaines plus tôt que les autres variétés.

» Le cataplasme de farine de maïs et de lait s'applique avec succès sur les enflures.

» Lorsque l'on transplante ce grain sous un ciel plus froid, il mûrit d'abord difficilement ; mais il se fait ensuite au climat.

» Pour empêcher les animaux de toucher au grain semé, on fait une décoction de racine d'ellébore blanc. Lorsqu'elle est froide, on y met tremper le maïs depuis le soir jusqu'au matin ; ensuite on le met en terre. Lorsqu'un animal en a mangé un ou deux grains, il est ivre, il tourne, il se débat et épouvante tous les autres. Quant au grain trempé de la sorte, il n'en reçoit ni dommage, ni propriété nuisible. (Page 363.)

---

§. III.

Pain de farine de riz. — Usage du blé de Turquie.

(Article extrait du *Journal économique* du mois de mai 1752, pages 97—106.)

Quoiqu'il soit question plus spécialement du pain de farine de riz, il est cependant nécessaire de transcrire en partie ce qui a rapport à ce pain, puisque l'auteur assure ensuite que le maïs peut être absolument traité de la même manière.

Voici d'abord son préambule.

« *Le Dictionnaire de Chomel* dit que l'on peut faire du pain avec du riz, et s'en tient à cette simple énonciation. *La Maison rustique* va un peu plus loin, et apprend que ce pain se fait en mettant ensemble de la farine de seigle et de riz. Mais le premier de ces livres est censé ne rien dire, puisqu'il n'enseigne point la façon de faire ce pain, ouvrage dont on ne viendroit pas à bout si l'on travailloit la farine de riz, qui est sèche comme de la cendre ou du sablon, ainsi que l'on fait de celle de froment; et le second ne remédie qu'en apparence au besoin dans lequel on peut se trouver. En effet, quand on n'a point de seigle, on ne peut, selon lui, faire du pain avec du riz, puisqu'il y fait nécessairement entrer moitié de farine de seigle, etc. (Page 97.)

» L'auteur de cet article croit devoir en bon citoyen suppléer au défaut essentiel de ces deux livres, et déposer, dans un journal qui lui paroît consacré spécialement à l'utilité publique, la manière de faire du pain excellent avec la seule farine de riz, comme il l'a appris des naturels de l'Amérique. Il en résultera, selon lui, deux biens : l'un que, dans les disettes qui, depuis un certain nombre d'années, deviennent assez et trop communes en France, quantité de personnes peuvent se procurer un pain très-bon et très-nourrissant; l'autre, que notre amour-propre sera utilement mortifié, étant forcé de reconnoître que ses lumières, quelque grandes qu'il les imagine, sont encore bien bornées, puisque des peuples, que nous traitons de sauvages, sont capables de nous donner une leçon si importante. (Page 98.)

» La première façon que l'on donne au riz est de le réduire en farine, ce qui se fait par le moyen d'un moulin, ou, quand on n'en a pas, de la manière suivante. On fait chauffer de l'eau dans une marmite ou chaudière; lorsqu'elle est prête à bouillir, on y jette du riz en grain à discrétion. On retire aussitôt le vaisseau de dessus le feu, et on laisse tremper le riz du soir au matin. Le riz tombe au fond; on jette l'eau qui le surnage, et on le met pour égoutter sur une petite table, que l'on a soin auparavant de disposer en pente. Lorsqu'il est sec, on le pile, et on le réduit en farine, que l'on passe par le tamis le plus fin que l'on peut avoir. (Page 99.)

» On prend de cette farine ce que l'on juge à propos, et on la met dans le coffre qui sert ordinairement à faire le pain, et que l'on nomme, suivant les lieux, huche, met ou pétrin. En même temps, on fait chauffer une quantité d'eau suffisante dans une chaudière, où l'on jette quatre parties de riz en grain, que l'on fait bouillir et crever. Lorsque cette matière gluante et épaisse est un peu refroidie, on la verse sur la farine, et on pétrit le tout ensemble, en y ajoutant du sel et du levain. On le couvre ensuite de linges chauds, et on laisse lever la pâte. Dans la fermentation cette pâte, de ferme qu'elle étoit, devient liquide comme de la bouillie, et paroît ne pouvoir être utilement employée pour faire du pain; mais voici de quelle façon on doit se conduire.

» Pendant que la pâte lève, on a soin de faire chauffer le four; et, lorsqu'il est convenablement chaud, on prend une casserole étamée, emmanchée dans une perche assez longue pour qu'elle puisse atteindre jusqu'au fond du four. On met un peu d'eau dans cette casserole; on la remplit ensuite de pâte, et on la couvre de feuilles de chou ou d'autres grandes feuilles, ou d'une feuille de papier. Les choses étant ainsi disposées, on enfourne la casserole; et, lorsqu'elle est dans le four à la place où l'on veut mettre le pain, on la renverse promptement; la chaleur du four saisit la pâte, l'empêche de s'étendre, et lui conserve la forme que la casserole lui a donnée.

» C'est ainsi que se fait le pain de riz pur, qui sort du four aussi jaune et aussi beau que les pâtisseries que l'on a dorées avec le jaune d'œuf. Il est d'aussi bon goût qu'il est appétissant à l'œil, et se trempe dans le bouillon de même que le pain de froment. Cependant je dois avertir que sa bonne qualité diminue considérablement lorsqu'il est rassis. (Pages 99, 100 et 101.)

» L'auteur ajoute aussi que le mauvais pain et la pâte que l'on fait en France avec le blé de Turquie, l'oblige de dire que ce grain, pour être employé utilement, veut être traité comme le riz; et que l'on s'en servira ainsi avec agrément, non-seulement pour la boulangerie, mais encore pour la pâtisserie. (Page 105.)

» L'auteur croit devoir dire encore que, lorsqu'on a tamisé la farine du blé de Turquie, on peut tirer un bon parti du son. Jetez ce son dans l'eau, et elle blanchira la farine qui y reste attachée; passez cette eau avec un linge fin, pour en séparer le son pur; mettez ensuite cette eau blanche sur un bon feu, y ajoutant du lait ou du beurre, et tournez dans le poêlon ou chaudron avec une cuiller de bois, comme on a coutume en faisant de la bouillie ordinaire : vous en aurez une plus fine et plus excellente que celle qui seroit faite avec la plus belle fleur de froment. (Pages 105 et 106.) »

---

§. IV.

Culture du maïz, par M. ***

(Extrait du *Journal économique* du mois de juillet 1753.)

« Il y en a de différentes couleurs, comme rouge, blanc, jaune, bleu, olive, verdâtre, tacheté, rayé, etc., qui se trouvent quelquefois dans le même champ et sur le même épi; mais le blanc et le jaune sont les plus communs. (Page 36.)

» Les Indiens septentrionaux, qui habitent fort avant dans les terres, en ont une espèce qui a la tige beaucoup plus courte. (Page *ibid.*)

» La tige est remplie d'un suc doux comme celui des cannes à sucre; on peut en tirer un sirop aussi doux que le sucre, et l'on a souvent éprouvé qu'il produit précisément le même effet, de sorte que l'on ne peut distinguer son goût d'avec celui du sucre. (*ibid.*)

» On le sème depuis le milieu de mars jusqu'au commencement de juin; mais plus communément depuis le milieu d'avril jusqu'au milieu de mai. (Page 37.)

» Il y en a dans les cantons les plus septentrionaux une espèce particulière appelée *mohauks-corn*, qui, quoique plantée au mois de juin, mûrit fort bien dans la saison. Cette espèce a la tige plus courte. (Page *ibid.*)

» On le plante à égale distance en tout sens, par touffes, à 5 ou 6 pieds les unes des autres. Pour cet effet, ou ouvre la terre avec un hoyau, et on enlève la surface à 3 ou 4 pouces de profondeur et de la largeur du hoyau; ensuite on y met quatre ou cinq grains de maïz, à quelque distance les uns des autres, et on les recouvre de terre. Pourvu qu'il en pousse deux ou trois, cela suffit; car les oiseaux, les souris et les écureuils en détruisent quelques-uns.

» Les Anglais se sont attachés à une nouvelle manière de le planter; ils font dans la terre, avec la charrue, des sillons tout le long du champ, à environ 6 pieds de distance les uns des autres; ensuite ils en font d'autres en travers et à la même distance. Les endroits où les sillons se croisent sont précisément ceux où ils mettent le blé, et ils le recouvrent avec le hoyau ou en faisant un autre sillon avec la charrue. Lorsque les herbes commencent à surmonter le blé, ils labourent la terre entre les sillons plantés, et ainsi retournent les mauvaises herbes. Cette opération se rèpète, etc. (Pages 38 et 39.)

» Quand le terrain est mauvais et usé, les Indiens ont coutume de mettre dessous ou auprès de chaque touffe de blé deux ou trois poissons qu'ils appellent *aloofes;* et il leur est arrivé plusieurs fois de récolter le double de blé de ce que leur terrain leur en eût donné sans cela. (Page *ibid.*)

» Les Indiens, ainsi que quelques Anglais, plantent souvent à chaque touffe de blé, sur-tout dans les bons terrains, une espèce de pois de Turquie ou haricots de France, à qui les tiges de blé servent de rameau, et ils plantent dans les espaces intermédiaires des courges ou des espèces de melons. Bien des gens, après avoir arraché les mauvaises herbes pour la dernière fois, sèment de la graine de navets entre le maïz, de sorte qu'après la récolte du blé ils ont une bonne récolte de navets. (Pages 39 et 40.)

» Quand la récolte est faite, la terre est presque aussi bien disposée pour recevoir du blé d'Europe ou des graines de mars, que si on lui eût donné un bon labour d'été. (Page 39.)

» Les Indiens se nourrissent de ce blé, qu'ils accommodent de différentes manières. Tantôt ils le font bouillir jusqu'à ce qu'il renfle et devienne tendre; et, dans cet état, ils le mangent, au lieu de pain, seul ou avec de la viande ou du poisson; tantôt ils le pilent dans des mortiers, et le font bouillir dans l'eau; mais plus communément ils le font griller sur les cendres chaudes, et savent si bien le retourner, qu'il s'attendrit sans se brûler et devient blanc et en farine. Ils en ôtent bien les cendres, et le broyent dans des mortiers de bois avec une grosse pierre qui leur sert de pilon. Ils en font leur nourriture habituelle chez eux, et en portent souvent dans un sac pour leurs voyages; par ce moyen, il est toujours prêt à être mangé, et ils trouvent que c'est une nourriture extrêmement saine. (Pages 40 et 41.)

» Les Indiens font encore avec ce blé une autre sorte de provision qu'ils appellent du *blé doux*. Quand le blé qui est dans l'épi est plein et encore vert, il a un goût fort agréable. Ils en coupent alors une certaine quantité qu'ils font bouillir et sécher. Dans cet état, ils le mettent dans des sacs pour s'en servir au besoin; et ils le font encore bien cuire dans son entier, ou broyé grossièrement, lorsqu'ils veulent le manger soit seul, ou avec du poisson, de la venaison, du castor, ou quelque autre viande; ce qu'ils regardent comme un mets fort délicat. (Page 41.)

» Quelquefois ils font rôtir ces épis vers et doux devant le feu ou dans les cendres, et ils en mangent le blé; par ce moyen, quand leur provision de blé seroit épuisée, ils auroient suffisamment de quoi se nourrir. (Page *ibid.*)

» Les Anglais font de bon pain avec le maïz moulu; mais on ne le fabrique pas comme le pain de blé ordinaire. Il est beaucoup meilleur lorsque la pâte est fort molle, et on le met cuire dans un four bien chaud, où on le laisse une journée ou une nuit entière ; mais comme cette pâte s'étend beaucoup en la mettant au four, on en remet une seconde couche sur la première ; et, par ce moyen, on en fait autant de pains, qui, quand ils sont cuits suffisamment, ont une couleur jaunâtre brune, sans quoi ils seroient tout blancs. (Pages 41 et 42.)

» La meilleure nourriture que les Anglais tirent de ce blé est un mets appelé *samp :* après l'avoir d'abord fait tremper pendant une demi-heure et l'avoir broyé dans un mortier, ou l'avoir concassé de la grosseur de grains de riz, ils en tamisent la fleur et en ôtent la paille avec un van : ensuite ils le font bouillir doucement jusqu'à ce qu'il soit attendri ; et, y mêlant du lait, ou du beurre, ou du sucre, ils font un manger délicat et fort sain. (Pages 42 et 43.)

» On remarque que les Indiens qui consomment beaucoup de ce blé, sont rarement attaqués de la pierre. (Page 43.)

» Les Anglais ont trouvé une méthode de faire de bonne bière avec ce grain, soit avec le pain, soit avec le grain même. (Page 43.)

» La manière de faire la bière avec le pain consiste à le couper par morceaux de la grosseur du poignet; ensuite à l'écraser et à s'en servir comme de drêche pour fabriquer la bière avec et sans houblon. (Page *ibid.*)

» Il y a une manière particulière pour faire de bonne drêche avec le maïz même. Les plus habiles faiseurs de drêche ont tenté inutilement de faire de bonne drêche par la méthode ordinaire; car on a trouvé par expérience que ce blé, avant que d'être en drêche, doit germer beaucoup par les deux bouts, c'est-à-dire par la racine et par le tuyau. Pour cet effet, il faut le laisser en tas un temps raisonnable; mais, d'un côté, si on le met d'une épaisseur convenable pour germer, il s'échauffera promptement et moisira, et les germes tendres seront tellement embarrassés que, pour peu que l'on ouvre le tas, ils se casseront, ce qui empêchera le grain de se réduire comme il faut en drêche; d'un autre côté, si on le remue et que l'on ouvre le tas pour empêcher la graine de s'échauffer trop, les germes qui auront commencé à pousser cesseront de croître, et par conséquent le blé ne pourra point acquérir cette qualité moelleuse nécessaire à la drêche. Pour remédier à ces inconvéniens, on a essayé avec succès la méthode suivante.

» Creusez de deux ou trois pouces la surface de la terre dans un jardin ou dans un champ, et jetez la moitié de cette terre d'un côté et la moitié de l'autre; ensuite mettez sur ce terrain le blé que vous destinez à faire de la drêche, et recouvrez-le avec cette terre. Laissez-le dans cet état jusqu'à ce que vous voyiez tout ce contour de terre comme un champ vert couvert de feuilles de blé; ce qui arrivera au dix ou quinzième jour, suivant la saison. Ensuite levez-le de terre, nettoyez-le et le faites sécher. Les racines seront tellement embarrassées les unes dans les autres, que l'on pourroit enlever de grands morceaux. Pour le bien nettoyer, il faut le laver et le faire sécher promptement sur un four ou au soleil; de cette manière tout le grain qui est bon se développera, deviendra fondant, moelleux, fort doux, et la bière qu'on en fera sera saine, agréable, d'une belle couleur brune. (Pages 43, 44 et 45.)

» Cependant la bière faite avec le pain, comme nous l'avons dit ci-dessus, est aussi colorée, aussi saine et aussi agréable, et se garde plus long-temps; aussi c'est celle dont on se sert le plus communément. (Page 45.) »

---

§. V.

Lettre sur le maïz, en 1753.

L'article que l'on vient de lire donna lieu dans le temps à une lettre qui se trouve dans le *Journal économique*, pour le mois de septembre 1753. Cette lettre est écrite par un homme qui dit avoir passé bien des années en Amérique, et avoir cultivé du maïz plus de douze dans son habitation. Il paroît que c'étoit à la Louisiane, près de la Nouvelle-Orléans. J'extrairai de cette critique quelques passages curieux.

« Il est vrai qu'on peut faire du sucre avec le pied du maïz; mais c'est perdre le blé, parce que, pour cela, il faut le prendre avant le temps de la fleur, autrement il n'auroit plus de séve. (Page 37.)

» On le sème dans les mois de février, mars, avril, mai et jusqu'au 15 juin. (Page *ibid.*)

» Il n'est pas nécessaire de labourer le terrain avant que de le semer. (Page *ibid.*)

» On fait germer ou renfler le grain dans l'eau; et, après avoir pratiqué des trous dans la terre à 3 pieds de distance en tout sens, un ouvrier jette cinq ou six grains de maïz dans chaque, et un autre qui le suit remplit le trou en jetant la terre par-dessus. Quand le maïz a été ainsi trempé, il lève ordinairement au bout de trois jours. (Page *ibid.*)

» Après la dernière façon, on peut semer autour de chaque tige des féves de quarante jours, qui se soutiennent aux tiges du maïz, ou bien des féves apalaches, qui rampent comme le chiendent. D'autres y plantent des melons d'eau ou des giraumons. Ces plantes empêchent les mauvaises herbes de pousser. (Pages 37 et 38.)

» Ce blé est très-bon pour faire du pain, et les Indiens ont au moins quarante-deux façons de l'accommoder. »

---

§. VI.

De la culture du maïs, ou blé de Turquie.

(Extrait du *Traité de la culture des terres, suivant les principes de Tull, par Duhamel-du-Monceau*, tome III, in-12, 1754.)

« On commence par donner à la terre deux bons labours dans le mois de mars.

» Il réussit mieux dans une terre légère et sablonneuse que dans une terre forte et argileuse. Ce grain ne peut se passer de fumier; on en répand donc sur la terre; et vers la fin d'avril on forme des sillons, en donnant un troisième labour, après lequel on écrase les mottes avec des maillets de bois et des râteaux, les sillons empêchant qu'on ne se serve de la herse. Dans le mois de mai, par un beau jour, on sème le maïs, en formant au fond des sillons, avec un piochon ou un sarcloir, de petites fosses dans lesquelles on met deux grains de maïs. On a soin que les pieds de maïs soient à un pied et demi de distance en tout sens. Ils font une espèce de quinconce. Quand le maïs est levé, on arrache le pied le plus foible dans les terres où les deux grains ont levé, et l'on sème deux nouveaux grains dans ceux où il ne paroît point de pieds. (En Bresse, on repique les pieds qui manquent, suivant *Varenne de Fenille.*) Vers le 15 de juin, on donne, avec le même instrument qui a servi à faire les fosses, un léger labour autour de chaque pied ; et comme ils sont au fond d'un sillon, la terre qui se rabat les rechausse un peu. Vers la fin de juillet, on donne un petit labour qui est le dernier, et on a l'attention de rechausser les pieds du maïs. Au 15 d'août, on coupe les panicules des fleurs mâles aux pieds dont les enveloppes de l'épi paroissent renflées. Ces panicules fournissent une nourriture excellente aux bœufs. A-peu-près dans le même temps on retranche toutes les feuilles des tiges, tous les épis charbonnés et ceux qui ont coulé. L'on prétend que si on les laissoit attachés à la tige, les bons épis n'acquerroient pas tant de grosseur, et que les grains ne seroient pas aussi bien nourris. Toutes ces feuilles et les épis sont encore ramassés pour les bœufs, qui mangent les épis charbonnés avec plus d'avidité que tout le reste. On fait la récolte vers la fin de septembre. La méthode d'égrener les épis, qui est la plus usitée, se pratique de la manière suivante : le laboureur passe un morceau de fer plat, et c'est ordinairement la queue de quelque poêle, sur une chaise, et s'assied dessus. Il tient de la main gauche l'épi de maïs fortement saisi contre la queue de la poêle ; de la main droite il tire en haut l'épi, ce qui sépare très-bien les grains du noyau ou de l'âme de l'épi : on donne encore ces épluchures aux bœufs. Dès que les épis sont recueillis, on arrache les pieds de maïs ; ils fournissent du fourrage aux bœufs pendant l'hiver. Ensuite on se hâte de passer la charrue dans le champ, parce qu'on est dans l'opinion que sans cela les racines de maïs continuent toujours à sucer la substance de la terre. Le maïs se conserve mieux quand il est égrené que lorsqu'il est en épi. Lorsque les grains sont attachés à la tige, les charançons les attaquent beaucoup plus que lorsqu'ils en sont séparés : il se peut que cette tige qui est sucrée les attire plus que le grain même. On ajoute ordinairement à sept parties de blé-froment ou de seigle une huitième partie de blé de Turquie, qui rend le pain plus savoureux : le pain de maïs seul est indigeste, et sa pâte fermente peu. Cependant le peuple en a mangé pendant des années entières sans en être incommodé. C'est ce qu'on a vu en 1738, année où la grêle avoit ravagé toute la Guienne : c'est ce qu'on a encore vu en 1748, pendant la grande disette des grains. On donne les grains entiers à la grosse volaille ; mais pour les jeunes on a soin de les broyer grossièrement.

» Le maïs épuise beaucoup la terre.

» M. *Aymen*, médecin à Bordeaux, a observé, 1°. qu'il est important de semer le maïs plutôt au commencement de mai qu'à la fin de ce mois. Dans le maïs semé trop tard on remarque des épis échaudés, ou en partie stériles. Les tiges des premiers sont plus vigoureuses, leurs épis plus gros et plus garnis ; 2°. que l'on fait beaucoup de tort aux épis de maïs quand on coupe trop tard les panicules ; il est nécessaire de les couper avant que les étamines soient ouvertes : en observant de laisser de 20 en 20 pieds une plante garnie de ses épis mâles, tous les pieds femelles seront fécondés. M. *Aymen* confirme cette dernière observation par des expériences décisives et curieuses.

» L'usage avoit appris aux laboureurs de la Guienne que, pour obtenir une récolte abondante de maïs, il faut que les pieds soient éloignés les uns des autres d'environ un pied $\frac{1}{2}$. M. *Aymen*, voulant savoir s'il étoit absolument nécessaire de laisser une aussi grande distance, fit l'expérience suivante : au mois d'avril 1753 il fit préparer trois planches, chacune de 60 pieds de longueur sur 5 ½ de largeur, formant 156 pieds de roi carrés. Le 3 mai, une de ces planches fut semée en maïs suivant la méthode usitée dans le pays, et l'on y employa une once un gros de semence. Le même jour, il fit mettre de pareil grain dans la seconde planche, mais en plus grande quantité. Ces grains n'étoient éloignés les uns des autres que d'un pied. On y employa 2 onces 2 gros de semence. Le même jour, on sema plus épais encore une autre planche : on ne laissa que 6 pouces d'intervalle entre les grains, et on employa à cette opération 4 onces ½ de maïs. La première planche, semée avec une once un gros de maïs, produisit 18 livres 4 onces. La deuxième, semée avec 2 onces 2 gros, produisit 15 livres 7 onces. La troisième, semée encore plus dru avec 4 onces ½, ne produisit que 11 livres 2 onces. » (Pages 210-212.)

Il ne paroît pas que M. *Aymen* ait eu l'idée d'essayer ce que produiroit le maïs semé à une distance plus grande que celle d'un pied et demi usitée en Guienne. Mais, sur le détail de ses expériences, *Duhamel* dit qu'il seroit bon d'essayer de cultiver le maïs avec une petite charrue qu'il appeloit *cultivateur*. Il faudroit pour cela, dit-il, mettre 2 pieds d'intervalle d'une rangée à l'autre, placer les grains à 12 ou 14 pouces dans les rangées, ensuite donner tous les labours avec le *cultivateur* attelé d'un seul cheval. Je crois, ajoute-t-il, que le maïs en viendroit mieux, et que la terre en seroit plus disposée à recevoir d'autres grains. (Pages 189-190.)

Voilà un des premiers détails bien circonstanciés que l'agriculture française ait eus sur la culture de cette plante intéressante. Il est curieux et utile de la rapprocher des détails qui ont été donnés depuis.

D'après l'avis de *Duhamel*, on essaya la culture du maïs par rangées. Voici ce qu'il en dit dans un des volumes suivans :

« Les rangées simples de blé de Turquie n'ont pas produit par proportion autant d'épis que les rangées doubles. Cependant il est plus facile de buter les pieds des deux côtés avec la charrue, lorsque les rangées sont uniques. » (Tome V, page 128.)

---

§. VII.

Culture du maïs et de la pomme de terre, en 1754.

Nous avons rappelé souvent les obligations de

notre agriculture envers l'illustre *Duhamel*, et spécialement ce qu'il a fait pour le maïs. Voici ce que nous avons dit dans l'*Art de multiplier les grains*, en parlant du maïs et de la solanée parmentière, ou pomme de terre. (Pag. 255, tom. 2.)

« Ce qu'il y a de remarquable relativement aux deux plantes qui nous sont venues d'Amérique, c'est qu'elles joignent leurs bienfaits, et qu'elles gagnent, l'une et l'autre, à croître dans le même champ.

» Le maïs, ou blé de Turquie, est un des meilleurs végétaux de l'agriculture moderne, dans les climats qui peuvent admettre sa culture. Tout en est profitable ; car, outre son grain excellent, il faut savoir que l'eau dans laquelle ont bouilli ses feuilles vertes ou sèches, procure aux bestiaux le meilleur des breuvages. C'est une de ces plantes dont l'Angleterre envie avec raison le privilége à l'agriculture française ; mais, pour en obtenir les résultats les plus heureux, il faut en espacer les pieds à de grandes distances, et associer leur culture à celle des pommes de terre, suivant l'expérience qui fut faite en Champagne, du temps de *Duhamel*, et dont il rend compte en ces termes :

» Au mois d'avril 1754, M. *de Villiers* fit planter du maïs et des pommes de terre dans quatre journaux distribués en planches de 5 pieds. Il plaçoit entre les sillons un très-long cordeau, qui avoit des nœuds de distance en distance, et vis-à-vis chaque nœud, on enfonçoit avec la main deux grains dans les sillons que l'on recouvroit ensuite, en poussant un peu de la terre du bord. Lorsque les pieds de maïs ne sont qu'à de petites distances, ils ne produisent qu'un épi, au lieu de deux et trois bien gros lorsqu'ils sont éloignés. C'est surtout le côté du levant qu'il est indispensable de buter. (*Traité de la culture des terres*, déjà cité.)

» Les effets de cette culture furent très-fructueux.

» On avoit long-temps oublié cet essai curieux, lorsque M. *Chancey* et d'autres ont répété l'expérience, et ont prouvé que rien n'étoit plus abondant, et ne préparoit mieux la terre qu'une culture bien soignée, et faite simultanément, de maïs, disposé sur des sillons alternatifs, avec d'autres rangées emplantées de pommes de terre. »

C'est ce que nous nous proposons de développer en détail, quand nous en serons à l'époque de ces nouveaux essais, qui sont venus long-temps après la publication du mémoire de M. *Parmentier*, et ne doivent trouver leur place que dans la seconde partie du supplément à ce mémoire.

---

§. VIII.

Poudres alimenteuses de maïs, proposées en 1754.

(Extrait de la grande *Encyclopédie*, article *farine* et *farineux*, par *Venel*, t. VI, in-fol., publié en 1756 ; et du *Dictionnaire de l'industrie*, par *Duchesne* et *Macquer*, en 1776.)

« Dès 1754, *Venel* observoit dans l'*Encyclopédie* que ce sont des substances farineuses qui fournissent l'aliment principal, le fond de la nourriture de tous les peuples de la terre, et d'un grand nombre d'animaux tant domestiques que sauvages. Les hommes ont multiplié, disoit-il, et vraisemblablement amélioré par la culture, celles des plantes graminées qui portent les plus grosses semences, et dont on peut par conséquent retirer la farine plus abondamment et plus facilement. Le froment, le seigle, l'orge, l'avoine, le riz, sont les principales de ces semences; nous les appelons *céréales* ou *fromentacées*. Le maïs ou blé de Turquie leur a été substitué avec avantage, dans les pays stériles où les fromens croissoient difficilement. Les peuples de plusieurs contrées de l'Europe, une grande partie de ceux de l'Amérique et de l'Afrique, font leur nourriture ordinaire de la farine de maïs.

» *Venel* ajoute que la poudre alimenteuse proposée par M. *Bouëb*, chirurgien-major du régiment de Salis, qui nourrit un adulte, et le mit en état de soutenir des travaux pénibles, à la dose de six onces par jour, selon les épreuves authentiques qui en ont été faites à l'hôtel royal des Invalides, au mois d'octobre 1754, n'est ou ne doit être qu'un farineux pur et simple, sans autre préparation que d'être réduit en poudre plus ou moins grossière. Je dis *doit être;* car s'il est rôti, comme le soupçonne l'auteur de la lettre insérée à ce sujet dans le *Journal économique*, octobre 1754, c'est tant pis, suivant Venel : la qualité nourrissante est détruite, dit-il, par cette opération. Au reste, six onces d'une farine quelconque, j'entends de celles dont on fait communément usage, nourrissent très-bien un manœuvre, un paysan, un voyageur pendant vingt-quatre heures. Il ne faut pas six onces de riz ou de farine de riz ou de maïs, pour vivre pendant une journée entière, et être en état de faire un certain exercice. »

A ces détails donnés dans l'*Encyclopédie* par le docteur *Venel*, il convient d'ajouter ici ceux qui ont été consignés par *Duchesne* et *Macquer*, dans le *Dictionnaire de l'industrie*, à l'article intitulé, *Poudre alimenteuse*.

« Le sieur *Bombe*, disent-ils (c'est *Bouëb*, et non *Bombe* qu'il falloit dire), chirurgien-major du régiment de Salis, a composé une poudre alimenteuse, dont six onces par jour dans un demi-setier d'eau environ suffisent pour nourrir un homme à trois onces par repas.

» On en a fait l'expérience sur plusieurs soldats, la plupart jeunes, vigoureux et de bon appétit, qu'on a nourris pendant quinze jours de cette poudre alimenteuse. Ces soldats ont fait pendant ce régime plusieurs exercices, ne se sont nullement sentis d'aucune incommodité d'un aliment si nouveau, ne désiroient point autre chose, et quelquefois même ne prenoient point leur portion entière.

» M. *Morand*, docteur en médecine, par le simple examen qu'il a fait au coup-d'œil de cette poudre, a pensé qu'elle n'étoit composée que de blé de Turquie, rôti, broyé ensuite, et mêlé avec du sel marin, dont il distinguoit les cristaux à la loupe.

» Cette poudre alimenteuse pouvoit être d'une grande ressource à l'armée dans les marches forcées, dans les voyages de long cours sur mer, dans les siéges, et même dans des hôpitaux.

» On voit, ajoutent les auteurs, les sauvages et les naturels de l'Amérique faire usage à-peu-près d'une semblable nourriture ; car dans leurs chasses ou les longues marches qu'ils sont obligés de faire pour aller combattre leurs ennemis, ils n'ont rien autre chose pour subsistance qu'un peu de farine faite de blé d'Inde ; et après avoir vécu pendant des semaines, et même des mois entiers, sans autre aliment que cette farine, ils se trouvent non-seulement vigoureux et pleins de santé, mais même les blessures qu'ils ont reçues se guérissent avec une facilité merveilleuse.

» Enfin les mêmes auteurs observent que les anciens Bretons, et les Ecossais modernes, font usage d'une poudre alimenteuse, qu'ils préparent avec une truffe noire, nommée karemèle, qu'on pense être le *lathyrus radice tuberosâ esculentâ*, c'est-à-dire la gesse tubéreuse, nommée aussi *macuson* ou *gland de terre*. En effet la farine en est sucrée ; mais c'est une foible ressource en comparaison du maïs. »

M. *Parmentier* a parlé de ces poudres alimentaires de maïs, et les a améliorées avec son biscuit de maïs. Ensuite, il avoit composé lui-même une autre *poudre nutritive*, avec du pain coupé, séché, moulu, séché de nouveau, etc. Enfin, sur la fin de sa carrière, il étoit revenu à l'idée de faire une sorte de biscuit du mélange de diverses farines avec celle de maïs. C'est le sujet d'une note particulière, insérée dans la nouvelle édition de son Traité sur le maïs, pag. 234 et 235, et que nous rappellerons dans la seconde partie de ce supplément, quand nous serons parvenus à l'époque de la publication de cette nouvelle édition, ou à l'année 1812. »

---

§. IX.

Avis économiques sur les qualités, l'usage et la culture du blé de Turquie.

(Extrait du *Journal économique* du mois de juillet 1758.

« L'Auteur, qui paroît avoir écrit dans la Guienne, et que je crois être *Goyon de la Plombanie*, commence par dire que l'on nomme cette denrée *blé de Turquie*, sans doute parce qu'elle est venue de Turquie en Europe. Quelques provinces du royaume de France la nomment *blé de Naples*, parce que la première graine leur a été apportée de ce pays-là. Mais le Périgord et presque toute la Guienne, qui l'ont tirée de l'Espagne, l'appellent *blé d'Espagne*; et, dans beaucoup d'autres endroits, on l'appelle *maïz*. (Page 298.)

» Cette plante est une des plus abondantes en production. Il vient quelquefois sur une seule tige jusqu'à quatre épis beaux et bien nourris; mais communément deux ou trois. Lorsqu'on leur donne une culture convenable dans une bonne terre, un seul grain en peut produire plus de deux mille. (*Ibid.*)

» Les animaux sont les premiers qui ont appris aux hommes à connoître les plantes propres à la nourriture. Le blé de Turquie doit être assurément une des meilleures, si l'on en juge par l'instinct des animaux ; car tous en général en mangent le grain avec plaisir ; et toutes les bêtes qui broutent, sont friandes de sa tige et de ses feuilles. (*Ibid.*)

» *De la méthode ancienne ou ordinaire de cultiver le blé de Turquie, et de ses défauts.* Le blé de Turquie se cultive à-peu-près de même par-tout. Mais cette méthode générale est vicieuse et sujette à de grands inconvéniens, dont les principaux sont de ruiner les terres et de causer un préjudice considérable aux autres blés qu'on y sème ensuite. Tous ceux qui possèdent des fonds dans les provinces où la culture de ce grain s'est introduite, maudissent le moment qui l'a fait connoître; mais les peuples y sont habitués, et ne peuvent plus s'en passer. (Page 299.)

» Le mal ne vient que de la culture ordinaire: 1°. on ne laboure pas assez les terres, ni en temps convenable ; 2°. on ne donne pas assez de distance aux tiges de blé de Turquie, ce qui empêche de les biner; 3°. on choisit les meilleures terres, qu'on est encore obligé de surcharger de fumier; 4°. le froment qu'on sème après le blé de Turquie a le double de blé charbonné ou niellé, ce qui infecte peu-à-peu les récoltes, etc. (Pages 299, 300 et 301.)

» *Nouvelle méthode de cultiver le blé de Turquie, et ses avantages.* Comme les plus grands inconvéniens de l'ancienne manière de cultiver le blé de Turquie sont l'épuisement des terres et le préjudice qu'en reçoivent les autres blés qui y viennent ensuite, la principale attention doit être de choisir et ménager le terrain, de façon que le blé de Turquie y puisse venir dans toute sa beauté, sans être nuisible aux terres, ni aux grains qui doivent lui succéder. (Page 301.)

» *Du choix des terres propres.* Les terres sablonneuses, qui ont beaucoup de sucs et qui ne sont pas trop sèches, y sont les plus propres. (*Ibid.*) Les expériences de l'auteur ont été faites dans un champ à chenevière de la meilleure qualité. (Page 307.)

» *Des premiers labours.* C'est par le moyen des labours qu'on mettra les terres en état d'être ensemencées et de produire. Le premier et le principal défaut de l'ancienne manière de cultiver le blé de Turquie, consistoit en ce qu'on ne faisoit pas les labours assez profonds, en nombre et dans des temps convenables.

» On devroit commencer le premier labour sur la fin du mois d'octobre, aussitôt après les semailles des blés, avec une grande charrue, attelée de deux paires de bœufs ou du double de chevaux qu'on emploie aux labours ordinaires, afin de creuser et de défoncer la terre à la profondeur de 15 à 16 pouces pour le moins. On disposera la terre en planches de 6 pieds; on bêchera ensuite cette terre, afin d'en briser ou diviser les mottes, et on la laissera reposer tout l'hiver.

» Vers le milieu ou à la fin de février, c'est-à-dire après les grandes gelées, on apportera un peu de fumier bien pouri dans le fond de ces planches ou gros sillons. On répandra ce fumier sur la largeur d'environ 2 pieds de côté et d'autre; ensuite on donnera à la terre un second labour, avec la même charrue et à la même profondeur que le premier, en traçant ce nouveau sillon au milieu de la largeur des planches, et jetant la terre dans le fond des premiers sillons pour y couvrir le fumier.

» Au 15 de mars on donnera un troisième labour, mais moins profond que les deux premiers, et on retournera la terre dans le sens qu'on l'avoit labourée la première fois, c'est-à-dire qu'on creusera le sillon dans l'endroit où on aura jeté le fumier.

» Enfin, quand on voudra semer le blé de Turquie, on fera un labour semblable au troisième, en jetant toujours la terre dans le même sens, et creusant dans le sillon qui aura été fumé. (Pages 301, 302.)

» *De la manière de planter le blé de Turquie.* Pour éviter les inconvéniens de l'ancienne méthode de semer ce grain, on en plantera toujours les grains dans des trous séparés avec un plantoir, à la distance d'un pied les uns des autres, dans les rangées éloignées de 6 pieds entre elles; et on observera de ne les pas planter tout-à-fait dans le plus bas fond du sillon, mais à demi-côte sur les planches. On mettra cette graine deux à deux, ou trois à trois dans chaque trou, en les recouvrant avec la terre.

» On observera de ne planter ces graines que par le plus beau temps qu'on pourra choisir dans la saison. S'il venoit à pleuvoir avant que la terre fût ressuyée, elle se piléroit ensuite au soleil, de manière que les jeunes plantes ne pourroient la pénétrer, et les graines seroient perdues. (Page 312.)

» Il vaut mieux tarder quelques jours que de planter cette graine trop tôt, et l'exposer par-là aux gelées du printemps auxquelles elle est très-sujette. (*Ibid.*)

» Un autre danger dont il faudra avoir soin de la garantir dans ces premiers temps, c'est contre les pigeons, les corbeaux et les autres oiseaux, qui la mangent sitôt qu'elle veut germer. Les pigeons sur-tout en sont si friands, qu'ils ne manquent pas de la déterrer avec leur bec, et de tout détruire, si l'on ne fait pas garder le champ pendant plusieurs jours. (*Ibid.*)

» *Des labours appelés binages*. Lorsque les graines ont poussé deux feuilles ou trois au plus, on les bine pour la première fois, c'est-à-dire qu'on donne à la terre un labour léger avec la houe ou une large binette. On prend, à un pied de chaque côté, avec la houe, de la terre qu'on rapproche des jeunes tiges pour les réchauffer, en même temps qu'on retourne bien tout le terrain. (*Ibid.*)

» Quinze jours après on attend l'occasion d'une petite pluie pour faire un pareil binage, dans lequel on chausse de même, le plus que l'on peut, les plantes avec la terre. Ce qu'on fait de plus dans ce second binage, c'est qu'on a soin d'arracher toutes les tiges qui sont de trop, en n'en laissant à chaque trou qu'une seule, la plus vigoureuse et de la plus belle apparence. Les tiges menues par le bas, qui ont les feuilles allongées, d'un vert foncé, sont les plus estimées. Celles qu'on sacrifie, on les arrache pour les donner aux bestiaux. (*Ibid.*)

» *Des derniers labours et autres soins de la culture.* Il ne faut pas perdre de vue que les terres où l'on plante le blé de Turquie sont destinées ordinairement à porter l'année suivante d'autres blés; et que, comme celui-là épuise si fort le terrain, on doit avoir attention, pendant sa culture, d'entretenir et de ménager tellement le terrain, qu'il soit en état de recevoir ensuite l'autre semence, et de la faire fructifier avantageusement.

» Pour y parvenir, après le second binage, on labourera avec la charrue les intervalles entre les rangées de blé de Turquie, faisant en sorte que l'oreille de la charrue verse la terre tout proche les pieds de ce blé. Il y aura suffisamment de place dans les intervalles des rangées à 6 pieds de distance, pour que la charrue puisse y passer facilement. (Page 302.)

» Quinze jours ou trois semaines après, si l'on observe qu'il fasse de la rosée, on donne encore à la terre un second labour pareil avec la charrue, en faisant toujours verser la terre du côté des rangées du blé. (Page 303.)

» Quand les bouquets de fleurs qui viennent au haut des épis sont passés, on casse les tiges dans le nœud qui est au-dessus du premier filet. Cette opération se fait avec la main, en empoignant la tige de façon que le petit doigt soit presque sur le nœud; et, en ployant ensuite la plante d'un tour de main, la tige se casse net dans le nœud. (*Ibid.*)

» Lorsque les épis sont bien formés, que le grain commence à paroître, et que la saison est avancée, c'est-à-dire vers le 25 d'août, on ôte toutes les grandes feuilles pendantes. Ces feuilles se donnent tout de suite aux bestiaux, ou, après être séchées, forment du fourrage pour l'hiver. On ne fait cette opération que quand on voit ces feuilles commencer à jaunir ou changer de couleur. (*Ibid.*)

» Vers le 10 ou 12 de septembre, si l'on s'aperçoit que la trop grande quantité de terre autour des plantes en entretient trop long-temps la sève, et que les grains n'en mûrissent pas assez vite, on fera encore un gros labour avec la grosse charrue, en jetant la terre dans le sens contraire à celui dont on l'a jeté dans les deux labours précédens. (*Ibid.*)

» Ces soins ne sont nécessaires que dans les terres froides et paresseuses ; car dans les sables, le grain mûrit toujours assez tôt. (*Ibid.*)

» *Comment, après la récolte du blé de Turquie, on achève de nettoyer le champ, et de le préparer pour d'autres blés.* En même temps que les femmes et les enfans s'acquitteront du soin de cueillir les épis du blé de Turquie, les hommes, avec la serpe ou quelque autre outil, en couperont toutes les côtes et les tiges, et les mettront sur la terre labourée qui est dans l'entre-deux des sillons. Ils observeront néanmoins de ne mettre les côtes de deux rangées que d'un côté et sur une seule planche, en laissant l'autre vide.

» Ces côtes se sécheront ainsi en peu de temps sur la terre, avant d'en être enlevées : elles seront très-bonnes à donner à manger aux bestiaux pendant l'hiver. Il faut pour cet usage avoir soin de les hacher bien menues, à chaque fois que l'on voudra les donner aux bestiaux.

» Il faut encore observer d'éparpiller ces côtes sur des meules de foin et de paille qui seront à couvert, pour qu'elles puissent se conserver jusqu'à l'hiver ; car si on les laissoit par tas, elles se gâteroient et ne vaudroient plus rien. (Page 304.)

» Les côtes, coupées et rangées sur le champ, comme on vient de le dire, laisseront à la charrue la liberté de labourer les mottes ou plates-bandes de terre qui contiennent encore les tronçons des tiges.

» A mesure que la charrue dans le labour arrachera ou déterrera ces tronçons, il y aura des hommes qui tireront avec des crocs toutes ces souches pour les mettre sur la planche vide qui sera à côté, en observant de bien secouer la terre qu'elles auront à leurs racines.

» Quand on aura arraché ces souches dans toute l'étendue du champ, on les y laissera, pendant quelques jours, sécher à l'air et au soleil; après quoi, on les ramassera par petits tas, de 6 pieds en 6 pieds dans le fond des plates-bandes, et on y mettra le feu dans le champ même. Les cendres qui en proviendront seront éparpillées avec soin sur la partie de la terre qui aura produit ce grain, et par ce moyen, la terre se trouvera purgée de tous les vestiges du blé de Turquie. Il ne faudra rien laisser sans être brûlé; car ceux qui se négligent sur cela, éprouvent le tort qui en arrive au froment de la récolte suivante. (Page 304.)

» Après que les souches seront brûlées, il faudra donner deux traits de charrue, l'un à droite et l'autre à gauche du fond des plates-bandes, pour les combler avec de la terre que l'oreille de la charrue y jettera; ensuite, on labourera légèrement tout le champ en travers, et on le hersera bien. Il sera alors en état d'être ensemencé en froment ou en autre blé, comme s'il n'avoit jamais produit de blé de Turquie. (Page 305.)

» *Estimation du produit de la nouvelle méthode, comparé avec celui de l'ancienne.* L'auteur assure par sa propre expérience, qu'en suivant cette méthode, il a recueilli communément 21 setiers, mesure de Paris, dans le même arpent où l'on n'en avoit eu que 9 setiers du même blé les années précédentes, en le cultivant suivant l'ancien usage, ce qui est dans la proportion de 3 à 7, c'est-à-dire deux tiers ou 12 setiers de plus. (Page 306.)

» Le prix du blé de Turquie suit toujours celui du blé-froment, à un tiers au-dessous; de façon que si le setier de froment ne vaut que 15 livres, celui de Turquie en vaut 10. (*Ibid.*)

» En suivant ce prix, qui étoit le prix ordinaire dans le temps où l'auteur écrivoit, les 12 setiers en sus se montoient à une somme de 120 liv.; sur quoi déduisant 16 francs, excédant de dépense, pour cinq labours et un tiers de labour de plus que nécessitoit la nouvelle méthode, il restoit encore 104 livres de gain. (*Ibid.*)

» D'ailleurs, on n'avoit employé que le tiers des fumiers que l'on met ordinairement, ne les ayant répandus que sur la partie destinée à la nourriture du grain, ce qui avoit conservé le surplus des fumiers pour les autres terres de la métairie. Quoiqu'on n'eût mis que ce tiers de fumier dans le champ, le froment y étoit venu l'année suivante plus beau que par le passé, et presque point niellé. (*Ibid.*)

» ***Réflexions sur la nouvelle méthode de cultiver le blé de Turquie.*** D'après toutes les observations et les expériences ci-dessus, l'auteur croit qu'on peut se rassurer contre le préjugé que le blé de Turquie a causé dans le pays où on le cultive depuis long-temps, et rendre justice à cette plante. Ce préjudice vient plus de la manière de le cultiver que de la plante même. Si l'on veut suivre cette méthode, on y trouvera un avantage qui égalera celui de la culture ordinaire du froment dans les meilleures terres, puisqu'il est constant par l'expérience que les terres les plus excellentes, telles que celles de Dammartin et de Gonesse près Paris, qui sont les plus vantées du royaume pour le froment, ne donnent, dans les meilleures années, que 10 à

11 setiers de froment par arpent. (Page 307.)

» *De l'emploi du blé de Turquie pour les hommes*. On le mêle ordinairement avec d'autres grains pour en faire du pain. Mais comme sa farine, semblable à celle du millet, a beaucoup de gruau, la pâte en est peu liante, et le levain qu'on y met pour la faire fermenter s'en échappe comme au travers du sable. Ce pain massif n'est pas aisé à digérer comme celui de froment, il est de difficile digestion ; de là vient qu'on apprête plus souvent sa farine en bouillie que de toute autre façon. (Page 299.)

» Quelques curieux ont essayé de faire bouillir dans l'eau des grains de blé de Turquie bien mûrs presque à leur cuisson ; ensuite de les exposer à l'air pour les faire sécher de façon à pouvoir être moulus, ce qui a achevé de diviser les molécules de ces grains déjà ébranlées par l'action du feu et de l'eau. La farine s'en est trouvée plus douce ; mais elle avoit perdu dans cette cuisson une partie de ses sels. Pour les lui rendre, on s'est servi de l'eau dans laquelle on avoit fait bouillir les grains, ou encore mieux d'une autre eau où on avoit fait bouillir de même de nouveaux grains. Cette eau qu'on a employée à faire la pâte, lui a rendu ou communiqué ses sels. Le pain s'en est presque aussi bien façonné que celui de froment, avec de petits yeux sans nombre. Il s'est trouvé léger, de bon goût et d'une digestion facile. (*Ibid.*)

» On a poussé les recherches encore plus loin et avec le même succès. Dans l'eau qui avoit déjà servi à faire bouillir des grains de blé de Turquie, on a jeté du son de froment qu'on y a fait encore bouillir. On l'a passé ensuite dans un linge fin, et de l'eau blanche qui en est sortie on a pétri la farine du blé de Turquie. Cette nouvelle manière a donné un pain excellent, d'un goût agréable, et préférable peut-être à tous les autres pour la santé. (*Ibid.*)

» *De la culture du blé de Turquie, pour le donner en verdure aux bestiaux.* Les laboureurs des provinces méridionales ont coutume de destiner, à la portée des étables ou des écuries, un certain terrain qu'ils consacrent à la culture des jeunes plantes de blé de Turquie, pour en faire du fourrage à leurs bestiaux et les rafraîchir pendant l'été.

» Au mois d'avril, dans le temps convenable à la semence, on sème du blé de Turquie dans le quart seulement du terrain préparé et fumé à cet effet. Un mois après on en sème un autre quart, et ainsi de mois en mois, jusqu'à ce que toute la terre en ait été couverte; afin que les jeunes plantes destinées au fourrage se succèdent toujours nouvelles et tendres. On sème alors les grains de blé de Turquie à la main, et ils se trouvent sur la terre à-peu-près à 3 pouces de distance les uns des autres en tout sens. Si la terre est fraîche, on les couvre avec une herse; mais si elle est sèche, on se sert d'une charrue légère qui l'enfonce davantage. Au bout d'un mois les tiges sont de la hauteur d'une personne, et assez fortes pour être données aux bestiaux. On coupe ces tiges tout près de la terre, et quand les bœufs et les chevaux sont revenus de la charrue, après leur avoir fait manger un peu de foin, on leur donne une brassée de ces tiges nouvellement coupées, qu'ils mangent avec avidité.

» On consacre ordinairement un quart d'arpent de blé de Turquie par chaque paire de bœufs, pour le leur donner ainsi en verdure pendant les chaleurs de l'été. » (Pages 307 et 308.)

---

§ X.

Culture du maïs chez les Hurons.

(Article extrait du *Voyageur français*, tome IX, en 1763.)

« Les femmes Huronnes, comme celles des Iroquois, se sont réservé les travaux de la campagne. Le grain qu'elles sèment est le maïs, autrement dit le blé d'Inde ou de Turquie. Il fait la nourriture principale de toutes les nations sédentaires, d'un bout à l'autre de l'Amérique. Dès que les neiges sont fondues, elles commencent leur labour. La première façon qu'elles donnent aux champs, c'est de ramasser le chaume et de le brûler; elles remuent ensuite la terre, pour la disposer à recevoir le grain que l'on doit y jeter. Elles ne se servent ni de la charrue, ni de quantité d'autres instrumens de labourage, dont l'usage ne leur est ni nécessaire, ni connu. Il leur suffit d'un morceau de bois recourbé, avec lequel elles soulèvent la terre, et la remuent légèrement. Elles la disposent en petites mottes rondes de 3 pieds de diamètre, et font, dans chacune, neuf ou dix trous, où elles jettent quelques grains de maïs, qu'elles couvrent sur-le-champ de la même terre qu'elles ont tirée pour faire ces trous........ Elles plantent des fèves à côté du blé de Turquie, dont la tige leur sert d'appui. Le missionnaire prétend que c'est de nous que les sauvages tiennent ce légume..... Ces mêmes femmes ont soin de tenir leurs champs propres, et d'en écarter les mauvaises herbes jusqu'au temps de la récolte....

» Ils ont une espèce particulière de maïs, qu'on

appelle du blé fleuri, parce qu'il éclate dès qu'il a senti le feu, et s'épanouit comme une fleur. Ils en font un régal aux personnes qu'ils veulent distinguer. »

---

§. XI.

Le maïs, en botanique et en agriculture.

(Extrait de deux articles de M. de *Jaucourt*, dans la grande *Encyclopédie*, tome IX, in-folio, en 1765; et qui sont répétés et détaillés par *Béguillet*, dans l'article *maïs* du *Supplément à l'Encyclopédie*, en 1772.)

« MAIS (*botan.*), et plus communément en français *blé de Turquie*, parce qu'une bonne partie de la Turquie s'en nourrit.

» C'est le *frumentum turcicum*, *frumentum indicum*, *triticum indicum* de nos botanistes. *Maïs*, *maiz*, *mays*, comme on voudra l'écrire (1), est le nom qu'on donne en Amérique à ce genre de plante, si utile et si curieuse.

» Cette plante qui vient naturellement dans l'Amérique, se trouve dans presque toutes les

---

(1) Voyez à cet égard, §. I, l'opinion de M. *Mouton-Fontenille*; et ci-après, §. XX, celle de M. *Amoreux*. Le résumé de nos recherches et de nos réflexions sur ce point, nous fait pencher pour *maïz*, par un *z*; le mot est de deux syllabes *ma-ïz*, et l'on ne prononce point le *z*.

contrées de cette partie du monde, d'où elle a été transportée en Afrique, en Asie et en Europe; mais c'est au Chili que régnoient autrefois, dans le jardin des Incas, les plus beaux maïs du monde.

» Mais (*agricult.*). C'est de toutes les plantes celle dont la culture intéresse le plus de monde, puisque toute l'Amérique, une partie de l'Asie, de l'Afrique et de la Turquie, ne vivent que de maïs. On en sème beaucoup dans quelques pays chauds de l'Europe, comme en Espagne, et *on devroit le cultiver en France plus qu'on ne fait.*

» Cependant le maïs, quoique effectivement nécessaire à la vie de tant de peuples, est sujet à des accidens. Il ne mûrit dans plusieurs lieux de l'Amérique que vers la fin de septembre, de sorte que souvent les pluies qui viennent alors le pourissent sur tige, et les oiseaux le mangent quand il est tendre. Il est vrai que la nature l'a revêtu d'une peau épaisse qui le garantit longtemps contre la pluie; mais les oiseaux dont il est difficile de se parer, en dévorent une grande quantité à travers cette peau.

» Les Indiens sauvages qui ne connoissent rien de notre division d'année par mois, se guident pour la semaille de cette plante sur le temps où certains arbres de leurs contrées commencent à bourgeonner, ou sur la venue de certains poissons dans leurs rivières.

» La manière de planter le blé d'Inde, pratiquée par les Anglais en Amérique, est de former des sillons égaux dans toute l'étendue d'un champ, à environ 5 ou 6 pieds de distance, de labourer en travers d'autres sillons à la même distance, et de semer la graine dans les endroits où les sillons se croisent et se rencontrent. Ils couvrent de terre la semaille avec la bêche, ou bien en forment avec la charrue un autre sillon par derrière, qui renverse la terre par-dessus. Quand les mauvaises terres commencent à faire du tort au blé d'Inde, ils labourent de nouveau le terrain où elles se trouvent, les coupent, les détruisent, et favorisent puissamment la végétation par ces divers labours.

» C'est, pour le dire en passant, cette belle méthode, employée depuis long-temps par les Anglais d'Amérique, que M. *Tull* a adoptée, et a appliquée de nos jours avec tant de succès à la culture du blé (1).

(1) M. *Beguillet*, et ensuite M. *Parmentier*, ont cité cette assertion de M. *de Jaucourt ;* mais nous avons lieu de douter qu'elle soit bien fondée. *Tull* avoit lu le livre de *Wolf* sur le blé ; il avoit vu cultiver le maïz dans le

» D'abord que la tige du *maïs* a acquis quelque force, les cultivateurs la soutiennent par de la terre qu'ils amoncèlent tout autour, et continuent de l'étayer ainsi, jusqu'à ce qu'elle ait poussé des épis ; alors ils augmentent le petit coteau et l'élèvent davantage, ensuite ils n'y touchent plus jusqu'à la récolte. Les Indiens, pour animer ces mottes de terre sous lesquelles le maïs est semé, y mettent deux ou trois poissons du genre qu'ils appellent *aloof ;* ce poisson échauffe, engraisse et fertilise ce petit tertre au point de lui faire produire le double. Les Anglais ont goûté cette pratique des Indiens dans leurs établissemens où le poisson ne coûte que le transport. Ils y emploient, avec un succès admirable, des têtes et des tripes de merlus.

» Les espaces qui ont été labourés à dessein de détruire les mauvaises herbes, ne sont pas perdus. On y cultive des féveroles qui, croissant avec le *maïs*, s'attachent à ses tiges, et y trouvent appui. Dans le milieu qui est vide, on y met des *pompions*, qui viennent à merveille, ou bien après le dernier labour, on y sème des graines de navet

---

midi de la France et en Italie. C'est ici qu'il avoit puisé les premières idées de son système. Voyez ce que nous avons dit à ce sujet dans le chapitre V de *l'Art de multiplier les grains*.

qu'on recueille en abondance pour l'hiver quand la moisson du blé d'Inde est faite.

» Lorsque le maïs est mûr, il s'agit d'en profiter. Les uns dépouillent sur-le-champ la tige de son grain; les autres mettent les épis en bottes, et les pendent dans quelques endroits pour les conserver tout l'hiver. Mais une des meilleures méthodes est de le coucher sur terre, qu'on couvre de mottes, de gazons et de terreau par-dessus. Les Indiens avisés ont cette pratique, et s'en trouvent fort bien.

» Les médecins du Mexique composent avec le blé d'Inde des tisanes à leurs malades, et cette idée n'est point mauvaise.

» Les Américains ne tirent pas seulement parti du grain, mais encore de toute la plante : ils fendent les tiges quand elles sont sèches, les taillent en plusieurs filamens, dont ils font des paniers et des corbeilles de différentes formes et grandeurs. »

---

§. XII.

Culture du maïs, proposée en Armagnac, en 1766.

(*Gazette d'Agriculture*, du 19 août 1766.)

« Le blé d'Espagne résiste à la grêle. On proposoit d'en semer beaucoup en Armagnac, pour éviter une partie des dommages fréquens que cause ce météore.

» On assuroit avoir fait l'épreuve qu'un homme peut vivre, avec la farine de maïs, au moyen de quinze deniers par jour. »

---

§. XIII.

Le maïs attaqué en Franche-Comté, en 1766.

(Extrait du *Journal d'Agriculture, du Commerce et des finances*, octobre 1766, pag. 66.)

On vient de voir M. *de Jaucourt* articuler précisément, en 1765, le reproche que le maïs n'étoit pas cultivé en France autant qu'il devoit l'être. Ensuite, un anonyme offroit cette culture aux habitans de l'Armagnac, comme une des plus fructueuses et des plus importantes qu'ils pussent essayer (§§. XI et XII ci-dessus). Et voici, au contraire, une voix qui s'élève avec force, en 1766, contre l'extension de cette culture.

Dans un Mémoire sur quelques objets d'agriculture et autres, relatifs au bien public, par M. le marquis de *Montrichard*, on trouve le paragraphe suivant :

« §. 2e. *Maïs ou blé de Turquie.*

» Malgré un préjugé trop accrédité chez le peuple, on croit la culture du maïs, inconnue dans une grande partie du royaume, et très-moderne en Franche-Comté, pernicieuse. Ce grain épuise prodigieusement la terre, par la substance nécessaire pour nourrir les hautes et grosses cannes qui le portent; ces cannes ne donnent presque aucune nourriture pour les bestiaux. Le maïs mûrit ordinairement très-tard; et comme il est d'usage de semer le froment après le maïs, du moins dans la moitié des terrains, le froment semé si tard a peine à lever avant les gelées et les neiges; il en périt beaucoup, le surplus produit peu : on n'a pas le temps de tout semer; et la récolte qui devient foible, se faisant plus tard que de coutume, est plus long-temps exposée aux orages, et aux grêles fréquentes dans la province.

» Le maïs ne se conserve point; s'il est égrené et mis en tas dans des greniers, quoiqu'à l'air, il est d'abord échauffé; le seul moyen de le conserver, est de le tenir suspendu en grappe, à couvert : pour cela, il faudroit des halles que personne n'a, et dont la dépense excéderoit beaucoup le profit. Dans ce cas-là même, le grain se sèche, diminue de volume; les rats qui en sont très-friands, y accourent de toutes parts. Ainsi, dans les années d'abondance, on ne peut le mettre en réserve pour celles de stérilité, et il est régulièrement toujours totalement consommé, avant la maturité de celui de l'année suivante.

» Ce qui entraîne le peuple à cette culture si peu profitable, est la pauvreté. La semence du maïs coûte peu ; on n'en emploie qu'un peu plus d'un boisseau pour ensemencer un terrain pour lequel il eût fallu cinq boisseaux de froment. Le maïs d'ailleurs demande peu ou point d'engrais, de sorte qu'il devient nécessairement la culture des pauvres ; mais aussi c'est une *pauvre* culture.

» Dans nombre de cantons, le peuple ne vit presque que de maïs. Cela est triste à savoir, et cela seroit dangereux à ignorer. On ne peut en faire du pain ; l'usage est d'en faire seulement quelques gâteaux très-lourds et très-indigestes, et une espèce de bouillie nommée *gaudes*. C'est à l'usage de cette foible et mauvaise nourriture, que l'on doit attribuer la foiblesse et la diminution de la taille des hommes, dans les cantons où ils sont réduits à vivre de maïs. Il n'en est pas de même dans nos montagnes, où le maïs ne peut mûrir, et sur-tout où l'âpreté naturelle du climat a garanti les peuples de la plus redoutable cause d'appauvrissement, qui dans beaucoup d'endroits est l'apparence des richesses. On y mange du pain et du laitage. C'est là que l'on trouve de grands hommes et vigoureux, des descendans de ces anciens Bourguigons qu'un auteur, que je crois être *Sidonius Apollinaris*, évêque de Clermont à la fin du cinquième siècle, appelle dans un de ses poëmes, *burgundiò septipes.* »

§. XIV.

Défense du maïs contre l'attaque précédente.

(Extrait du *Journal d'Agriculture, du Commerce et des Finances*, février 1767.)

Examen du mémoire de M. le M. de M., *inséré dans le* Journal d'Agriculture, du Commerce et des Finances, *du mois d'octobre* 1766; *par M.* Pur.....

§. II, page 30. *Maïs ou Blé de Turquie.*

« Sa culture, dit M. *de M.*, est pernicieuse; elle épuise prodigieusement la terre, par la substance nécessaire pour nourrir les hautes et grosses cannes qui le portent; ces cannes ne donnent presque point de nourriture pour les bestiaux. Le maïs ne se conserve point; s'il est égrené et mis en tas, il est d'abord échauffé; le seul moyen de le conserver, est de le suspendre en grappe à couvert : il faudroit des halles que personne n'a, etc.... Il ajoute qu'il n'y a que la pauvreté qui entraîne le peuple à cette culture, qui lui sert de nourriture dans nombre de cantons ; qu'elle est mauvaise, vérité triste à savoir, et qu'il seroit dangereux d'ignorer. »

Depuis quarante ans que j'habite cette province dont j'ai parcouru différentes contrées, j'y ai toujours vu cultiver le maïs, qui y étoit déjà d'un usage commun, et ce n'étoit pas la misère qui avoit alors engagé les habitans à cette culture.

Ce n'est pas seulement dans la campagne qu'on se nourrit de maïs, on s'en sert encore dans les villes, mais il y est plus rare. La preuve que son usage n'est pas aussi pernicieux qu'on voudroit nous l'assurer, c'est que les médecins de notre canton l'ordonnent aux malades. Les dames de la première distinction, celles même dont le tempérament est le plus délicat, le prennent à leur déjeuner et le préfèrent au café. Les gens de la campagne qui mangent des gaudes, depuis le mois d'octobre jusqu'au mois de mai, jouissent de la santé la plus parfaite. Pendant les chaleurs ils cessent d'en faire usage, parce que cette nourriture leur occasionne une légère incommodité qu'ils nomment le *brûle-col.*

Qu'on ne s'imagine pas que la culture du maïs

fasse négliger celle du blé ; on sème le maïs sur les jachères ; un laboureur qui cultive 45 à 50 journaux de terre n'en semera qu'un en maïs ; cette quantité lui fournit le secours dont il a besoin pour lui, sa famille et son domestique ; le sol qui a produit cette plante seroit resté en repos sans cette culture.

On ne doit pas craindre que le maïs enlève tout l'engrais qu'on auroit mis dans le terrain où il est venu ; il en reste toujours une partie, parce que cette plante ne tire de la terre que les sucs qui lui sont propres, et qui ne conviennent point au blé. Après la récolte du maïs, il suffit de labourer, remettre un peu d'engrais, donner un nouveau labour, et la terre est en état de recevoir le blé qu'on veut y semer.

Lorsque le maïs est parvenu à une certaine hauteur, on peut le couper pour le donner aux bœufs et aux vaches. A l'égard des tiges qui ont porté leurs épis, il faut les arracher après la récolte, les faire sécher au soleil, et les brûler sur le terrain même, afin que les cendres qui en proviennent servent d'engrais à la terre.

Aucun laboureur n'est embarrassé pour conserver le grain du maïs.

1°. Ils n'en cultivent que pour leur usage, ou pour faire la bouillie connue sous le nom de *gaudes*. Ils sont obligés de sécher ce grain au four; mais cette préparation faite, soit qu'ils la mettent en tas, soit qu'ils l'enferment dans des sacs, on ne doit pas craindre qu'il s'échauffe.

2°. Il n'est pas besoin de halles pour conserver celui qu'on se propose d'ensemencer l'année suivante; il en faut très-peu, et M. de *M.* en convient. Il n'y a point de laboureur qui ne soit en état de suspendre les épis qu'il met en réserve dans son habitation; aussi voit-on par-tout leurs cuisines et leurs chambres ornées de ces épis.

On les conserve de même en Alsace, pays où cette culture est beaucoup plus considérable qu'en Franche-Comté, où ce grain ne sert pas de nourriture aux hommes, et où on ne l'emploie que pour engraisser les porcs et la volaille.

3°. Il ne faut point appréhender que la culture du maïs nuise à celle du blé, parce que les façons que le premier exige demanderoient trop de monde : on se borne donc à n'en cultiver qu'en proportion de la force des familles ou des domestiques; rarement un laboureur en cultive plus d'un journal, beaucoup en cultivent moins.

4°. Lorsqu'il en reste, on l'emploie utilement à engraisser les porcs, la volaille, et à nourrir des pigeons.

Il n'est pas étonnant que M. de *M.* n'ait pas

été exactement informé de tout ce qui concerne cette plante : on se flatte qu'il ne trouvera pas mauvais les observations qu'on vient de faire, quelque contraires qu'elles soient à ce qu'il a avancé dans son mémoire.

---

§. XV.

Le maïs accusé et justifié dans le Maine, en 1769.

(Extrait du *Traité sur l'art de multiplier les grains*, tome II, page 249.)

Du maïs et de la pomme de terre.

« On a reproché au maïs, ainsi qu'à la pomme-de-terre, d'épuiser le sol destiné à la culture préférable des plantes appelées par excellence *céréales;* savoir, le froment et le seigle. Ces reproches sont mal fondés, ou ne le sont que sur une culture vicieuse et mal entendue de ces deux végétaux.

» En 1766, le maïs fut attaqué violemment, d'abord dans le *Journal du Commerce*, c'est ce qu'on vient de lire §. XIII, et ensuite par un mémoire présenté au Bureau d'Agriculture du Mans. On présentoit cette culture comme énervant les terres pour un grain inutile, et une espèce de poison pour l'homme et pour les animaux, etc. On demandoit que le Gouvernement proscrivît le maïs.

» Les gazettes d'Agriculture, du mardi 6 janvier 1769, et suivantes, contiennent: 1°. des observations sur les propriétés du maïs; 2°. la comparaison de la plantation du maïs avec la semence de seigle, en sol égal, sablonneux et médiocre, pour prouver, par une démonstration pratique et géométrique, que le maïs altère moins le terrain que le seigle.

» On y apprend que le maïs a commencé à être cultivé dans le Maine, vers 1736. Il a été substitué au sarrasin qu'on semoit après les seigles; il est d'un plus grand rapport que le sarrasin et le seigle lui-même au premier guéret.

» Cette plante, dit-on, réussit dans toutes les sortes de terrains; elle a l'avantage de donner de plus fortes productions que toutes les autres espèces de grains que l'on sème dans les terrains médiocres des sables du Haut-Maine.

» Le maïs se plante au piquet, grain à grain, à 15 et 18 pouces, dans les meilleurs fonds. Dans 36 pieds carrés de superficie, il entre quarante-deux grains de seigle par pied carré, et quinze cent douze dans la toise, les grains à 2 pouces de distance. Le maïs, à 12 pouces, ne donne qu'un grain par pied carré, et trente-six grains dans la superficie d'une toise.

» Le laboureur jette dans un journal du Maine (de 66 perches 2 tiers de 25 pieds chacune), 120 livres de seigle, qui comprennent douze millions deux cent douze mille huit cents grains. On n'emploie, dans le même journal, que 10 livres pesant de maïs, qui ne comprennent que deux cent cinquante-quatre mille six cents grains.

» La culture du maïs a l'avantage de se faire dans des temps où les gens de la campagne ne sont pas occupés à d'autres travaux, après les semailles de mars, des orges, des avoines, et après les guérets des chanvres. La seconde culture du maïs précède la récolte des foins. La troisième se fait après la récolte des seigles ; la récolte, après celle des chanvres et des sarrasins. Ainsi cette culture ne fait aucun tort aux autres.

» On démontre, par un calcul fidèle, que sa production l'emporte sur celle du seigle, en terrain médiocre et égal.

» Le quart d'un boisseau de 60 livres suffit pour la semence d'un journal, à un pied de distance. Il en faut moins, à proportion, dans un bon fonds où il est à 18 pouces.

La production du journal de maïs est de trente à quarante boisseaux de grain ; année commune, trente-cinq boisseaux, à trente sous, outre trois charretées de fourrage en vert et en sec. Dans les bons fonds, il rend davantage. Et l'on sème entre le maïs, des féves blanches, qui donnent six boisseaux à 3 ou 4 livres.

» En seigle, il faut 2 boisseaux de semence: la production est de huit pour un. Les 16 boisseaux se vendent, au prix moyen, 50 sous le boisseau. Il y a de plus deux charretées, ou deux cent soixante bottes de paille, à 6 livres la charretée, et une charretée de chaume à 4 livres.

» Toute dépense déduite, l'avantage du maïs sur le seigle est de 23 livres 7 sous 6 deniers par journal.

» D'ailleurs, le maïs altère moins les terres; sa végétation s'achève dans un temps plus court, et emprunte beaucoup de la chaleur de l'air, des météores, etc. »

---

§ XVI.

Du blé d'Espagne, ou maïs, dans les Landes.

(Extrait du *Mémoire sur la meilleure manière de tirer parti des Landes de Bordeaux, quant à la culture et à la population*, qui a remporté le prix en 1776, au jugement de l'Académie royale des belles-lettres, sciences et arts de Bordeaux; par M. *Desbiey*, entrepreneur et receveur des fermes du Roi, à la Teste.)

Ce Mémoire est divisé en trois parties. La première décrit l'*état des Landes de Bordeaux*, au moment où l'auteur écrivoit. Il dit que ce qu'il y avoit d'inculte dans les grandes Landes, dans les petites, et dans celle du pays de Médoc, n'alloit pas à moins de 400 grandes lieues carrées, en donnant à la lieue courante 3000 toises courantes. (*page* 56.) Quelle magnifique province à conquérir! et ce n'est pas la seule en France!

La seconde partie traite *des moyens généraux* qu'il seroit à propos d'employer pour remplir le but du programme.

La troisième en développe *les moyens particuliers*.

« Selon M. *Desbiey*, la culture des bois de pin, de liége et de chêne, devroit être la plus considérable dans le défrichement de ces vastes Landes. Elle devroit occuper les deux tiers du terrain vide que laisseroient les chemins et les canaux, par la construction desquels il faudroit commencer. L'autre tiers devroit être distribué en deux mille huit cents domaines, de 600 journaux d'étendue (le journal des Landes est de 1936 toises carrées : les 600 journaux proposés pour chaque domaine équivaudront à 1400 journaux bordelais, *page* 56). La portion de ces domaines qui seroit consacrée à la culture des grains, admettroit, suivant l'auteur, d'abord le seigle, ensuite le maïs. Pour entendre ce qu'il dit du dernier de ces grains, il est nécessaire de voir aussi ce qu'il dit du premier, et de la préparation du sol pour recevoir l'un et l'autre.

» En ouvrant les fossés mitoyens des domaines, on jetteroit sur les deux bords les terres qui en seroient extraites, et on les y laisseroit reposer pendant deux hivers. On feroit transporter sur les carrés profondément bêchés, et destinés à la culture des grains, ces terres extraites, après que les gelées et les pluies de deux hivers en auroient divisé les parties les plus compactes, et les auroient réduites à des molécules plus atténuées.

» Ces terres ainsi préparées ne demanderoient ni charrue, ni semoir, ni procédés extraordinaires. Attentif à n'y semer que les espèces de grains qu'elles pourroient nourrir avec le moins d'efforts, le laboureur les trouveroit toujours dociles, si, en les travaillant et les ensemençant à propos, il leur rendoit dans les temps convenables, par les engrais et de profond labours, les sucs qu'une production continuelle ne cesseroit de leur enlever.

» Les seigles sont, de tous les grains de première nécessité, ceux que *Desbiey* croit convenir le mieux aux terres légères et sablonneuses des

Landes. Ce seroit se faire illusion, dit-il, que d'imaginer pouvoir avec succès cultiver le froment dans les fonds ordinaires de ces contrées. Les fonds des hautes Landes ne sauroient en produire qu'à force d'engrais et de soins, qui les rendroient trop coûteux aux cultivateurs. (Il faudroit voir ce que produiront les essais du blé de mars, qui sont tentés aujourd'hui dans ce pays, d'après mes vues énoncées dans l'*Art de multiplier les grains*.)

» L'usage des jachères n'est pas connu dans le peu de terrain mis en culture dans les Landes ; et *Desbiey* est bien éloigné de le conseiller dans le plan des nouveaux établissemens qu'il propose. Les terres destinées à la culture des grains n'y reposent jamais. L'expérience avoit même prouvé à l'auteur que les terres de l'espèce de celle des Landes se perdent entièrement par l'usage des jachères. Le chiendent et les autres plantes de mauvaise qualité s'y multiplient alors au point qu'il faut les défricher à nouveaux frais, avant de les remettre en rapport. Jamais ces terres ne sont mieux disposées à produire que quand, ensemencées de quelque grain utile, elles forcent, pour ainsi dire, le laboureur à les sarcler, à les purger de toutes les plantes étrangères et nuisibles à la récolte qu'il attend. Celles de ces terres sur lesquelles on n'a pu répandre des engrais, portent au moins une fois chaque année ou du seigle, ou quelques autres menus grains. Les autres, munies d'engrais suffisans au moment où les seigles vont être semés, donnent deux récoltes annuellement, l'une de seigle, l'autre de blé d'Espagne, de panis ou de millet. Quelques-unes rapportent même jusqu'à trois fois dans la même année ; c'est-à-dire, du seigle au mois de juin, des petites féves vers la mi-septembre, du blé d'Espagne, du panis ou du millet à la fin du même mois, ou au commencement d'octobre. Ce système d'agriculture, particulier aux habitans des Landes, est justifié par une expérience immémoriale, et par des succès toujours constans. (*Page* 51.)

» Parmi les grains de première nécessité, le blé d'Espagne, connu en certains lieux sous les dénominations de maïs, de blé d'Inde et de blé de Turquie, est, après le seigle, celui qui mérite le mieux l'attention des laboureurs. (*Ibid.*)

» Un préjugé, qui subsistoit encore en 1757 dans le canton des Landes, que *Desbiey* habitoit alors, et où il cultivoit une portion de l'héritage de ses pères, avoit tellement borné la culture de ce grain, qu'il n'étoit semé que dans les meilleurs fonds, et dans l'unique objet d'avoir du vert pour

6

les chevaux et les bœufs de labour. S'il étoit cultivé pour en recueillir le grain, ce n'étoit que par une espèce de luxe ou de curiosité, dans quelques carreaux seulement des jardins les plus frais de MM. les curés et des principaux propriétaires.

» *Desbiey* n'avoit pas oublié qu'il en avoit vu autrefois semer en plein champ dans les palus et les terres fortes de la Chalosse et de l'Armagnac. Il savoit que les Basques avoient également réussi à le naturaliser sur le sol pierreux qu'ils habitent. Il conçut le dessein de le naturaliser aussi dans les Landes, si l'essai qu'il projetoit pouvoit être couronné de quelques succès.

» Il avoit dans un champ d'une assez grande étendue une pièce de terre d'un mauvais sablon, de la contenance d'un journal et demi (le journal de 48 cannes carrées, la canne de 48 carreaux, le carreau de 5 pieds et demi à chacun de ses côtés, donnant chacun 30 pieds un quart de superficie). Malgré tous les soins de l'auteur et le secours des engrais, l'ancienne culture du millet avoit tellement amaigri cette pièce de terre, que le seigle y étoit toujours très-bas, fort laid, et ne portant que des épis très-petits, et très-peu fournis de grains. Au lieu de l'ensemencer en seigle, comme c'étoit l'usage, *Desbiey* se borna à la faire labourer deux fois bien profondément pendant l'hiver de 1757. Les gelées et les pluies des mois de novembre et décembre passèrent sur l'un et l'autre labourage. Au printemps suivant, lorsqu'il se détermina à essayer si le blé d'Espagne réussiroit en plein champ dans les terres sablonneuses des Landes, il fit ameublir sa pièce de terre, en la faisant couper au vif et en travers, à menus sillons, et en la faisant herser ensuite pour en tirer le chiendent et les autres mauvaises herbes qu'il fit brûler avec soin. Il fit tailler ensuite de grands sillons à 30 pouces, c'est-à-dire à la véritable largeur de la *rège* du journal. Cette méthode parut extraordinaire à ses voisins. L'usage du pays réduisoit alors le sillon à 20 pouces de largeur, et même au-dessous. *Desbiey* avoit observé que les seigles ne produisoient pas proportionnellement à l'étendue du terrain, parce que les premières chaleurs du printemps absorboient l'humidité qui vivifie les plantes. Il imagina qu'en donnant plus de terre à la crête des sillons, les chaleurs les pénétreroient moins; que les chaleurs de l'hiver ne décharneroient pas autant les seigles, et que par conséquent les blés y auroient, jusqu'à leur maturité, l'humidité nécessaire à leur végétation. Un araire et un soc exécutés conformément à son idée, formèrent des sillons dont la profondeur de la cave procuroit toute la terre nécessaire pour garnir et relever leur crête.

» Ses sillons étant ainsi tracés avec cet araire, il prit deux femmes avec lui, et afin de pouvoir mieux juger de son essai, il voulut présider au travail qu'il leur expliqua. L'une d'elles, en travaillant à reculons, pratiquoit, à grands coups de sarcloir, au fond de la cave du sillon, des creux de 3 ou 4 pouces, et à la distance à-peu-près d'un pied et demi l'un de l'autre. L'autre femme entroit dans le sillon à mesure que les creux y étoient faits, et, munie d'un panier plein de fumier haché bien menu, elle en jetoit une poignée dans chaque fosse. *Desbiey* venoit ensuite : il laissoit tomber dans chaque creux deux ou trois grains de blé d'Espagne, et d'un coup de pied il les recouvroit de terre. L'exécution d'un sillon apprit à ces femmes la manière d'ensemencer les autres. Il augmenta leur nombre, et il atteste que ce travail n'est ni trop long, ni trop coûteux, à en considérer le résultat.

» Les pluies du printemps de 1758 furent malheureusement très-abondantes, et elles entraînèrent tant de sable dans les sillons, que toutes les fosses où étoient semés les grains de blé d'Espagne en furent comblées. N'en voyant sortir aucune pousse après un temps qui lui avoit déjà paru bien long, il eut la curiosité d'examiner le travail de ces grains dans une des fosses. Il écarta avec les doigts la terre et le sable qui les avoient comblées ; il trouva que le blé avoit germé, que le développement de ses feuilles étoit déjà commencé ; mais qu'ayant été surprises au moment de la pousse, par l'abondance et la rapidité des eaux pluviales, ses feuilles avoient été couchées par le poids des sables roulés avec les eaux, sans avoir eu la force de se relever. Des femmes furent aussitôt mandées ; l'auteur leur montra la manière dont il vouloit qu'elles s'y prissent pour dégager ces pousses naissantes dans chacune des fosses, et elles l'exécutèrent parfaitement.

Deux de ces fosses seulement furent laissées par ses ordres dans le même état où les sables entraînés par les pluies les avoient mises, ayant eu l'attention de vérifier auparavant que les feuilles du blé d'Espagne y étoient couchées, et d'une couleur jaune pâle, comme il l'avoit observé dans toutes les autres.

» Tous les grains de ces deux fosses périrent ; il n'en parut pas une seule pousse.

» Les autres, au contraire, acquirent tant de vigueur dans l'espace de huit jours, que l'auteur commença dès-lors à faire abattre un peu de terre de la crête des sillons pour en chausser les jeunes cannes. A mesure qu'elles prirent de la consistance, il leur fit continuer la même opération, et à quatre différentes reprises, jusqu'à ce que la crête des sillons se trouvât presque entièrement renversée à leur pied. Ce semis devint admirable par la beauté des cannes, et par celle des épis. Il produisit tant en fourrage qu'en grain une récolte qui, au jugement des connoisseurs, égaloit celle des meilleures terres de la Chalosse. (*Pages* 52, 53 *et* 54.)

» L'intention de l'auteur n'étoit pas de laisser reposer cette terre. Il s'abstint cependant de la faire labourer, et se borna à la faire herser, dans le même automne de 1758, deux jours avant de l'ensemencer en seigle. Toutes les cannes d'Inde furent soigneusement arrachées et couchées dans le même alignement où elles avoient pris naissance. L'auteur y fit répandre la même quantité de fumier qu'on étoit dans l'usage d'y employer ci-devant; on sema le seigle, et il fit former ensuite de grands sillons de 30 pouces, de manière que la cave des anciens sillons devint la base de la crête des nouveaux, et que les cannes se trouvèrent couvertes par les terres qui s'élevèrent des nouvelles caves.

» Cette portion de champ donna du seigle si

beau en 1759, que la paille surpassoit de 4 à 5 pouces en hauteur celle de tous les seigles qui l'entouroient. (*Page* 54.)

» Cet exemple invita les voisins de l'auteur, et successivement tous les habitans de sa paroisse et de quelques autres paroisses des environs, à semer du blé d'Espagne en plein champ, et à donner plus de largeur aux sillons de leurs terres labourables. La culture du millet commença à devenir plus rare, on y substitua celle du blé d'Inde; et on ne tarda pas à s'apercevoir qu'en produisant un grain plus précieux, cette dernière culture amaigrissoit aussi beaucoup moins les terres. (*Page* 54.)

» L'introduction de cette nouvelle culture produisit encore un avantage bien consolant pour l'humanité. Elle fut l'époque d'une heureuse révolution dans le tempérament des laboureurs de cette partie des Landes. L'épilepsie étoit une des maladies les plus communes dans ce canton, où la *caudelée*, ou la *cruchade*, faite avec la farine de millet, étoit la principale nourriture des habitans. Depuis que la farine de blé d'Espagne a remplacé celle de millet, pour faire cette espèce de bouillie, le nombre des épileptiques a diminué sensiblement, au point même qu'ils y sont très-rares aujourd'hui. (*Ibid.*) »

N. B. M. *Parmentier*, qui a cité de mémoire cette observation de M. *Desbiey*, dit par erreur que l'usage du maïs avoit délivré les habitans de la Gascogne des *apoplexies* auxquelles ils étoient très-sujets auparavant. *Desbiey* n'a pas parlé d'*apoplexies*, mais d'*épilepsie*.

---

§. XVII.

Culture du blé d'Espagne dans l'Angoumois, décrite en 1779.

(Extrait de l'*Essai d'une méthode générale propre à étendre les connoissances des voyageurs*, ou *Recueil d'observations relatives à l'histoire, à la répartition des impôts*, etc.; par M. MUNIER, inspecteur des ponts et chaussées, et associé libre de la Société royale d'Agriculture de Limoges (1). Paris, 1779).

Culture du blé d'Espagne.

« On ne connoît en Angoumois le blé d'Inde, blé de Turquie ou maïs, que depuis le commencement du 17e. siècle; il y est seulement désigné sous le nom de *blé d'Espagne*. Ce grain est

---

(1) M. *Munier*, devenu octogénaire, et toujours plein de zèle, nous a adressé en 1813, un nouveau *Traité de la culture du maïs et de celle de la pomme de terre*, avec beaucoup de détails économiques très-intéressans. Nous les réservons pour la seconde partie de ces recherches.

abondant et très-estimé. Sa quantité et sa valeur égalent à-peu-près celles de la bailliarge. Les uns labourent trois fois la terre avant de le semer, les autres deux fois seulement. Le blé d'Espagne veut être semé fort clair; il n'en faut qu'environ une mesure et un quart pour un journal de terrain; le semeur en laisse tomber les grains environ à la distance d'un pied les uns des autres dans la raie formée par le soc de la charrue, et le versoir les recouvre de terre. Le paysan a soin de faire un labour un peu plus profond que pour les autres grains; il sait que la tige de cette plante étant fort grosse veut être bien enracinée, et que la terre bien préparée ne donne pas autant de peine à remuer dans les différentes façons qu'on est obligé de lui donner. La première consiste à casser les mottes, et à préparer à-peu-près la surface du champ comme celle du jardin, avant que le grain ait commencé à germer. On a soin d'aplatir un peu les sillons et de les élargir, pour en diminuer la convexité. On donne une seconde façon au blé d'Espagne lorsqu'il a deux ou trois feuilles; elle consiste à labourer toute la terre avec une tranche, et à détruire les herbes qui végètent avec lui. S'il est trop épais, on arrache les tiges qui seroient trop serrées; on a soin de n'en laisser jamais deux l'une contre l'autre, et de les espacer toutes d'environ un pied et demi ou 2 pieds. Les cultivateurs les plus attentifs répètent encore ce labour pendant le cours du mois de juin ; mais plusieurs le négligent. La troisième façon se donne en juillet, et autant qu'il est possible avant l'ouverture de la moisson. Elle consiste à ramasser la terre avec une tranche autour de la tige, pour y former de petites mottes qui servent à entretenir sa fraîcheur et à la soutenir contre les coups de vent. Si les pluies d'orages ou autres accidens viennent à coucher la plante, malgré les mottes destinées à la soutenir, on a grand soin de l'étayer de nouveau ; elle ne pourroit parvenir à sa maturité sans cette précaution. Les gourmands ou rejetons qui sortent du pied doivent être arrachés soigneusement ; ils ne manqueroient pas d'altérer le maître grain, au lieu qu'ils tournent à profit en les destinant au bétail que cette tendre nourriture rafraîchit avec succès pendant les chaleurs.

» Lorsque le blé d'Espagne a passé fleur, ce qui arrive dans le courant du mois d'août, on en supprime les têtes pour les faire manger aux bœufs. Cette suppression fait refluer les sucs nourriciers dans le grain qu'ils grossissent. Le nombre des épis que porte chaque tige est variable depuis zéro jusqu'à cinq. Les pieds qui n'en ont point, ce qui est rare lorsque la saison est favorable, s'appellent *cannes* ou femelles; on les arrache en même temps que l'on étête les autres.

» Le blé d'Espagne est mûr dans le courant du mois d'octobre; on en coupe d'abord les épis et on revient ensuite couper les tiges, pour les serrer dans les granges où elles sèchent et servent pendant l'hiver à la nourriture des bœufs : mais ils ne peuvent manger que la feuille de la plante desséchée; les grosses tiges sont transportées ensuite dans les cours et dans les chemins, pour les faire pourir et en former des engrais.

» Lorsque le blé d'Espagne est cueilli, l'enveloppe du grain sert encore à la nourriture du bétail : les épis sont ensuite répandus dans un grenier bien aéré, de manière qu'ils ne soient entassés les uns sur les autres que le moins qu'il est possible, afin qu'ils puissent sécher. Il est convenable de les remuer à la pelle au moins deux fois chaque semaine, et de séparer ceux qui seroient altérés; ils ne sont propres alors que pour la volaille ou les cochons. Les soirées d'hiver sont employées à égrener le blé d'Espagne lorsqu'il est bien sec.

» Les épis dépouillés du grain qu'ils contenoient sont bons à brûler. La récolte du blé d'Espagne se consomme entièrement dans la même année; on ne doit même convertir en farine, chaque semaine, que la quantité qui est nécessaire pour faire du pain; elle est si humide par sa nature, qu'elle peut se gâter en moins de huit jours. On la gardera néanmoins pendant six semaines ou deux mois, si on a l'attention de lui enlever cette humidité en passant le grain au four avant de le porter au moulin, et d'étendre la farine dans un lieu sec.

» Lorsque le blé d'Espagne est moulu, les paysans en séparent le son pour le donner à la volaille et aux cochons. Le plus grand et le meilleur usage que l'on fasse de la farine, en l'employant seule, est de la convertir en bouillie. Le paysan la mange seulement à l'eau et au sel; mais cette préparation rustique peut être bonne et convenir aux personnes délicates, si elle est faite avec du lait et du sucre. On fait rarement du pain avec la farine seule de blé d'Espagne, on la mêle ordinairement avec parties égales de froment et de bailliarge. C'est encore au maïs que l'on doit attribuer la qualité de la volaille, et sur-tout des dindes fines de l'Angoumois.

» Le paysan de cette province fait usage du blé d'Espagne aussitôt qu'il est cueilli, il hâte sa dessiccation en l'exposant au soleil; il n'est donc pas étonnant qu'il soit attaché à cette culture; les ressources variées qu'elle lui présente, la petite quantité de semence qu'elle exige et son grand produit, le séduisent davantage que tous les raisonnemens qu'il seroit possible de faire pour prouver qu'elle appauvrit les terres labourables, et que les façons qu'elle exige entraînent une perte de temps considérable qui pourroit être mieux employé.

» Les bordiers et les manœuvres, qui n'ont pas de propriétés, sollicitent la culture de ce blé au tiers ou à moitié, suivant la qualité du sol et l'usage établi dans chaque canton. Les propriétaires sont chargés de préparer la terre pour la rendre en état de recevoir le grain, ils en payent les impositions royales ; le paysan sème et prend soin de la plante depuis ce moment jusqu'à ce qu'elle soit prête à être partagée.

» Les façons du blé d'Espagne sont souvent retardées ou accélérées selon les chaleurs et les sécheresses qui ne permettent pas de travailler à la terre. Leur dépense est encore relative à la ténacité et à la qualité du sol ; il y a des terres qui produisent, sur-tout dans les années pluvieuses, quantité d'herbes qui obligent à multiplier les labours. On sème le blé d'Espagne de préférence dans celles qui sont fortes, ou ordinairement remplies de mauvaises plantes. Les différentes façons que cette culture exige fournissent l'occasion de les détruire ; elle nettoie donc beaucoup les terres, et les dispose à un bon guéret pour l'année suivante. Il suffit même de les labourer une fois avant de les ensemencer en froment, il y réussit très-bien, sur-tout lorsqu'on a soin de fortifier sa végétation par le rapport de quelques engrais.

» On sème ordinairement les petits blés d'Espagne avant la fin de juin dans les terres où l'on a déjà fait une récolte ou d'orge de premier, ou d'autres grains qui mûrissent à bonne heure. Leur trop grande épaisseur, la courte durée de leur végétation et les chaleurs sont cause qu'ils ne produisent que très-peu d'épis ; mais aussi le but qu'on se propose n'étant pas de recueillir du grain, le paysan est satisfait lorsqu'ils sont assez longs et assez épais pour fournir une nourriture abondante au bétail. Le décimateur n'y prend rien, parce qu'il a déjà perçu la dîme du même terrain ; il ne la percevroit même pas dans la supposition où il n'y auroit pas eu d'autres grains ; l'usage étant que tout ce qui est destiné et coupé pour la nourriture du bétail ne doit point la dîme. Si cependant le colon y recueilloit une certaine quantité d'épis, le décimateur seroit peut-être autorisé à y percevoir ses droits.

» On ne connoît en Angoumois que trois espèces de blé d'Espagne, savoir; le jaune, le blanc et le rouge : plusieurs personnes pensent que leur différence est seulement l'ouvrage de quelques métamorphoses occasionnées par les variations de qualités dans les terres; d'autres prétendent décider que ces grains diffèrent autant entre eux que les espèces d'orge ou de froment dont j'ai parlé. Le blé d'Espagne est le plus universellement répandu dans la province : il occupe presque seul le canton de Chabanois; le blanc s'est emparé des bords de la Lizonne, rivière qui sépare l'Angoumois du Périgord; il est encore le plus multiplié dans les environs de Barbezieux : on les retrouve tous les deux dans le centre de la province; souvent ils sont mêlés dans la même pièce de terre et dans le même épi. Le rouge est plus rare, tous les cultivateurs lui font la guerre et l'arrachent soigneusement; il fait un pain si noir et si mauvais, qu'on ne l'emploie pas à cet usage; on le réserve alors pour la volaille et les cochons. On pourroit encore le destiner aux apothicaires; on prétend qu'il peut être employé avec succès pour guérir la dyssenterie. Cette espèce se trouve plus ordinairement avec le jaune; on voit très-rarement des grains de blé d'Espagne rouge mêlés dans les épis blancs : il semble au contraire que le blanc et le jaune aiment à se rapprocher; leur mélange, sur-tout dans le même épi, donne à croire à plusieurs cultivateurs que ces espèces dégénèrent; ils prétendent n'avoir semé très-souvent que du blé d'Espagne blanc, et que, malgré cette attention, il s'en est trouvé une grande quantité de jaune lors de la récolte. Celui qui veut joindre la qualité de physicien à celle de cultivateur, attribue cette métamorphose à la communication des étamines des différentes espèces qui se trouvent dans le voisinage pendant le temps de la fleur; mais l'origine de ces variations est encore incertaine, et il faudra des observations bien suivies pour en constater la cause. En attendant ce travail, je conjecturerai avec le paysan cultivateur que toutes ces variations ne sont que des jeux de la nature, occasionés par la différence de qualité des terres. Je n'ai pas encore fait assez d'expériences pour interpréter sa façon de penser d'une manière décisive et satisfaisante dans tous les cas; mais j'ai déjà rassemblé une assez grande quantité de faits pour asseoir au moins de fortes présomptions sur ce sujet.

» Le blé d'Espagne blanc de Barbezieux, semé dans un jardin d'Angoulême, a produit seulement quelques grains jaunes dans un petit nombre d'épis, tout le surplus étoit très-blanc. Le même grain, semé dans un jardin hors de la ville, de moindre qualité que le premier, a donné une quantité beaucoup plus grande de grains jaunes entremêlés parmi les blancs, qui dominoient néanmoins dans cette production.

» Le blé d'Espagne jaune des environs de Chabannois, transporté dans le jardin dont je viens de parler, a produit des épis dans lesquels il y avoit quelques grains blancs. Ces observations, combinées avec quelques réflexions sur la nature du sol dans les cantons où ces différentes espèces dominent, me déterminent à conclure que le blé d'Espagne vient naturellement blanc dans les terres fortes de la meilleure qualité; voilà pourquoi il y en a tant à Barbezieux. Il devient jaune et blanc dans les terres de moyenne qualité, jaune seulement dans celles de la troisième qualité, et il est mêlé de tiges qui portent des épis entièrement rouges dans les terres de la dernière qualité; voilà pourquoi l'on ne voit que du blé d'Espagne jaune sur les limites de l'Angoumois et du Limousin; c'est par cette même raison que le cultivateur y trouve, malgré lui, plus de grains ou un plus grand nombre d'épis entièrement rouges qu'ailleurs. Je ne suis plus étonné à présent qu'il y en ait dans les terres sablonneuses des environs d'Angoulême. Je conçois pourquoi les grains de blé d'Espagne blanc sont plus grands et mieux nourris que ceux des autres espèces : il est meilleur que le jaune, et celui-ci l'est plus que le rouge : ces qualités sont proportionnelles à celles de la terre-matrice dans laquelle ils végètent avec plus ou moins d'activité. Cette dégénération est graduée et successive. Il n'est pas ordinaire que le blé d'Espagne blanc se trouve mêlé avec le rouge; il y a un pas intermédiaire à franchir : le jaune est plus rapproché de sa constitution. D'où il résulte que je suis porté à croire que l'on pourroit faire devenir successivement le même blé d'Espagne, blanc, jaune et rouge; et ensuite rouge, jaune et blanc, en le faisant passer annuellement dans des terres convenables à ces différens états. Il me paroît même intéressant d'engager mon lecteur à observer soigneusement ce travail de la nature; il pourroit conduire à une découverte importante, qui consisteroit à classer et déterminer d'une manière précise les différentes qualités de terres végétales, et à reconnoître le blé d'Espagne comme le thermomètre de leurs variations. J'observerai, en passant, qu'on doit au moins conclure des observations ci-dessus, que les auteurs qui admettent le blé d'Espagne à grains jaunes pour le plus estimé, se trompent, c'est le blanc. On le recherche de préférence pour semer ; il fait une pâte plus longue et plus liée, les boulangers le payent ordinairement 10 sous par boisseau plus que le jaune ; ils en mêlent la farine avec celle du froment : ce mélange couvre d'autant mieux leur fraude, qu'il produit un pain qui séduit par sa blancheur, mais il lui donne en même temps plus de pesanteur ; et c'est là en quoi consiste principalement le bénéfice du boulanger trop industrieux. »

---

§. XVIII.

Description du blé de Turquie, ses différentes espèces, ses propriétés, sa culture, etc.

(Extrait de l'*Ecole du Jardin potager*, par M. *de Combles*. Paris, 1780, troisième édition.)

« Cette plante appartient plus à la pleine campagne qu'aux jardins ; cependant, comme on l'apprête depuis peu, et qu'on la présente sur des tables, je lui donne rang parmi les plantes potagères.

» On l'appelle plus communément *maïs* dans les pays où il s'en fait de grandes plantations ; d'autres le nomment *blé d'Inde*, parce qu'il tire son origine des Indes, d'où il fut apporté en Turquie, et de là, par succession, dans toutes les autres parties de l'Asie, de l'Afrique et de l'Europe : mais nous le connoissons mieux ici sous le nom que je lui donne.

» Cette plante pousse une grosse tige pleine d'une moelle blanche, qui a le goût sucré, et d'où on tire un miel par expression, quand elle est verte. Elle s'élève à 6 ou 7 pieds, et porte à son sommet des panicules longues de 8 à 9 pouces, grêles, éparses et partagées en un grand nombre d'épis penchés, chargés de fleurs stériles et séparées de la graine qui est le même fruit. Les fleurs sont semblables à celles du seigle, sans pétales, composées de quelques étamines, et renfermées dans un calice ; tantôt elles sont blanches, tantôt jaunes, quelquefois de couleur pourpre, suivant que les épis qui portent les graines sont colorés ; mais elles ne laissent point de fruits après elles.

» Les fruits sont séparés des fleurs, et naissent en forme d'épis des nœuds de la tige. Ces épis sont longs et gros, cylindriques, enveloppés étroitement de plusieurs feuilles ou tuniques membraneuses, qui servent comme de gaîne, du sommet desquels il sort de longs filets qui sont attachés chacun à un embryon de graine.

» Les feuilles sont semblables à celles du roseau, longues d'un pied jusqu'à 2, larges de 3 ou 4 pouces, veinées et rudes, coupantes sur les bords.

» L'épi, qui croît par degrés jusqu'à la grosseur du poignet et à la longueur d'un pied, écarte les tuniques qui l'enveloppent à mesure qu'il grossit, et montre son grain à découvert, ou du moins en plus grande partie, quand il est en maturité.

» Ce grain est de la grosseur d'un gros pois, un peu aplati, et de couleur jaune, rouge, violette, bleue, blanche ou marbrée, suivant l'espèce. La plus généralement cultivée, et celle qu'on a reconnue la meilleure, tant en France qu'en Italie et au Levant, c'est la jaune, dont la farine ne diffère pas pour cela des autres qui la rendent également blanche.

» Pour l'ordinaire, chaque tige ne produit qu'une grappe, quand cette plante est semée en plein champ; mais, quand elle est au large, elle en rapporte deux ou trois.

» Les avantages que l'humanité retire de ce grain sont infinis; l'on pourroit avancer que la moitié des hommes et des animaux privés, répandus sur la terre, en forme sa nourriture. Il est cultivé dans les quatre parties du Monde, et ce qui est surprenant, c'est qu'il le soit en si peu d'endroits en France; sur quoi, je ne puis m'empêcher de déplorer notre négligence. On auroit tort de penser que nos terres et notre climat ne lui soient pas propres ; j'en sème tous les ans, et il vient aussi beau et aussi bon qu'en Italie : la Bourgogne, la Franche-Comté, la Bresse, en font de belles et fructueuses plantations. Si les gens de la campagne manquent de courage ou de moyens pour en commencer la culture, les seigneurs des paroisses ou autres personnes aisées ne pourroient-ils pas les animer et les faciliter par quelques avances, qui, en faisant le bien de leurs vassaux ou fermiers, ne manqueroient pas de procurer le leur, en ce que, par la suite, le produit de leurs terres augmenteroit infailliblement ? Et si l'exemple de presque toutes les nations ne suffit pas pour lever les doutes que l'ignorance ou le préjugé nous auroit fait concevoir de l'utilité de ce grain, qu'on fasse attention à ses propriétés, que je détaillerai pour convaincre que l'on retireroit un grand avantage à en étendre la culture et à la rendre florissante.

» Les Indiens et autres peuples éloignés mangent le blé de Turquie en vert, comme en Italie on mange les petits pois, ou en sec grillé à la poêle, ou bouilli dans l'eau : d'autres nations s'en font une boisson, qu'elles convertissent aussi en vinaigre, en la gardant un certain temps. En beaucoup de pays, on en fait du pain ; ailleurs, de la bouillie : mais je laisserai moins lieu à soupçonner mes détails, en m'abstenant de rapporter les usages infinis qu'en font les peuples éloignés, en parlant seulement des différentes manières dont nos voisins jouissent de ce riche présent de la terre.

» On s'en sert dans des provinces de France pour engraisser la volaille : elle profite à vue d'œil avec cette seule nourriture ; les chapons de Bresse, si fort en réputation, et qui pèsent jusqu'à 10 et 12 livres, en font preuve. On en nourrit les pigeons de volière ; ce grain leur rend la chair blanche et tendre, et leur donne une graisse ferme et savoureuse. Rien n'est meilleur pour engraisser les cochons ; ils en prennent un lard ferme et deux fois plus épais qu'avec tout autre engrais. Ces fameux cochons de Naples ne sont pas engraissés autrement ; ils pèsent jusqu'à 500 livres. Ce poids paroîtra sans doute étonnant, et peut-être fabuleux, à ceux qui n'ont pas voyagé, ou qui n'en ont jamais ouï parler ; mais je peux attester l'avoir vu de mes propres yeux. Pour les rendre tels, on les enferme simplement pendant deux mois dans une loge, où est une auge toujours pleine de ce grain, dont ils se rassasient en liberté. Les chevaux, lorsqu'ils y sont accoutumés, s'en trouvent également bien ; il faut d'abord le mêler avec leur avoine pour leur en faire prendre le goût. Étant moulu, on en fait des gâteaux et des galettes dont le peuple se nourrit en beaucoup d'endroits. On en mêle aussi avec la farine de froment pour faire le pain, qui s'en accommode de même; cependant je dirai à cet égard, que ce pain n'est pas convenable aux estomacs foibles, s'ils n'y ont été accoutumés de jeunesse. Ce grain, qu'on ne sème qu'après l'hiver, réussit toujours, et fournit au défaut des autres : un peu de fadeur au goût seroit peut-être le seul défaut qu'on pourroit lui trouver; mais il est aussi nourrissant et aussi bienfaisant qu'aucun autre : je dirai plus, on a trouvé le moyen d'en faire un manger délicat. On prend les grappes, lorsqu'elles ne font que naître et qu'elles n'excèdent pas la grosseur du petit doigt; on les dépouille de leur bourre, on les fend en deux, et on les fait frire avec une pâte, comme les artichauts; on les confit aussi avec du vinaigre blanc, comme les cornichons, et alors ils sont même meilleurs et plus tendres. La plante, à mesure qu'on la dépouille de son fruit naissant, pour le manger ainsi en friture, ou pour le confire, en produit d'autres de nœud en nœud, qu'on a toujours soin de cueillir dès qu'ils sont formés, et elle en fournit pendant deux mois et plus.

» Pour les confire, on fait fondre une livre de sel dans une pinte d'eau chaude; on tire l'infusion au clair, on y joint une pinte de vinaigre, et on remplit le vaisseau de ces jeunes fruits, qui se trouvent confits et bons à manger un mois après : pour leur conserver la blancheur, on met par-dessus un lit d'estragon ou de perce-pierre, qui leur donne en même temps un goût plus agréable.

» La culture de cette plante n'est pas la même dans tous les pays : en Italie et en Espagne, on sème le grain à la charrue, comme le blé ordinaire; en d'autres lieux, à mesure qu'un sillon est fait, on l'y répand fort clair, et on recouvre en recommençant un autre sillon; ailleurs, on le sème au plantoir; mais la façon qui me paroît la meilleure, c'est de le semer par touffes, de la même manière qu'on sème les haricots : on en met quatre ou cinq dans chaque place, et, quand ils sont bien levés, on n'en laisse qu'un ou deux; on les chausse ensuite quand ils sont assez forts, et on les serfouit en même temps. Un mois environ après, lorsqu'ils sont élevés à 2 ou 3 pieds, on leur fait une butte tout autour du pied, de 12 à 15 pouces de hauteur, pour les soutenir contre les vents qui les renverseroient sans cette précaution : on doit disposer les rangs de manière que chaque touffe soit à 18 pouces de distance, en tous sens, l'un de l'autre. Quand il est arrivé à-peu-près à sa hauteur de 6 pieds environ, on lui coupe l'extrémité de sa tige et une partie de ses feuilles ; le grain en profite mieux, et mûrit plus tôt; il n'y a pas d'autre façon à lui faire. Lorsqu'enfin il se trouve mûr, vers la fin de septembre, ce qui se connoît à son enveloppe qui sèche, on arrache toutes ses grappes, on les démaillotte ; et, pour mettre le grain à l'air, on rebrousse toutes les feuilles qui servent à les lier par paquets, et à les attacher, soit à des planches, soit contre des murs, dans quelque endroit sec et aéré, où le grain achève d'acquérir sa perfection.

» C'est à la mi-avril qu'on doit le semer dans notre climat ; chacun se réglera suivant le sien. Ce grain demande une terre grasse et bien fumée; cependant, avec l'aide du fumier, on le fait venir fort bien dans des terres médiocres, en observant de ne pas en semer deux fois de suite dans la même terre ; il est à propos au contraire qu'elle soit occupée en autres grains pendant trois ans, avant d'en remettre de celui-ci. Il est bon à semer pendant deux ans ; mais il lève encore plus sûrement la première année.

» On a une machine pour l'égrener, dans les pays où il s'en cultive beaucoup; mais, à défaut de cette machine, on le déchâsse avec les mains, quand il est bien sec; et ce doit être l'occupation des femmes et des enfans pendant l'hiver.

---

§. XIX.

Mémoire de M. Parmentier *sur le maïs, couronné à Bordeaux en* 1784.

L'Académie royale des Sciences, Belles-Lettres et Arts de Bordeaux, avoit ouvert un concours sur cette question : « Quel seroit le meilleur pro- » cédé pour conserver le plus long-temps possible, » ou en grain ou en farine, le maïs ou blé de » Turquie, plus connu dans la Guienne sous le » nom de blé d'Espagne; et quels seroient les » différens moyens d'en tirer parti dans les an- » nées abondantes, indépendamment des usages » connus et ordinaires dans cette province? »

Le 25 août 1784, le prix fut décerné au mémoire de M. *Parmentier*, qui eut pour concurrent M. *Amoreux*.

Le mémoire de M. *Parmentier* fut seul imprimé à Bordeaux en 1785, dans le format in-4°. Outre la question principale de la conservation du maïs, il traite avec soin beaucoup d'autres questions accessoires. C'est une analyse historique, agronomique et chimique du maïs et de tout ce qui peut y avoir un rapport direct. La lecture en est extrêmement intéressante. On y trouve des recherches étendues, et on y distingue une sagacité rare. Les articles les plus curieux et qui méritent d'être relus, sont :

Les *phénomènes de la végétation du maïs*, pages 14 et 15 ;

La discussion sur l'*origine du maïs*, p. 18-21 ;

L'article des *variétés du maïs*, pag. 24-25 ;

Ce qu'il dit sur la *nature du charbon*, maladie du maïs, page 32 ;

Et sur les *effets du charbon dans le corps humain*, pages 32-33 ;

La connoissance *des engrais* pour la culture du maïs, page 38 ;

Les *préservatifs des semences*, pag. 45-46 ;

La *double moisson* que le maïs présente en Egypte, pages 55-56 ;

L'article du *maïs-regain*, page 57 ;

Le détail sur les *prix du maïs*, pages 63-64 ;

L'emploi des *tiges ou chaumes du maïs*, pages 77-78 ;

Les *réflexions sur la dessiccation du maïs au four*, pages 85-89 ;

La note sur une *attention préalable à la mouture du maïs*, pages 96-97 ;

Ce qui concerne la *mouture du maïs*, p. 97-99 ;

L'*examen de la farine de maïs*, p. 105-106;

L'article sur le *chiccha*, boisson favorite des Indiens, pages 117-119;

La *préparation de la bière de maïs*, pages 121-123;

Le *maïs en vermicelle*, page 130;

Le *maïs en biscuit de mer*, pages 131-133;

Le *maïs en poudre alimentaire*, p. 133-135.

Cet excellent mémoire a été reproduit et réimprimé à Paris en 1812, in-8°. sous ce titre : *Le Maïs, ou le Blé de Turquie, apprécié sous tous ses rapports*. On en reparlera, sous cette année, dans la seconde partie de ces *Recherches* qui ne sont destinées qu'à recueillir les glanures laissées par M. *Parmentier* dans le champ qu'il a moissonné avec tant de gloire.

---

§. XX.

Réponse de M. Amoreux, *médecin, à M. le comte* François de Neufchâteau, *concernant le projet de son ouvrage relatif au maïs, et le mémoire de M.* Amoreux *sur la même matière*.

Montpellier, le 28 mai 1812.

« Monsieur le comte, il seroit extrêmement flatteur pour moi de pouvoir me trouver souvent sur votre chemin, comme vous voulez bien le dire cette fois, à l'occasion de vos recherches sur le maïs. Je me félicite de ce que vous prenez en grande considération un grain précieux que j'ai toujours apprécié ce qu'il vaut, sans pouvoir lui faire faire fortune, et sans que l'apologie que j'en ai faite m'ait attiré plus de gloire.

» En 1784, j'écrivois ce mémoire dont il sera question ci-après. En 1786, je proposois le maïs comme plante jardinière, et comme un moyen d'aider au desséchement des marais peu considérables. Cet écrit est consigné dans le trimestre de printemps de l'ancienne Société d'Agriculture : ce que je répétai en partie, en 1809, dans un ouvrage ayant pour titre : *Etat de la végétation sous le climat de Montpellier*, p. 35, 127, etc.

» En l'an XI, dans un *mémoire sur la nécessité et les moyens d'améliorer l'agriculture dans le district de Montpellier*, je faisois apercevoir, page 10, que le maïs n'avoit été jusqu'alors traité parmi nous que comme une plante jardinière, quoiqu'elle méritât d'exercer nos laboureurs et la charrue; ce qui nous privoit de grandes ressources pour nourrir la volaille et les cochons, ou pour en obtenir un nouveau fourrage, et pour faire partie de la nourriture de l'homme, puisque la farine de ce grain peut entrer pour un sixième ou un huitième plus ou moins dans le pain de ménage, ce qui lui donne une couleur aussi agréable que le goût en est savoureux.

» Dans la deuxième édition plus complète de mon *Traité des haies vives*, publiée aussi en 1809, j'ai ramené l'utilité du maïs, page 288, etc., à l'occasion de l'usage qu'en font nos jardiniers, qui en entourent les carrés et les planches de leurs jardins potagers, en disposant cette grosse plante en haies, en palissades, etc., ayant toujours une rigole au pied par où l'eau circule au besoin dans chaque planche et par tout le jardin. Le maïs profite ainsi sans autre culture que celle qui convient aux légumes qu'il protége contre le vent et le hâle; il n'a besoin lui-même que d'eau et de soleil. De là résulte un bon produit en grains, qui est ordinairement de cent pour un, etc. Le grain moulu ou pilé donne une farine un peu rougeâtre, dont on fait de bonnes soupes, sur-tout au lait ou au beurre; j'en fais assez fréquemment usage. Les boulangers vendent cette farine 15 et 20 centimes la livre pesant. Le prix du setier de maïs, pesant de 92 à 95 livres (un peu moins que le blé), est de 10 à 11 francs. Dans les petits ménages, on trouve agréable de faire entrer cette farine en part avec celle du seigle, dans le pain bis, en plus ou moins grande quantité, suivant le besoin ou le goût d'un chacun : toujours le pain en est-il plus frais.

» D'après cela vous voyez, M. le comte, que les papiers publics ont eu tort d'annoncer que le peuple de Montpellier avoit conçu de l'effroi de la seule idée que l'on avoit mêlé de la farine de maïs avec celle du blé-froment. Le peuple imbu de l'idée que le blé devenoit de plus en plus rare, à cause de sa cherté, n'auroit pas conçu d'inquiétude de ce mélange fait par les boulangers, puisqu'il le fait quelquefois lui-même; mais plutôt du haut prix du blé et du pain, qui se soutenoit malgré le mélange quelconque qui a existé en effet; et c'est ce qui l'inquiétoit le plus, comme de raison. J'ai fait usage de ce pain ainsi confectionné ; ce qui étoit manifeste, malgré la négative, et par le poids et par la couleur, plus encore par le goût, il avoit une pointe d'amertume. On s'est même aperçu qu'au moment où la disette du blé passoit de bouche en bouche, sans être réelle, le maïs foisonnoit, même après la consommation qu'on venoit d'en faire pour des semis abondans, aux environs de Pâques, comme c'est l'usage dans tous nos jardins potagers ou légumiers ; et cette abondance étoit telle qu'on vendoit au marché et à toutes les portes de la ville, contre l'ordinaire, de petits pains en navette, fort blonds et fort lourds, faits avec la pure farine de maïs : on les nomme *mias, miasse* et *miasson*. Ce sont plutôt de petits gâteaux que du pain; pain de fantaisie dont on ne pourroit manger impunément à satiété, sans encourir la peine d'indigestion; mais pour 5 centimes il est permis de passer un moment de fantaisie. Il seroit possible de rendre cette sorte de pain, ou plutôt *fougasse*, moins pesant, plus digestible, par une autre manipulation dont on ne s'enquiert guère, par l'addition d'autre farine, par la qualité et la quantité du levain, etc.

» Il est presque hors de doute que la pomme de terre ne soit entrée aussi pour quelque chose entre les mains de quelques boulangers dans la confection de leur pain de contrebande, auquel ils maintenoient leur haut prix. Après la publication de la diminution du prix du blé, et conséquemment du pain, on a vu se répandre chez les regratières une grande quantité de pommes de terre à demi-germées, qui avoient été serrées, accaparées pour fournir à la boulangerie; elles étoient devenues rares tout-à-coup au marché, et on en ignoroit la cause : la voilà mise au jour. Heureusement ce moment d'inquiétude populaire a cessé depuis qu'on a proclamé la baisse du prix

8

du blé le 20 mai. Le blé ne manque pas; c'étoit une astuce des accapareurs, marchands de blé, et des boulangers qui de tout temps ont cherché à tromper la vigilance des administrateurs, qui même ont osé lutter contre l'exacte police exercée par l'ancien maire, feu M. Cambacérès le père.

» Revenons au maïs et à l'ouvrage intéressant que vous méditez à ce sujet, dans lequel vous développerez, avec votre savoir profond et vos vues philantrhopiques, les cinq propositions dont vous venez de me faire part, et sur lesquelles il vous plaît de me demander quelques renseignemens.

» Quant à la première de vos propositions, il n'est pas douteux que la culture du maïs ne puisse être perfectionnée et rendue plus avantageuse dans les départemens où elle est déjà en usage, puisque tout se perfectionne en France, puisque l'on y cherche, à votre instigation, la perfection de la charrue. Le savant éclairé qui examine de près les pratiques d'habitude, trouve toujours quelque amélioration à faire.

» La solution de votre seconde proposition se déduira facilement de la première; c'est-à-dire, que le moyen d'introduire cette culture et de la faire prospérer dans plusieurs départemens où elle est encore inconnue, est de choisir des variétés de maïs plus précoces (maïs blanc, maïs à poulet, etc.), et de les cultiver dans le même terrain et par le même procédé. Cela est évident. La réussite ou non seront les preuves sans réplique, si toutefois les expériences sont faites par ou sous les yeux des personnes compétentes, exemptes de prévention pour ou contre ce genre de culture. Ainsi fait-on pour l'essai de différentes sortes de blé, dont les uns sont susceptibles de mieux réussir dans tel canton et moins bien dans d'autres. Chez nous, c'est le maïs jaune qui est le plus usité, le blanc l'est un peu moins, le rougeâtre et le bleuâtre n'y sont que des objets de curiosité. Vous savez, M. le comte, que *Tournefort* a compté jusqu'à seize variétés du maïs, qui n'a pourtant qu'une seule espèce originaire. Ces variétés ne sont-elles pas une preuve de la diversité des cultures? elles peuvent s'accroître. Les Américains, dit-on, font assez de cas des variétés pour ne pas les employer indifféremment dans certains mets.

» Votre troisième proposition est exactement mise en pratique dans nos jardins potagers, et dans ceux des environs. Si j'avois une propriété rurale facilement arrosable, je voudrois avec le seul maïs en faire le sol le plus productif, un jardin égal à celui de Montesuma par la richesse, à l'exception qu'il n'y auroit pas de gerbes d'or. Je m'étonne, d'après ce que vous me dites, que M. *de Sinety* ait laissé ignorer qu'on cultive le maïs dans quelques cantons de la Provence. On le cultive au moins à Beaucaire, ma patrie, limitrophe par le Rhône à la Provence; on l'y nomme vulgairement *blé de Barbayé*, blé de Barbarie. Je sais qu'on en cultive quelque peu à Tarascon, à Arles, à Avignon, etc. Il me semble avoir lu quelque part qu'un Provençal de Draguignan proposoit d'extraire du sucre, ou son équivalent, de la tige du maïs. Cela est possible, la difficulté est de monter un atelier propre à cela, et vous savez, pour l'avoir vu, ainsi que M. *de Cossigny*, qui a décrit les usines, ce qu'il en coûte. Il reste pour certain qu'on pourroit cultiver le maïs en Provence, tout au moins dans les jardins à *pouzaranques*, comme chez nous.

» Votre quatrième proposition roulera sur un article qui souffrira peut-être quelques exceptions. Savoir, que dans les contrées même où le grain de maïs ne vient pas à parfaite maturité, l'on devroit le semer encore pour le couper en vert, puisque, dans cet état, il fourniroit pour les hommes un sirop de sucre ou de miel, et pour les bestiaux le meilleur des fourrages. Passe pour le fourrage, vous diront les fermiers et les économes, mais pour le sirop et pour le miel, ce n'est pas la peine pour en obtenir de mettre la main à la charrue. Vous conviendrez, M. le comte, que si le climat ou le terrain ne peuvent mener le grain de maïs à maturité, on tireroit de sa tige peu et de mauvais sirop ou mélasse. On fabrique aujourd'hui tant et tant de sirop de toute espèce, qu'on en est englué, et ce ne seroit pas la peine d'employer les terres propres à des cultures plus solides, pour obtenir un genre de sirop de plus. Ne voila-t-il pas le sirop de chiendent qui entre en concurrence et qui la mérite, parce que cette plante importune dispense de la culture? Je plains les entrepreneurs de grandes fabrications de sirop de raisin qui ont fait des frais immenses, comme à Mèze, à Pézenas, et ailleurs, pour confectionner de ce sirop de raisin; la concurrence les écrase.

» Proposer ensuite d'extraire du miel du maïs, voilà qui indisposera à coup sûr M. *Huzard*, et moi aussi, qui, après avoir fait une exacte perquisition, dans différentes vues pourtant, des auteurs qui ont écrit sur les abeilles et sur le miel, voudrions qu'on en écrivît moins et qu'on finît par soigner et par multiplier davantage par toute la campagne les ruches et les précieux insectes qui, en les fabriquant pour eux, nous donnent cependant la cire utile et ce miel délicieux, bien préférable à tous les miels factices.

» Dans votre cinquième proposition, vous voulez établir que, soit que l'on recueille le maïs, soit qu'on s'en procure par la voie du commerce, on pourroit se servir de son grain et de sa farine, même de sa panouille ou de son papeton, d'une manière plus utile qu'on ne l'a fait jusqu'à présent, soit pour en améliorer les potages économiques, soit pour en fabriquer du pain, du biscuit, de la bière, etc. Tout le monde applaudira entièrement à ces vues d'utilité. Il y a presque de la honte à avoir négligé jusqu'ici tant de secours économiques que nous offre dans son ensemble le maïs. Et par combien de manipulations ne peut-on pas en obtenir différentes sortes de comestibles ? En s'étayant seulement de l'exemple des Indiens et des Américains, on apprendroit à manier le maïs de cent manières plus agréables ou plus économiques les unes que les autres. Nous avons sur cela les relations de plusieurs voyageurs; on peut citer seulement *Thomas Gage*, qui a fait connoître la préparation d'un breuvage délicieux nommé *atole* au Mexique. *Fermin* a parlé de l'excellent *tomton* des créoles de Surinam, espèce de boudin préparé avec du maïs et de la viande salée. Le *samp* des Etats-Unis décrit par *Wintrop :* le *tortolle* des Espagnols Américains, selon que *Klam* et M. *Lelieur* l'ont publié pour le mettre à la portée de tout le monde ; les diverses préparations du maïs sur lesquelles chaque voyageur nous apprend quelque chose de particulier, sont une preuve, comme vous le pensez fort bien, M. le comte, que le maïs n'est pas encore connu parmi nous autant qu'il peut l'être. L'usage plus particulier que vous voudriez que l'on fît de la panouille ou papeton, pour en tirer une décoction qui serviroit à la préparation des potages économiques, même à celle du pain de maïs, est bien vu, et prouve que tout peut être mis à profit dans cette plante admirable. Cependant, cette grosse panouille, dont le peuple ne s'est jamais avisé de tirer le moindre suc par la décoction, n'est pas restée sans utilité entre ses mains ; il en a fait un complément à son combustible ; quelques-uns le nomment pour cela *charbon blanc*, ailleurs *couquaril ;* ici on dit tout simplement *calos*, comme pour le restant de la tige des choux, artichauts, etc. Vous avez bien raison, M. le comte, de me dire que vos cinq propositions ne se trouvent pas dans *Jansenius ;* elles sont autrement importantes, et ne donneront pas matière à controverse. Sur tout cela on ne peut qu'applaudir à votre grand dessein, et attendre de vous la parfaite exécution d'un ouvrage qui apprendra combien on a négligé jusqu'ici de tirer tous les avantages que présente une plante si facile à cultiver et à multiplier. Il vous sera très-facile aussi, en analysant vos cinq propositions, en leur donnant tout le développement et tout l'intérêt dont vous êtes capable, de produire un ouvrage curieux et des plus instructifs. Il n'appartiendra encore qu'à vous d'en extraire une instruction claire et succincte en faveur des cultivateurs de profession ou de ceux qui les dirigent, et de la faire répandre par autorité du Gouvernement, par-tout où il sera nécessaire; comme aussi de provoquer l'établissement des boulangeries *ad hoc* dans les principales villes, sauf les abus qui pourroient s'y glisser.

» Malgré les matériaux considérables que vous devez avoir rassemblés pour votre ouvrage projeté, il me paroît, M. le comte, que mon Mémoire sur le Maïs, resté manuscrit depuis 1784, et oublié dans mes porte-feuilles, vous intéresseroit encore un peu; vous en avez peut-être trop bonne opinion. Cependant, me fondant sur votre indulgence, et pour satisfaire à votre demande, je le tire de la poussière après vingt-huit ans d'oubli, je le secoue, et je le relis pour vous en tracer le plan et vous en faire connoître en général les dispositions, puisque vous le voulez ainsi.

» Ce mémoire portoit quatre divisions. Dans la première, je présentois dans un grand détail l'histoire naturelle du maïs, depuis ses différentes dénominations jusqu'à la description exacte de la moindre partie de cette grande plante. J'observois au sujet des dénominations diverses dont on avoit qualifié le maïs, que c'étoit une preuve de l'étendue de son domaine acquis dans peu de temps, par la culture, chez les divers peuples qui l'ont adopté; je disois que, parmi tant de noms pris dans différentes langues, le maïs n'en avoit point reçu en français, si ce n'est par comparaison avec d'autres grains, comme froment d'Inde, blé d'Inde, blé de Turquie, blé de Barbarie, blé d'Espagne, gros millet, etc. Je n'avois pas oublié l'ancienne manière d'écrire le mot maïs, par mahiz, maïz, et mays, dont la seconde paroît vous agréer davantage. En effet, ce mot plus coulant a aussi un titre d'ancienneté chez quelques botanistes qui ont écrit *maizium*. Je suis très-fort de votre avis qu'il faudroit préférer le z, comme on fait pour le mot riz. Pour ce qui est de la dénomination de blé de Turquie, je trouve qu'elle est fausse; celle du blé d'Inde est plus appropriée à son origine ; mais rigoureusement parlant, ce n'est pas un blé. Le peuple et des gens de bonne façon le nomment ici, gros-mil et gros-millet : deux dénominations qui ne vont pas bien ensemble ; elles semblent être contradictoires. D'ailleurs, le maïs ne ressemble pas plus au millet qu'au froment ; c'est vraiment un grain *sui generis*, qui mérite de porter son nom ancien de famille et de pays. Croiriez-vous, M. le comte, que le paysan de nos contrées ne sauroit jamais dire *maïs*, parce que ce n'est point dans le génie ni dans la prononciation de son baragouin de patois? C'est ainsi que je désespère de lui entendre prononcer les mots nouveaux, *are*, *hectare*, *kilogramme*, *décagramme*, et autres de cette facture. J'ai dit, dans une note de mon *Mémoire sur le Bornage, etc.*, comment il eût été convenable d'épargner au peuple la difficulté de ces dénominations trop scientifiques, sans se départir des divisions décimales si bien établies.

» Dans la description de la plante, je ne m'en tenois pas à la rigoureuse précision de *Linnée*, mais j'examinois en détail toutes les parties depuis les fleurs et la graine jusqu'à la racine. L'inflorescence des fleurs mâles et des fleurs femelles avoit sur-tout fixé mon attention, parce que de leur disposition respective, et de leur état d'intégrité, dépend la parfaite fécondation et la multiplication des grains, sauf quelques aberrations, telles que celle observée en 1712 par *Geoffroy*, et sur laquelle l'académicien raisonna peut-être un peu trop systématiquement. En terminant la première partie de mon mémoire, j'observai combien cette plante précieuse avoit fait de progrès entre les mains des cultivateurs. Tirée d'abord de son état sauvage, elle devint l'aliment et l'objet des soins du sauvage lui-même; l'homme policé en étendit la culture sous différens climats, et la perfectionna suivant son plus ou moins d'industrie. Ce grain étant multiplié devint commun à la plus grande partie des habitans de la terre; de l'Inde le maïs passa en Turquie; il est planté en Afrique et transporté dans les deux Amériques d'où on l'a cru mal-à-propos exclusivement originaire, parce qu'on l'y trouve fort répandu; mais il étoit connu du vieux *Dioscoride* et de *Pline l'ancien*, bien avant la découverte du Nouveau Monde. Rien n'empêche qu'apporté des Grandes-Indes, le maïs n'ait été trouvé indigène dans l'Amérique. Ce fut sous l'empire de *Néron* que cette plante passa en Italie; de chez les Maures elle fut introduite en Espagne; les Espagnols la retrouvèrent dans leurs nouvelles possessions; bientôt elle est connue et répandue en France. Je faisois l'énumération des provinces qui l'avoient adoptée, je n'oubliois pas la Provence; enfin l'on sait que l'Europe l'a accueillie.

» La deuxième partie de mon mémoire avoit spécialement pour objet la culture du maïs. J'observois entre autres choses, que cette plante n'est pas par-tout susceptible de toutes les méthodes de culture, que le laboureur qui auroit à la cultiver en grand devroit s'écarter un peu de la manière d'emblaver les terres, qu'il doit imiter en quelque sorte de pratique des jardiniers lorsqu'ils sèment, ou qu'ils plantent des légumes, etc. Le maïs entre les mains des jardiniers réussit à souhait et est proportionnellement plus productif qu'en plein champ, parce qu'avec une bonne terre douce, amendée, constamment fumée, ils lui procurent des arrosemens fréquens au moyen de rigoles, et le laissent jouir de toutes les influences du soleil. Je décrivois de suite la manière dont nos jardiniers semoient et cultivoient le maïs sur l'ados de leurs planches. Vous connoissez leur manière d'arroser les planches des jardins potagers, au moyen d'une *pouzaranque*, grand puits à roues, pour élever à des hauteurs convenables des volumes d'eau considérables qui se distribuent facilement par-tout par des pentes artistement ménagées d'une planche à l'autre. Pendant que l'eau circule dans les rigoles, le jardinier peut s'occuper à d'autres travaux qui ne soient pas fort éloignés de là. Etant à Paris, j'ai reconnu pourquoi l'on n'y suivoit pas cette méthode d'irrigation, etc. Je passois ensuite à la culture plus en grand et en plein champ, comme elle se pratique en différens lieux, soit par rayons, comme au pont de Beauvoisin, soit à plat et à la volée, soit en planches bombées, etc. Je parlois de la manière de cultiver le maïs dans la nouvelle Angleterre, d'après *Winthrop;* mais cette ancienne méthode a peut-être changé dans les États-Unis entre les mains des nouveaux colons. Du moins M. *Kalm* nous a appris diverses particularités à ce sujet. Je faisois mention aussi de la méthode simple de cultiver le maïs, par les sauvages de la Louisiane, sur des terrains expressément incendiés, d'après ce qu'en a dit M. *de la Coudrenière*. Je parlois enfin de la culture usitée dans la Guienne sur des sols gras et compactes, qu'une forte charrue traînée par quelques couples de bœufs robustes, soulève en glèbes qu'il faut émotter. Je disois combien il y avoit d'avantage sous différens rapports, de cultiver le maïs sur nos côtes maritimes, près des étangs et des marais, des rivières, des lacs et de toutes les eaux stagnantes, par des raisons déduites de la nature de cette plante moelleuse qui tient aux arondinacées, etc.

» Je ne dissimulois pas que chaque méthode de cultiver le maïs pouvoit avoir des défauts, vue par son côté défavorable, c'est-à-dire, lorsqu'elle n'étoit pas appropriée au sol, au site, au climat. Les petits défauts sont corrigibles; on ne doit pas forcer la nature pour corriger les autres: ce seroit perdre son temps, ses peines et son grain.

» Je jetois diverses réflexions sur les différens états du maïs, depuis le moment de sa germination, toutes relatives à la prospérité de sa culture; j'en extrairai quelques-unes seulement. D'abord, sur la durée de la végétation du maïs dans les divers climats. Pour avoir quelques données à ce sujet, j'observois qu'au Pérou et dans l'Amérique Boréale, on obtenoit en trois mois la récolte du maïs. Ici, nous gardons le maïs cinq mois en terre, ailleurs c'est six mois au plus. On assure que l'espèce dit *quarantin*, principalement cultivée en Italie, offre l'avantage de n'occuper la terre qu'environ quarante jours; lui fallût-il deux mois pour qu'elle subît au large toutes ses révolutions, ce ne sera qu'à la faveur du climat qu'on obtiendra des succès constans d'une telle plante.

» Quoi qu'il en soit, durant ces différentes époques de la durée du maïs, il est des momens critiques où la fleuraison, la fructification et la végétation en général, sont dérangées, interverties, détruites. Il est aussi des moyens pour préserver cette plante de quelques événemens fâcheux; pour la secourir, l'aider, l'amener au terme marqué par la nature et désiré par le cultivateur. Je rendois compte à ce sujet du résultat des expériences et des observations que j'avois faites en suivant tous les états du maïs, depuis sa naissance jusqu'à son dépérissement qui le mène à sa fin. J'examinois sur-tout de près les usages présumés de chaque partie des fleurs, et les accidens qui leur surviennent, tant aux fleurs mâles qu'aux fleurs femelles, etc. Je faisois remarquer que les fleurs mâles auroient été nommées improprement *fausses fleurs*, tandis qu'elles sont si nécessaires à la fécondation. Il est même imprudent de retrancher les sommités de maïs avant qu'elles ne se flétrissent. Je disois combien il étoit surprenant que des auteurs (peu clairvoyans), n'aient rien soupçonné d'utile dans ces abondantes fleurs de maïs. C'est ainsi que le *Gentil-Homme cultivateur* et son traducteur anglais, ont dit, page 305, tome 8, in-12, que « l'épi » frangé qui est au sommet ne produit point; on

» ne sait pas trop à quel usage la nature l'a des-» tiné ». Cette ignorance n'est pas pardonnable, même à un gentilhomme du XVIIIe. siècle. Comment n'a-t-on pas entrevu que la poussière séminale du maïs pourroit être au moins de quelque utilité aux abeilles? Les physiologistes n'ont pas calculé, que je sache, les rapports qu'il y a entre le nombre des fleurs mâles et celui des fleurs femelles, ni le temps préfixe de l'apparition des unes et des autres, etc....

» Je n'approuvois point un usage mal entendu, qui se pratique ici, et sans doute ailleurs. D'après une fausse spéculation, on se hâte trop communément d'enlever les balles qui enveloppent l'épi à fruit. Il est même des cultivateurs qui croient devoir procéder à cet effeuillement, sous prétexte de hâter la maturité des grains. Ils ne pensent pas qu'ils s'exposent par-là à voir dévorer leur maïs par les oiseaux et les insectes. On doit donc laisser les épis enveloppés dans leurs gaînes (spathes), parce que la nature leur a donné probablement ces défenses contre bien des accidens que nous ne savons pas prévoir.

» Quoique la plante du maïs ne soit pas assaillie par autant de sortes d'insectes que tant d'autres plantes, j'ai pourtant aperçu certaines sauterelles vertes qui ne sont pas là par hasard.

» Je n'avois pas oublié de dire un mot ou deux de ces espèces de loupes ou follicules pleines d'une poussière noire, qui naissent sur différentes parties de la plante. Est-ce par exubérance de séve, est-ce l'effet d'une piqûre, ou une sorte de carie, *ustilago*, etc. ? Après avoir grossi comme le poing, plus ou moins, ces excroissances tombent en pouriture ou se sèchent. M. *Tillet* a décrit cette maladie dans le volume de l'Académie royale des Sciences, année 1760. Je ne partagerai pas en tout son avis ; ayant vu de ces excroissances sur des maïs élevés sur un terrain maigre et que je laissois exprès endurer la sécheresse : preuve que l'excès de séve n'est pas la principale ni l'unique cause de ces loupes végétales. M. *Tillet* les a toujours vues blanches ; j'en ai rencontré de couleur incarnate, d'autres diaprées de noir. Je n'ai jamais vu de ces excroissances sur les feuilles de maïs, comme en a observé M. *Tillet*, mais souvent sur les nœuds des tiges, quelquefois sur le fruit, plus rarement sur les étamines ; elles sont dans ce dernier cas comme de petits cornichons, etc. Je ne connoissois pas alors (le 16 mars 1782) la petite dissertation de M. *Imhof* sur la maladie du maïs, annoncée dans le *Journal de Physique*, en juillet 1784 ; j'avoue n'y avoir rien appris. Sur ce qui regarde les semailles, je disois qu'elles réussissent mieux dans nos cantons aux mois d'avril et de mai, que si elles étoient faites plus tôt ou plus tard ; les mois de mars et d'avril étant très-critiques, chauds, froids et bizarres dans ce climat, peut-être plus qu'ailleurs. Le maïs semé trop tôt est exposé aux gelées de printemps, si redoutables aux primeurs : en été, les grains restent entachés sans germer ; en automne, ils ne donnent que de frêles productions ; si l'hiver surprend ces plantes, elles périssent. Des grains semés par essai aux mois de novembre, décembre, janvier et février, n'ont point levé. J'ai vu cependant, après un hiver rude, que des grains étoient restés un mois, même deux et trois, sans pourir et sans germer. Dans la bonne saison (à la mi-avril), le grain lève en dix, douze et quinze jours. Quelques grains tardifs ou trop avant dans la terre, ou tombés en terre plus sèche, ne poussent que du vingt au trentième jour, si les pluies ou les arrosemens ne les ravitaillent. Pour prévenir ce retard, il ne seroit pas inutile de faire tremper les grains pendant vingt-quatre heures au moins. Si les grains ne sont de récolte, sur cent il en périt environ un cinquième. Les uns sont retraits, les autres piqués de vers ou avariés de quelque manière. On en perd environ un septième sur ceux que l'on replante après la germination, s'ils ne sont replantés par un temps de pluie, ou s'ils ne sont secourus par des irrigations. C'est pis encore s'ils sont exposés à la déprédation des animaux qui les recherchent, les rats des champs, les taupes-grillons, etc. : les corneilles, les pigeons sur-tout en sont friands ; il ne leur échappe aucun des grains qui sont restés sur terre ; bien plus, ils ont l'adresse de les arracher de l'épi au temps de la cueillette, si elle est faite trop tard. Les grains isolés, lorsqu'ils sont sains et intacts, donnent de plus belles productions que lorsqu'on les a semés plusieurs ensemble. Deux ou trois se soutiennent mutuellement par leurs tiges ; plus de trois se nuisent. Les tiges qui viennent par touffes s'allongent davantage et fructifient moins en totalité que si elles étoient espacées : c'est ce que l'on désire lorsqu'on ne veut obtenir que du fourrage. J'ai vu des plantes en bon terrain pousser jusqu'à cinq tiges d'un seul grain ; communément chaque grain ne fournit qu'une tige. Notre plante ne ressemble pas en cela au froment, ni à l'orge, ni au seigle, qui multiplient naturellement leurs chalumeaux, à plus forte raison si le sol les favorise. Mais le maïs dédommage le cultivateur au centuple, en portant sur la même tige plusieurs beaux épis qui, par le nombre et la grosseur des grains, fournissent autant et plus de farine qu'une belle gerbe de blé. C'est bien autre chose dans le Pérou et en Guinée, où, selon M. *de la Coudrenière*, les épis de maïs sont au nombre de dix à douze sur chaque tige, et chaque épi contient environ mille grains. Sur cela je faisois remarquer la prodigalité de la nature qui, selon le climat, fournit à chaque épi de six à sept cents grains. C'est beaucoup lorsque, dans nos contrées, un épi bien fourni porte sur dix ou douze rangs pressés de trois cent à trois cent cinquante grains. De là on peut inférer que le luxe apparent de la nature dans cette abondance d'étamines qui couronnent la plante en un beau panache, et cette abondance plus grande encore de poussière séminale qui s'en répand, n'étoient pas si inutiles ; il s'agissoit de féconder un nombre prodigieux de femelles rassemblées dans trois ou quatre sérails : quatre épis à trois cents grains chaque, font douze cents pistils imprégnés sur une seule tige, lorsque le tout réussit.

» Les racines du maïs présentent une particularité assez remarquable ; c'est qu'il sort à l'endroit même des nœuds de la tige, des racines qui n'atteignent pas la terre, et tout près du collet aussi. On doit buter les plus basses de ces fausses racines, pour fixer davantage la plante, sujette à être renversée ou dérangée de son aplomb par des coups de vent, même par des pluies d'averse, ou par des arrosemens trop abondans. On comprend que si ces suçoirs se cramponnent dans la terre, l'appui des grands maïs en sera plus solide. J'avois cru d'abord que les racines extérieures, qui sont comme tronquées et quelquefois d'une teinte violette, provenoient de déchaussemens que les irrigations fréquentes ou trop rapides auroient occasionnés; cependant des plantes isolées et en terrain sec m'ont présenté la même façon d'être : elle est donc naturelle au maïs ; ce sont des espèces de rejetons, ou des dispositions à taller. Il n'y a aucun inconvénient à ce qu'elles restent à découvert.

» La troisième division de mon mémoire comprenoit ce qui regardoit la conservation du maïs en grain et en farine. J'y passois en revue les différens procédés usités pour préserver d'abord de l'humidité les épis, soit en les javelant, soit en les suspendant ou les étendant sur des claies, sur des nattes, ou simplement à terre et sous un hangar ; la manière de les égrener, qui n'est pas par-tout la même. Les Indiens savent garder long-temps ces épis frais sur la terre, au rapport de *Kalm* et de *Winthrop*. Les sauvages peuvent nous donner des leçons sur les productions de leur pays et sur leurs pratiques agricoles. Je disois à ce sujet : que les Européens s'applaudissent après cela de leurs inventions, de leurs puits, de leurs citernes, de leurs magasins souterrains, de leurs greniers de conservation, des ventilateurs, des étuves et de tant de machines ! le génie indien les a devancés. *Reneaume*, *Deslandes*, *Intieri*, *Duhamel*, *Beguillet*, *Bucquet* et autres n'auroient rien trouvé de mieux pour conserver en grain le maïs. Imitons donc le procédé indien, puisque nous nous approprions le principal objet de sa culture. Nos arts mécaniques nous faciliteront bientôt ces moyens de conservation, s'ils ne les perfectionnent. Si des caveaux en maçonnerie ou boisés ne sont pas plus solides et plus sains pour serrer le maïs, fabriquons des nattes ; les joncs, les spartes, la masse d'eau, le ruban d'eau, les triangles, la paille de seigle ou de blé, l'écorce et les racines de plusieurs sortes d'arbres, le maïs lui-même, nous en fourniront aussitôt la matière, et les mains les moins adroites ou les plus indigentes suffiront pour les tresser C'est aussi la méthode des Turcs et des Arabes de renfermer leurs grains dans des souterrains pour les temps de disette. M. *de Servières* a publié ses recherches sur les *matamores ;* ce sont les fosses où ces peuples conservent leurs blés. (*Journal de Physique*, décembre 1783.)

» La manière de détacher le grain de maïs de dessus son axe (épi, l'âme de l'épi, poinçon, râpe, ruchon, panouille, papeton, etc., quelle est la cause de cette synonymie?) n'est pas partout la même. Il seroit pourtant nécessaire d'adopter la meilleure. En battant le maïs au fléau, sur l'aire, on écrase beaucoup de grains qui sont encore frais; il s'en éparpille davantage, il s'y mêle de la poussière, etc. Si on ne les bat que long-temps après à la grange, la manœuvre devient plus difficile. En froissant les épis les uns contre les autres, c'est un travail des plus longs. Il y en a qui se servent fort adroitement d'une lame de fer fixée à l'extrémité d'un banc, sur le rond de laquelle celui qui est assis sur le banc passe et repasse l'épi de maïs pour en détacher tous les grains. D'autres égrènent leur maïs sur le rond d'un tonneau défoncé. On vanne ensuite les grains pour en séparer quantité d'épluchures qui se portent à la crêche, au râtelier. M. le comte nous dira certainement qu'il seroit plus économique de les mettre dans la marmite pour en prendre la décoction, etc.

» Cependant, que de précautions à prendre pour conserver de grandes quantités de maïs! Le maïs, comme le blé amoncelé, a ses déprédateurs dans les rats, les mulots, les souris, les charançons, teignes, papillons, etc. Il n'est que trop vrai que le grain de maïs a des papillons et des charançons qui l'infectent, quoique des gens sans expérience en aient douté. Le maïs, quoique étranger à nos climats où il a été seulement naturalisé, n'a pas en cette qualité obtenu de privilége; bien plus, c'est que les Américains ont aussi à garantir leur maïs de la calandre ou charançon, sur-tout dans la Caroline et la Virginie. C'est un grain farineux qui offre par conséquent une loge fort commode à l'insecte, même à deux et à trois, à raison de son volume, etc. Le compétiteur du charançon n'est pas moins désastreux par ses dégâts. *Intieri*, *Duhamel* et *Tillet*, *Joyeuse*, *le Fuel* et *Lottinger* ne nous ont pas assez prémunis contre ces insectes calamiteux qui partagent notre subsistance.

» Puisque la conservation du maïs en grain est si difficile, ne seroit-il pas plus expédient, me disois-je, de le conserver en farine? Changeant ainsi de forme, n'éluderoit-il pas la rencontre des insectes qui s'y tapissent? Hé bien, ce seront des vers, ce sera la moisissure, qui contribueront à détériorer la farine; et, dans le vrai, la farine est presque aussi peu susceptible de conservation que le grain, si on n'y apporte les plus grandes précautions : il est vrai que celle-ci exige une plus prompte consommation. La farine de Guienne, l'une de celles de France qui supportent mieux le transport sur mer, doit sans doute cette propriété au terroir, indépendamment de la façon du minotage, dans lequel on excelle en Guienne. Il est certain que la mouture obvie à la détérioration du grain, et la farine bien sèche se conserve mieux et avec moins de déchet que le grain lui-même. Le cas est de trouver ce point de perfection dans la mouture et la manière de bien sécher la farine. Sur cela j'avois eu confiance à la façon de moudre et de bluter proposée dans le temps par le sieur *César Bucquet*, meunier de profession, dans son *Traité pratique de la conservation des grains, des farines et des étuves domestiques*. Le sieur *Bucquet* faisoit observer que c'étoit le son qui fait fermenter la farine, quoique l'opinion générale soit que la farine se conserve mieux avec le son. Je m'étois assez étendu sur les moyens de conservation des farines de maïs, et leurs différentes qualités, suivant leur âge et la manière dont elles sont plus ou moins finement blutées. Je n'oubliois pas de parler du doublage des tonneaux et barriques en plomb laminé, proposé par *Franklin*, et je crois un siècle avant lui.

Que n'y a-t-il pas à dire sur la futaille elle-même? C'est ce que je n'avois pas négligé, ainsi que d'autres détails qu'il seroit trop long et inutile pour vous, M. le comte, de transcrire.

» La quatrième et dernière partie de mon mémoire rouloit sur les usages divers du maïs, et je disois qu'il est peu de plantes dont on pût tirer autant d'utilité que du maïs, si tant d'autres ne concouroient à fournir à nos besoins. Pour connoître tous les avantages que celle-ci nous présente, je suppose un peuple simple dans ses mœurs, frugal par tempérament, laborieux par habitude, économe par principe, faisant de la culture des champs et de l'entretien des bestiaux son occupation journalière, et du soin d'une nombreuse famille son principal bonheur et sa félicité; nous verrions ce peuple être heureux avec le seul maïs, adonné aux travaux de la terre et rendre son territoire des plus rians et des plus fertiles; nous le verrions avec cette seule plante se former des chaumières, être l'artisan de son habitation, de ses meubles et de mille ustensiles aussi nécessaires qu'agréables; nous le trouverions pourvoyant sans cesse à sa subsistance et à celle de ses animaux domestiques, de sa volaille et de ses troupeaux, au moyen du son, de la farine et du fourrage abondant que fournit la même plante;

nous le louerions enfin dans son industrie à se procurer le nécessaire et une sorte de superflu, lorsqu'en multipliant le maïs il en récolteroit assez pour en communiquer, en faire des échanges, l'exporter, en faire, en un mot, un trafic utile, etc.

» Après cette exposition générale, j'entrois dans tous les détails que comportent les divers usages du maïs vert ou sec, en herbe, en grains, en paille, en chaume, etc.; entre autres, je proposois l'essai d'un papier fabriqué avec les feuilles de maïs : pourquoi l'art de la corderie ne tireroit-il pas de la filasse de ces mêmes feuilles? Je proposois aux peintres l'emploi à l'huile de la poussière noire contenue dans les tumeurs molles dont il a été question; elle m'a paru donner un noir plus siccatif. Que sais-je si les artificiers ne tireroient pas aussi quelque avantage de cette poudre résineuse restée jusqu'ici inutile?

» J'avois fait quelques expériences sur la substance mielleuse et saccharine que peuvent fournir la moelle, le suc de cette plante et ses fruits dans l'état de tendrons. J'en avois tiré de la mélasse dont j'avois pu faire une sorte de réglisse par mélange avec le suc de celle-ci. Ne voilà-t-il pas que j'avois comparé ce suc saccharin à celui de la racine de chiendent, sans me douter qu'on le proposeroit un jour comme une nouveauté? D'après cette tentative j'avois osé annoncer qu'on tireroit une moscouade susceptible de cristallisation comme le sucre; toujours avois-je atteint au point du sirop.

» Le principe saccharin du maïs nous avoit conduit à parler des pois sucrés qu'offrent les grains de maïs avant leur maturité, lorsqu'ils sont ce qu'on appelle en lait. C'est qu'en effet les Indiens connoissent cette sorte de friandise, qui ne seroit pas indifférente sur les tables les plus délicates; l'art d'un habile *queux* ajouteroit sans doute à la nouveauté du plat, et le rendroit bientôt de mode chez nos Apicius; de là il passeroit chez nos soi-disant restaurateurs. Il faut convenir pourtant que tout simple et tout rustique que soit ce mets de faux pois, il ne seroit pas moins un plat de luxe, puisque l'on consommeroit plus de grains verts en un repas que le pauvre ne feroit en un sac de farine. Il est une autre façon d'introduire le maïs sur nos tables, en le servant en beignets dans son état aussi en primeur, même confit au vinaigre en façon de câpres et de cornichons.

» Multiplions donc le maïs, et nous pourrons l'employer sans épargne à satisfaire nos goûts. Une plus grande consommation, comme qu'elle se fasse, invitera de plus en plus le cultivateur à s'affectionner à la culture de cette plante. Dans les pays où on fait un grand commerce de diverses sortes de volailles, on connoît tout le prix de ce grain qu'on donne entier ou concassé, broyé, ramolli dans l'eau, en pâtée, en bouillie, en galette moulue, etc. On recherche sur-tout l'espèce de maïs dite à poulet, on en gorge les oies, les canards et les dindons. Les cochons de Naples ne doivent, dit-on, leur beau lard qu'à cette sorte de nourriture; on a vu de ces animaux à l'engrais peser 250 kilogrammes (500 livres). Quel échange plus utile que celui du maïs contre du bon lard et des jambons!

» Passant ensuite à considérer le maïs comme aliment de l'homme, je préludois par dire que les enfans, que la fantaisie guide plus que la raison, se plaisent à faire griller ce grain, à le faire éclater sur la braise ou à la flamme d'une lampe, pour considérer les différentes formes que prennent les crevasses; ils y trouvent des signes mystérieux, ils en tirent des présages heureux ou sinistres, et finissent par dévorer ces faux augures, ce qui ne se passe pas toujours sans en éprouver quelque indigestion. Je décrivois enfin différentes manières de préparer les bouillies, les gâteaux et les pains de maïs, au lait, au beurre, à l'huile, au sucre, à l'eau. Je faisois diverses réflexions sur l'usage habituel du pain ordinaire de maïs dans l'Inde, dans l'Amérique, en Europe même, en Savoie, en Guienne, dans le Toulousain, etc. Je répondois à diverses objections sur les inconvéniens de cette nourriture; il n'étoit pas difficile de les repousser. En corrigeant les manipulations trop négligées et trop vulgaires du pain de maïs, on obviera aux défauts et aux désavantages qu'il présente. Je disois à ce sujet qu'en Europe, même en France, on étoit plus au fait de la culture du maïs, toute bornée qu'elle soit, que de l'art d'en faire du pain. J'observois qu'un des grands défauts qui s'opposent à la confection du bon pain de maïs, c'est que non-seulement on le fait avec du blé très-récent, mais qu'on le pétrit avec de la farine trop fraîche, presqu'au sortir du moulin; le particulier n'en fait moudre que de petites quantités à mesure qu'il en a besoin. Il est facile de comprendre que la qualité de ce pain varie suivant la mouture que l'on donne à la farine, selon qu'elle est plus ou moins bien blutée, fraîche ou rassise, bien ou mal conservée; l'emploi du levain se fait au hasard, et celui de l'eau à l'aventure, telle qu'on l'a sous la main. En général aussi on pétrit trop lestement. Toutes ces causes réunies ne peuvent faire qu'un assez mauvais pain. On prétend que les nègres des colonies préfèrent le pain de maïs à tout autre.

On dira sans doute qu'il est plus analogue à leur forte constitution ; mais qu'objectera-t-on quand on saura que les Espagnols, les Anglais, les Hollandais, et la plupart des Français transportés dans les colonies de l'Amérique, font aussi du pain et de la bouillie de maïs, quoiqu'ils aient à leur disposition d'autres farines ? Les Indiens, et les peuples qui sont accoutumés à ce pain dès leur enfance, n'éprouvent aucune des incommodités qu'on redoute tant chez nous, et qui en résulteroient infailliblement si des personnes de complexion délicate vouloient s'y habituer trop tard. Nous faisons sur cela une remarque importante qui reçoit son application dans quelques cantons et provinces de la France ; c'est que le Savoyard est peut-être le peuple de notre Europe qui se nourrit de maïs avec le plus d'avantage et le moins d'inconvénient. N'est-ce pas parce qu'il est bien constitué, naturellement sobre et sage, et qu'il habite un pays des plus sains ?

» Une attention trop négligée dans la confection du pain, c'est le mélange convenable à des proportions requises des farines de maïs, de froment, de seigle, etc. Il faut qu'on sache aussi que ce mélange de farines différentes doit se faire au blutoir ou au tamis, non dans le pétrin même ; c'est ce que bien des gens ignorent ou négligent de faire par paresse. Si la farine de maïs étoit employée à des proportions requises dans le pain de munition, dans celui qu'on distribue aux indigens, dans celui des hôpitaux généraux, des enfans abandonnés, des invalides, des dépôts de mendians, des maisons de détention, etc., la consommation en seroit immense pour le pays, et l'épargne des maisons de charité très-considérable. L'économie augmente pour ainsi dire les revenus; c'est le fonds sur lequel il est plus facile de compter.

» Je passe sur ce que je disois rapidement des esprits ardens qu'on pourroit absolument tirer du grain de maïs en fermentation, et des liqueurs plus ou moins agréables qu'on pourroit en fabriquer. La préparation du pain, des gâteaux, biscuits, galettes et autres comestibles m'occupoit davantage, comme étant plus essentielle. J'étois dans la confiance que l'école de boulangerie, établie alors à Paris, s'occuperoit essentiellement du perfectionnement de ces diverses sortes de pain. Je n'ai pas suivi cet objet depuis; mais d'après l'*Encyclopédie*, ou M. *Bertrand*, dans la *Description des arts et métiers*; d'après ce que nous a appris plus récemment M. *le Lieur*, de Ville-sur-Arce, de la méthode usitée dans les Etats-Unis, qui est des plus faciles à mettre en pratique, il y a toute possibilité d'obtenir de bon pain de maïs. Outre l'exemple que nous donne un peuple qui n'est pas des moins industrieux, il nous semble que d'après les progrès qu'a faits la boulangerie, et d'après la théorie des levains jusqu'ici mal faits, mal employés, et qui est du ressort de la chimie, on pourra fixer enfin le procédé pour faire du pain de maïs bien pétri, bien levé, bien cuit et plus facilement digestible. On n'a pas essayé, que je sache, l'addition de gomme adragante ou d'autre plus commune; n'aideroit-on pas à la liaison, l'expansion et le gonflement de la pâte trop courte?

» Tel est, M. le comte, l'extrait réduit au tiers ou au quart de mon mémoire vieux de vingt-huit ans, et que j'aurois rajeuni si des circonstances favorables m'avoient mis dans le cas de le produire. Je me félicite de ne l'avoir pas mis au jour depuis que j'apprends que vous vous occupez d'un beau travail sur cet objet important. Vous encouragerez certainement à une culture plus générale du maïs, pour fournir abondamment aux divers emplois que l'on peut faire de la plante et de son grain.

» Permettez-moi cependant une réflexion à ce sujet, je parle au plus grand zélateur de l'agriculture en France : il me semble qu'au lieu de chercher tant de supplémens à la nourriture commune, il seroit mieux d'encourager à la culture plus ample du blé. Depuis long-temps je dis et répète que tout bon Français mérite d'avoir de bon pain; et avec de bon pain le peuple sera toujours content. Le territoire français est si vaste, si varié, qu'on peut y cultiver abondamment de toutes sortes de bons grains propres à former une bonne nourriture. Autrement n'est-ce pas entretenir le peuple dans l'idée désespérante que le blé manque ou manquera, en proposant de toutes parts la culture des racines et des légumes, soit pour suppléer au pain, soit pour en confectionner en partie du pain? Cultivons donc plus en grand et avec plus d'affection les blés, leurs meilleures espèces et leurs variétés; et le maïs n'est pas le plus inférieur. C'est à vous, M. le comte, à en développer tous les avantages.

» Je suis avec respect, etc. »

SUPPLÉMENT

Au Mémoire de M. PARMENTIER, *sur le maïs (ou plutôt maïz).*

DEUXIÈME PARTIE,

Contenant les notions sur cette plante, postérieures au mémoire de M. PARMENTIER;

Recueillies par M. le comte FRANÇOIS DE NEUFCHATEAU.

§. XXI.

1°. *Biscuit de maïs, fabriqué par M.* PARMENTIER.

2°. *Procès-verbal de sa conservation, dressé au Cap-Français, en* 1785.

1°. *Maïs en biscuit de mer.* (Pages 131-133 du mémoire de M. *Parmentier.*)

« POUR préparer le biscuit de mer, on prend une certaine quantité de farine de ce grain, convenablement moulu. On y ajoute un peu de levain, qu'on délaye dans l'eau tiède; on en forme une pâte, de consistance plus molle que celle destinée au biscuit ordinaire. On en détache ensuite des morceaux pesant chacun 3 quarterons, qu'on aplatit de manière à ne leur donner que 24 pouces de circonférence, et 15 à 16 lignes d'épaisseur. Quand la pâte est divisée et façonnée en biscuit, on la distribue sur des tablettes, et peu de temps après on la met au four, en la piquant avec un fer armé de plusieurs dents, pour empêcher le boursoufflement et favoriser l'évaporation de tous les points. Il faut la laisser dans un four doux, pendant deux heures au moins, parce que cette cuisson demande d'être poussée très-loin.

» Il convient de placer le biscuit, au sortir du four, dans un lieu chaud, afin qu'il puisse se refroidir insensiblement, et perdre l'humidité qui s'en exhale perpétuellement tant que la chaleur subsiste. Il est donc essentiel de ne le renfermer que 5 à 6 jours après sa fabrication.

» Si on fait entrer dans la confection du biscuit de *maïs* partie égale de farine de froment, la pâte prend alors plus de corps, et donne un produit plus parfait.

» Je me suis assuré que le biscuit de *maïs* possédoit les caractères généraux du biscuit de mer ordinaire, qu'il se cassoit net, qu'il étoit sonore, et trempoit très-bien dans l'eau sans s'émietter; et s'il est permis de hasarder quelques conjectures sur la nature des corps farineux avec lesquels il est fabriqué, on est fondé à croire qu'il bravera également le séjour de la mer et les voyages de long cours, et que, sans vouloir prétendre le comparer au biscuit de froment, il a un avantage sur ce dernier, en ce que le *maïs*, n'ayant point de matière animalisée, il est moins susceptible de s'altérer.

» On connoît depuis long-temps le pouvoir de l'habitude contractée dès l'enfance, et le danger qu'il y auroit d'abandonner tout-à-coup l'usage d'une substance alimentaire, même la plus défectueuse. Ne pourroit-on pas jouir de la ressource que je propose, pour approvisionner les bâtimens dont les équipages seroient déjà accoutumés à la nourriture du maïs, dans un temps sur-tout où ce grain ayant fourni des récoltes abondantes, excéderoit les besoins ordinaires du pays, ou ceux des provinces avec lesquelles ils seroient en commerce? »

Telles étoient les vues de notre illustre *Parmentier*. Pour mettre l'Académie à portée d'en juger, il soumit à l'examen de cette compagnie des échantillons de ce biscuit de maïs, qui nous furent adressés au Cap-Français, île Saint-Domingue, et dont la conservation et la qualité furent constatées authentiquement par nous, comme on le verra par la pièce suivante.

2°. *Procès-verbal de la conservation du biscuit de maïz, dressé au Cap-Français, en* 1785.

Le samedi vingt-cinq juin mil sept cent quatre-vingt-cinq,

Nous, *Nicolas François de Neufchâteau*, conseiller du Roi en ses Conseils, son procureur général en sa Cour souveraine du Conseil supérieur du Cap, associé de plusieurs Académies, etc.;

En conséquence de la lettre qui nous a été écrite de la part de l'Académie des sciences de Bordeaux, par M. *Laffon de Ladebat*, le 24 avril 1785, et dont la teneur suit :

« J'ai l'honneur, Monsieur et cher confrère, de vous adresser, par le navire qui vous portera cette lettre, une boîte contenant huit biscuits de maïs qui ont été envoyés à l'Académie par M *Parmentier*. Ce savant chimiste a remporté le prix que nous avions proposé pour la conservation de ce grain et les divers usages auxquels on pourroit l'employer. Quatre de ces biscuits sont de maïs pur, quatre autres sont de maïs mélangé avec du froment. L'Academie vous prie de les examiner et de constater par un verbal leur état de conservation et leur qualité, et de lui renvoyer deux expéditions de ce verbal, dans deux boîtes cachetées par vous, dans chacune desquelles vous aurez la bonté de mettre un biscuit de maïs pur et un de maïs mélangé. Vous voudrez bien m'adresser ces deux boîtes par deux navires différens, etc. »

Ayant reçu le vingt de ce mois, par le navire l'Hercule, la boîte dont il s'agit, enveloppée de toile cirée, ficelée et cachetée.

Avons procédé cejourd'hui à l'ouverture de la même boîte, en présence de Messieurs les députés des différens corps et des citoyens distingués de tous les ordres que nous avons eu l'honneur d'inviter à cette expérience, pour lui donner une authenticité proportionnée à l'intérêt qu'inspire une tentative dont le résultat peut procurer tant d'avantages à l'agriculture, au commerce et à la navigation.

Les cinq cachets qui scelloient cette boîte ayant été reconnus sains et entiers, nous les avons rompus, et avons trouvé dans l'intérieur de ladite boîte quatre biscuits de maïs pur, et quatre plus gros de maïs mélangé avec du froment.

Ceux de maïs pur étoient assez bien conservés; ils ont été trouvés compactes, d'une saveur aigre et d'un goût amer. Macérés dans l'eau, la saveur aigre a paru moins considérable; mais le degré d'amertume a été plus fort.

Ceux de maïs mélangé avec du froment, bien conservés, plus légers, n'ayant pas la saveur aigre, mais développant son amertume quelque temps après la mastication, au goût de quelques personnes, cette sensation n'ayant pas été générale.

Nous en avons conservé deux de chaque espèce pour les renvoyer à Bordeaux.

Fait en notre hôtel, au Cap-Français, les an et jour susdits.

Signé FAYOLLE, *ordonnateur;* SAINTIN, *préfet apostolique;* DE TOUSARD, *lieutenant-colonel;* V. DEWIGY, *membre de la Chambre d'agriculture;* ARTHAUD, *médecin du Roi;* Cosme D'ANGERVILE, *chirurgien du Roi;* DUCATEL, *député du cercle des Philadelphes;* PEYRÉ, *médecin député du cercle des Philadelphes;* ROULIN, *chirurgien aide-major;* SAUSSAY, *médecin du Roi;* POQUIÉ DE JUSTAMONT, BECHE, *médecins du Roi;* ALBERT, *maître en pharmacie;* TERRAILLON, *apothicaire;* CARLES, *avocat;* THEVENOT, *apothicaire;* PREVOST, *avocat, secrétaire perpétuel du cercle des Philadelphes;* DESUZANNE, *avocat;* E. MILLOT, *commissaire du commerce;* D. CHAUDRU, *commissaire du commerce;* PLANTET, DAVID, CHERULAURD, *députés des capitaines marchands;* LOUSIER, *député des capitaines marchands;* GENTON DE BARSAC; ROUX; DEVÈZE; DURAND, *chirurgien;* SUARÈS D'ALMEIDA, *procureur du Roi de la juridiction du Cap;* FRANÇOIS DE NEUFCHATEAU, *procureur général du Roi.*

N. B. La même épreuve eut lieu, avec le même succès, à la Martinique.

Les galettes renvoyées de l'Amérique, furent attaqués des insectes dans la traversée, et l'on ne put pas bien juger de leur état de conservation. Cet accident parut avoir été causé plutôt par le défaut de soins que par la qualité du biscuit.

Cette expérience si importante n'a pas eu d'autres suites, parce que les esprits étoient occupés de toute autre chose, et qu'aux approches de la révolution, la politique absorboit tout.

Il eût été à désirer que l'on reprît l'expérience, et que l'on s'assurât des moyens d'empêcher l'aigreur et l'amertume du biscuit de maïs, sur-tout en essayant le mélange de sa farine avec la parmentière, ou la pomme de terre. Nous verrons ci-après qu'on s'en est avisé plus tard; mais on n'en a fait que du pain.

§. XXII.

Moyen d'accélérer la végétation du maïs.

(*Extrait de l'Avis sur les moyens de suppléer à la disette des fourrages et de pourvoir à la conservation des bestiaux dans la province de Guienne.* Publié par l'Académie royale des Sciences, Belles-Lettres et Arts de Bordeaux, sur la fin de 1785.)

On peut encore, jusqu'au commencement de juillet, dans la Guienne, planter du maïs; et il sera possible d'obtenir une récolte en grains assez avantageuse, si les froids de l'automne sont un peu retardés, et si l'on a soin de faire germer le grain avant de le planter. Pour cet effet, on le fait tremper dans l'eau de fumier pendant vingt-quatre heures; on l'ôte ensuite et on le laisse un jour ou deux dans un endroit un peu chaud. On le trouve alors tout germé, et quelques racines ont déjà 6 ou 7 lignes de long; c'est dans cet état qu'on le plante, et on le recouvre de 3 ou 4 pouces de terre.

On peut assurer, d'après des expériences faites cette année, que ce procédé a le plus grand succès.

S'il étoit possible d'arroser le champ, une seule fois, le jour même de la plantation, on accéléreroit encore davantage les progrès de la plante, en ne donnant même qu'une très-petite quantité d'eau à chaque grain.

---

§. XXIII.

Méthodes de semer et conserver le maïs, pratiquées dans l'Amérique méridionale.

Extrait d'un mémoire lu par M. *Leblond*, à la Société royale d'agriculture de Paris, le 13 juillet 1786.

1°. *Lieux où le maïs croît le plus avantageusement;*

2°. *Manière particulière de le semer.*

3°. *Manière de le préserver des insectes, des animaux et de la pourriture;*

4°. *Expériences de l'auteur.*

Ces observations sont rédigées d'après celles que l'auteur a faites dans les pays chauds de l'Amérique méridionale, où l'on a le plus grand intérêt à cultiver et à conserver le maïs, puisqu'il fait la base de la nourriture des habitans de ces climats.

1°. *Lieux où le maïs croît de préférence.*

Le maïs croît infiniment mieux dans les climats chauds de l'Amérique méridionale, que dans ceux dont la température est froide et toujours la même ; un exemple de cette différence sensible, c'est qu'à Santa-Fez-de-Bogota, Pampelune, Mérida, la province de Pastoz, celle de Quito, etc., où le froid est continuel, on fait chaque année une récolte seulement de maïs, dont l'épi, qui est presque toujours seul, n'a communément qu'environ 4 pouces de longueur, et la plante 4 ou 5 pieds de hauteur ; tandis que, dans les pays chauds, on sème le maïs et on le recueille jusqu'à trois fois par an sur le même terrain. Les épis de ce maïs ont ordinairement 7 à 8 pouces de hauteur, et la plante 7 à 8 pieds.

Cette observation semble prouver que le maïs appartient plutôt aux plaines toujours chaudes qu'aux pays montagneux et élevés de l'Amérique méridionale qui sont constamment froids. On doute même que la culture du maïs pût se soutenir longtemps dans ces derniers pays, s'il ne servoit à faire la *chicha*, espèce de bière qui y tient lieu de nos liqueurs fermentées, et à engraisser les oiseaux de basse-cour ; ce qui en rend l'usage indispensable et le débit avantageux.

Une conséquence importante qui paroît résulter de cette observation, c'est que par-tout où le froment sera plus abondant et à meilleur marché que le maïs, celui-ci ne soutiendra jamais la concurrence ; et c'est en effet ce qui est arrivé dans les pays que l'on vient de citer, où, pour le dire en passant, il ne faut qu'avoir des yeux pour être convaincu que le blé, l'orge, l'avoine, la vigne, les fruits, les légumes de toutes les espèces, les animaux, le bétail, les arts et la civilisation qui y sont passés d'Europe, ont procuré aux indigènes des jouissances plus assurées et plus étendues que celles qu'ils connoissoient auparavant, et qui peuvent être regardées, dans cette partie du Nouveau-Monde, comme une sorte de compensation des maux que ses premiers conquérans lui ont faits.

Les indigènes et les Espagnols de l'Amérique méridionale choisissent de préférence, pour la culture du maïs, les bords limoneux des rivières des pays chauds, qui débordent chaque année. La manière de préparer le terrain qu'on veut ensemencer n'est point dispendieuse. On fauche seulement, on coupe l'herbe et les plantes qui s'y trouvent; lorsqu'elles sont sèches, on y met le feu; un ou deux jours après on y sème le maïs, supposé que la terre ait assez de fraîcheur, ou qu'on soit à la veille d'avoir de la pluie.

2°. *Manière de semer le maïs.*

Les Américains font tremper dans l'eau, pendant douze heures et davantage, le maïs qu'ils doivent confier à la terre; ce procédé est excellent et devroit être adopté par-tout, en ce qu'il sert à distinguer le bon grain, qui va au fond de l'eau, du mauvais qui surnage et qu'on rejette, et qu'on accélère ainsi le développement du maïs, au point qu'en peu de jours on le voit pousser; ce procédé, dis-je, et celui de l'enfouir à une certaine profondeur, comme il sera dit plus bas, le préservent, de la manière la plus efficace, des taupes, des mulots, des fourmilières et des oiseaux, qui n'ont alors que peu de temps pour le détruire, vu qu'il devient bientôt assez fort pour être à l'abri de leur voracité.

Cette seconde observation indique un moyen qui peut être avantageux pour étendre en France la culture du maïs sur les plages limoneuses et regardées comme inutiles, que laissent à découvert les rivières après les grandes inondations des hivers. Ce terrain, ainsi que cela se pratique en Amérique, ne demanderoit, au temps marqué pour les semailles dans chaque canton, d'autre préparation que de faucher et faire brûler l'herbe; il faudroit, dans ce cas, employer la manière de semer le maïs usitée dans ce pays-là : elle est expéditive et se fait de la manière suivante.

On a un bâton de moyenne grosseur et de 7 à 8 pieds de longueur, armé d'un fer en forme de coin, de trois travers de doigt de largeur, sur 3 lignes d'épaisseur et 6 pouces de hauteur. Un homme fiche ce bâton en terre; il l'ébranle une ou deux fois pour agrandir le trou; à chaque pas qu'il fait il en ouvre un autre de manière à laisser 2 pieds de distance entre chaque trou; il continue ainsi sur toute la longueur du terrain, en observant d'avancer aussi droit qu'il lui est possible: cette première ligne le guide pour une seconde qu'il trace à 2 pieds de la première, et il continue ainsi de suite. Un petit garçon le suit immédiatement avec du maïs dans une besace, préparé ainsi que je viens de l'indiquer; il en met quatre grains dans chaque trou, et les recouvre de terre avec son pied. Un homme peut ainsi, dans sa journée, ensemencer commodément un terrain de deux cents pas ordinaires de longueur sur cent cinquante de largeur. J'ai dit qu'il falloit mettre quatre grains de maïs dans chaque trou, parce qu'il m'a toujours paru qu'un plus grand nombre donne une plante de trop au milieu, qui croît mal et nuit aux autres.

Cette façon de semer le maïs dans l'Amérique espagnole, sans être obligé de labourer la terre, est fondée sur ce qu'il croît très-promptement, et n'est point endommagé par les plantes qui l'entourent et qui entretiennent sa fraîcheur. Lorsqu'il a acquis 6 à 8 pouces de hauteur, on lui donne un sarclage complet, la seule culture qu'il exige jusqu'à la récolte. C'est à la Société à juger si cette méthode peut être employée en France, dans quelque terrain limoneux, inondé pendant l'hiver et inutile pendant l'été, et où le chiendent ne se rencontreroit pas en trop grande abondance; car on a constamment observé que les racines traçantes de cette plante empêchent le maïs de prendre son accroissement, et finissent même par l'étouffer.

3°. *Manière de conserver le maïs.*

Il est, parmi les habitans de l'Amérique espagnole, deux manières de conserver le maïs : l'une est employée pour celui qu'on destine pour les semailles ; elle est aussi d'usage lorsque la récolte n'est pas considérable ; l'autre est spécialement employée par les propriétaires qui font de grandes récoltes de maïs : il leur seroit impossible sans cela de les préserver des insectes qui dévorent tout dans les pays chauds.

La première est la plus simple : elle consiste à dépouiller le maïs de ses enveloppes, excepté des deux ou trois dernières qui servent à attacher les épis deux à deux par un nœud ; on place ainsi ces épis joints sur des cordes de deux brasses de longueur, nouées en forme d'anneau, qu'on suspend aux solives du grenier, et qu'on place à des distances convenables pour ne pas causer d'embarras. On peut ainsi suspendre sur châque corde la quantité de maïs que contiendroit un tonneau, ou même davantage. Ce moyen, qui n'exclut pas celui des perches qu'on emploie ordinairement dans la même vue, ajoute beaucoup au peu d'espace qu'ont ordinairement les greniers. Le maïs ainsi suspendu, et exposé au courant d'air qui se renouvelle sans cesse, sèche beaucoup mieux que de toute autre manière; ce qui le préserve, autant que possible, de la pourriture, des insectes, des rats et autres sortes d'animaux.

C'est ainsi qu'il faudroit toujours conserver le maïs destiné aux semailles; le germe s'y conserve dans toute la fraîcheur nécessaire à son développement; il pourroit être, au contraire, altéré et desséché par la seconde méthode. Il n'est pas besoin d'observer que ce sont les épis les plus mûrs et les plus beaux qu'on conserve ainsi de préférence, et que ceux qui sont endommagés doivent toujours être mis à part pour ne pas gâter les autres.

Le second moyen employé par tous ceux qui ont de grandes récoltes de maïs à conserver, est celui de le mettre dans une étuve, dont le bas est terminé par un plancher fait d'un bois solide, comme le chêne, et à la distance de 2 pieds du sol; on étend des claies sur ce plancher, pour empêcher les épis de tomber; on y jette ces épis dépouillés de leurs enveloppes, à mesure que la récolte s'en fait, par une ouverture pratiquée à quelque endroit de la partie la plus supérieure de l'étuve: il doit y avoir une fenêtre en coulisse, à quelque distance du plancher, pour retirer plus commodément le maïs quand il en est besoin. On fait aussi dans le sol une fosse d'un pied ou plus de profondeur, qui, de l'entrée du foyer, s'étend assez avant pour pouvoir allumer le feu sous le milieu du plancher de l'étuve.

Un feu modéré, entretenu tous les jours matin et soir, pendant deux ou trois heures au foyer de cette étuve, suffit pour sécher tout le maïs qui y est contenu. On a soin de laisser la fenêtre supérieure ouverte, pour favoriser l'évaporation de la fumée et de l'humidité surabondante, aussi long-temps que le maïs en a besoin; mais quand il est assez sec, on ferme cette fenêtre; on bouche exactement tous les trous qui pourroient donner issue à la fumée, laquelle ne pouvant s'échapper nulle part, regorge bientôt par l'ouverture du foyer, ce qui indique qu'il faut discontinuer le feu et boucher cette dernière ouverture. Cette fumée, ainsi retenue, devient l'atmosphère dans laquelle le maïs se trouve plongé; on la renouvelle de temps à autre avec de la paille, lorsqu'on présume qu'il s'en est évaporé.

On pourroit éviter la dépense de cette étuve et du feu qu'il faut y entretenir, au moyen d'une séparation qu'on feroit à la partie du grenier où répond le foyer de la maison, et de quelques trous pratiqués à la cheminée, avec des tuiles creuses posées diagonalement, de manière que la fumée s'en échappât facilement pour se porter à travers le maïs. La fumée du feu habituel de la maison suffiroit pour garantir le maïs des insectes et des animaux; mais je pense qu'il faudroit le faire sécher auparavant pendant quelques jours au soleil.

Cette façon de conserver le maïs est sûre et peu coûteuse; on évite, par ce moyen, toutes ces pratiques que l'on recommande avec raison, mais que des besoins plus urgens font négliger aux habitans de la campagne, soit à cause de l'embarras dont elles sont accompagnées, soit à cause du temps toujours précieux qu'elles font perdre, soit enfin parce qu'elles ne préviennent pas toujours la pourriture et le ravage des insectes, dont le moindre mal à redouter est peut-être la perte du maïs qu'ils dévorent; car il n'est que trop vrai que la plupart de ces insectes, après avoir consumé le dépôt sacré des moissons dans les greniers, n'ont fait qu'y acquérir des ailes pour aller ensuite ravager les campagnes.

Il est à propos d'observer que c'est à la fumée, presque toute composée de moffette atmosphérique et d'acide crayeux ou air fixe, qu'est dû l'éloignement des rats et des souris et autres animaux, qui causent souvent bien du dégât dans le maïs amoncelé en tas; mais ce qui est infiniment plus précieux, c'est à cette même fumée qu'il faut attribuer l'entier anéantissement de ces légions d'insectes, dont les œufs, apportés du dehors, ne peuvent éclore, à ce que je crois, dans une atmosphère semblable et où ils trouvent peut-être leur anéantissement. Il seroit de la plus grande importance de s'assurer si cela arrive en effet, puisqu'alors l'usage d'une pareille étuve ou d'un grenier convenablement disposé, pourroit s'étendre à la conservation des autres grains, des laines, des fourrures, des étoffes, des drogues et d'une infinité d'autres substances qui sont si souvent la pâture des vers et des insectes; ces recherches sont dignes des vues sages et économiques de la Société.

On peut objecter que le maïs, ainsi exposé à la fumée, peut contracter de l'odeur ou quelque qualité nuisible, et qu'enfin les épis les plus immédiatement exposés à la fumée, en seront infailliblement noircis, ce qui ne manqueroit pas d'influer sur la vente. L'objection est spécieuse; il s'agit seulement de vérifier si les inconvéniens de la méthode que je propose ne sont pas balancés et au-delà par les avantages qui peuvent en résulter, eu égard aux difficultés qu'on éprouve à soustraire le maïs aux insectes et à le préserver de l'humidité surabondante dans les années pluvieuses, laquelle occasionne bientôt la fermentation et la pourriture, et conséquemment la perte du grain.

Quant à la qualité nuisible que la fumée pourroit communiquer au maïs, un mot suffit pour démontrer que cette assertion est gratuite. Les paysans ont ordinairement de longs et larges manteaux à leurs cheminées, où ils rassemblent tout ce qu'ils veulent préserver des insectes et de la pourriture; jambons, lard, fromage, sel, vinaigre, confitures, fruits, légumes, maïs, etc., tout y est conservé, sans autre embarras que de l'y suspendre; c'est un garde-manger universel et sûr qu'ils tiennent de la nécessité et de l'expérience. Ils ne se sont pas encore plaints des influences nuisibles que la fumée communique à leurs mets, ni de l'odeur qu'elle leur donne.

Il est vrai que les substances animales que l'on suspend aux cheminées, acquièrent toujours plus ou moins un degré de rancidité désagréable ; il s'agit de s'assurer si les substances végétales, telles que le maïs, sur l'épiderme desquelles se borne l'action de la fumée, sont dans ce cas, et si un simple lavage dans l'eau ne pourroit pas leur enlever le mauvais goût et la mauvaise odeur qu'elles auroient contractés par la fumée.

4°. *Expérience de l'auteur du mémoire.*

En finissant son mémoire, l'auteur cite un fait relatif au nouveau moyen qu'il propose de conserver le maïs. Dans une habitation qu'il occupoit à la Trinité espagnole, sur un sol humide et brûlant, il fit successivement trois récoltes de maïs des plus abondantes, et qui passoient 500 boisseaux ; il conserva tout ce maïs en épis dans une étuve semblable à celle dont il vient de donner le plan : neuf mois après la récolte, il le vendit ; ce maïs n'étoit pas piqué, il fut même recherché de préférence et payé plus cher que le maïs plus récent. Il garda quelques-uns des épis qui avoient été pris au fond de l'étuve et qui étoient conséquemment les plus noirs, pour éprouver si la fumée les avoit endommagés ; il les fit laver; après les avoir égrenés, on en fit du pain, à la manière du pays : ce pain se trouva d'aussi bon goût que tout autre de la même qualité, et l'on ne s'aperçut pas qu'il eût aucune mauvaise odeur.

N. B. A ce mémoire est jointe une planche gravée, qui représente l'étuve à sécher le maïs. Nous ne donnons pas cette figure, parce que la description est assez claire ; ceux qui en auroient besoin, la trouveront dans les trimestres de l'ancienne Société royale d'Agriculture, trimestre d'été 1786.

Il est remarquable que cette étuve d'un pays méridional ressemble beaucoup à celles dont on se sert dans l'Ingrie, dans la Livonie et dans le nord de l'Europe, pour dessécher les grains ordinaires et les mettre en état de supporter les trajets de mer.

---

§. XXIV.

Citrouilles cultivées avec le maïs.

Extrait du Mémoire sur la culture du maïs dans la Bresse, par *Varenne de Fenille.* (Imprimé à Lyon, en 1789.)

Ce mémoire étoit sur-tout destiné à rectifier la description de la culture du maïs dans la Bresse, telle qu'elle avoit été insérée dans l'ouvrage de M. *Parmentier*, d'après les détails fautifs que lui avoit transmis un de ses correspondans. Nous n'insisterons pas ici sur cette partie du mémoire de M. *Varenne de Fenille*, d'autant plus que nous aurons occasion de décrire, ci-après, la culture du maïs dans le département de l'Ain, formé sur-tout de l'ancienne province de la Bresse; mais nous croyons devoir nous arrêter à une culture qui est jointe, suivant *Varenne de Fenille*, à celle du maïs, et qui n'avoit pas encore été développée ou même mentionnée si spécialement par aucun autre agriculteur : c'est celle de la citrouille. Voici donc ce que l'auteur nous apprend de l'usage de la Bresse à cet égard.

Il est assez ordinaire, en semant le maïs, d'y mêler un peu de graines de citrouille ; quelquefois on se contente d'en laisser croître sur le bord des *cheintres* (lisières très-relevées des champs), parce que les pampres de cette plante traînante gênent les sarclages qu'exige le maïs.

Les citrouilles se plaisent davantage dans les terres légères et sablonneuses, si elles sont substantielles et bien fumées, que dans les terres grasses et fortes.

On en cultive deux variétés. Le fruit de l'une est presque rond et d'un beau jaune dans sa maturité; le fruit de l'autre est plus allongé, et son écorce jaune d'or est panachée de jaune rembruni.

Toutes deux servent également aux mêmes usages.

On donne à cette plante les mêmes cultures qu'au maïs. Les pampres qu'elle jette de tous côtés croissent à volonté sans appui et sans y faire de retranchement. On en ramasse le fruit en même temps qu'on recueille le maïs, ou immédiatement après.

Cette récolte manque rarement. Elle est abondante lorsque l'été n'a pas été excessivement sec. Mais les citrouilles encombrent beaucoup les écuries, les hangars et les granges où on les dépose, parce qu'il faut éviter de les entasser. On en répand aussi dans la cour de la ferme; celles-ci se consomment les premières, avant qu'il ne survienne de gelées. En usant de quelques précautions, on peut conserver des citrouilles jusqu'au commencement de janvier.

Les bœufs, les vaches et les porcs en sont avides, au point qu'il y auroit du danger à leur en laisser manger avec indiscrétion. On leur donne la citrouille crue ou cuite : crue, lorsqu'il ne s'agit que d'aider à leur nourriture; cuite, lorsqu'on veut les engraisser.

Dans le premier cas, on choisit les citrouilles les moins mûres et qui ne se conserveroient pas; on les coupe par tranches et on les met sans autre façon dans la mangeoire ; 10 à 12 livres au plus suffisent par animal, suivant sa force, et l'on diminue un peu sa ration ordinaire de fourrage. Cette nourriture procure beaucoup de lait aux vaches.

Lorsqu'on veut engraisser les bœufs pour la boucherie, la dose est plus forte. Après avoir coupé les citrouilles par tranches, on les mélange avec du son, des criblures de froment, du maïs avorté, ou avec de la farine de blé-sarrasin ; on fait bouillir le tout dans une grande chaudière, et la ration est de 35 à 40 livres par jour.

Toutes choses égales d'ailleurs, les bouchers préfèrent les bœufs engraissés avec des raves, aux bœufs engraissés avec des citrouilles. La chair des premiers est plus ferme, et le suif a plus de consistance.

Le paysan fait aussi, pour lui-même, usage de la citrouille ; il en met cuire dans sa soupe, ou en fait fricasser dans la poêle. Comme ils ont peu de débit des semences, lorsqu'il y en a abondance, ils en tirent de l'huile qu'ils préfèrent à celle de navette et de colza.

Les citrouilles peuvent encore servir à la nourriture des carpes qu'on tient dans des canaux ou dans des réservoirs ; elles en sont même très-friandes. Pour faire plonger les citrouilles au fond de l'eau, on les ouvre et on y fait entrer une pierre. La chair de ce légume macérée dans l'eau, se détache en filamens assez longs, et qui ressemblent à un amas de vers blancs.

---

§. XXV.

Du maïz, au Chili, et de la pâte que les Indiens en préparent.

Les Chiliens donnent au maïs le nom de *gua*. Ils en cultivent huit ou neuf variétés, dont plusieurs portent trois ou quatre épis bien fournis.

Une de ces variétés, nommée *aminta*, est préférée à toutes les autres.

Ils en font une sorte de pâte, en broyant les graines, lorsqu'elles sont encore fraîches, entre deux pierres, comme cela se pratique pour le cacao ou chocolat. Ils ajoutent à cette pâte du beurre et du sucre, et la font ensuite bouillir dans l'eau.

(*Tiré de l'Histoire naturelle du Chili, de* Molina, *traduit de l'italien par* Gruvel, *en* 1789.)

---

§. XXVI.

Manière d'augmenter la vertu nourrissante du maïs ou blé de Turquie, pour l'engrais des animaux.

(Extrait du *Traité d'agriculture*, par M. *de Saint-Blaise*, 1789, in-8°.)

Remplissez de maïs la moitié d'un vase quelconque, la veille du jour où vous voulez l'employer; versez dessus de l'eau bouillante, de manière qu'il puisse tremper, en observant de le couvrir, afin d'empêcher l'évaporation que sa fermentation excite. Le lendemain, la grosseur de son grain est tellement renflée, que le vase est rempli. Il faut alors le mélanger avec la pomme de terre, cuite aussi de la veille et réduite en purée. Ce mélange engraisse les animaux en peu de temps, et leur donne un suc exquis, sur-tout si l'on peut répandre sur ce manger de la graine de tournesol, vers la fin de l'engrais.

La volaille et les pigeons seroient de la plus grande finesse et fécondité, en ne vivant que de graines de maïs et de tournesol.

Il ne faut faire crever ou renfler le maïs, que pour engraisser le bétail ou la volaille, et non pour les nourrir à l'ordinaire, où il suffit de le leur donner en grain, sans apprêt.

§. XXVII.

Pain fait avec des pommes de terre et de la farine de maïs.

(Extrait de la *Feuille du cultivateur*, du 12 février 1792.)

Une dame qui habite un pays où le maïs est cultivé très en grand, et où ce grain forme presque la base de la nourriture des habitans de la campagne, a essayé de mêler la farine de ce grain avec des pommes de terre. Elle est parvenue ainsi à faire un pain de bonne qualité, et voici le procédé qu'elle suit à cet égard.

On prend quatre livres de farine de maïs et 5 livres de pommes de terre cuites à l'eau ; on écrase les pommes de terre encore toutes chaudes, et on les mêle avec la farine, sans y ajouter d'eau. On démêle un morceau de levain avec de l'eau chaude et en quantité suffisante pour éclaircir la pâte ; on verse cette eau sur la pâte, on la pétrit, on la laisse lever et on la met au four comme le pain ordinaire.

Ce pain est très-bon, il est moins sec que le pain fait avec de la farine de maïs sans mélange ; on y ajoute une petite quantité de sel pour en relever le goût.

Il est bon d'observer qu'on peut aisément augmenter la quantité de pommes de terre, et mettre au moins 6 livres de ces racines sur 4 livres de farine de maïs.

---

§. XXVIII.

Du maïs, en Hongrie.

Extrait d'un Mémoire de feu M. *Vileneuve*, correspondant de la Société d'Agriculture de Paris, en 1794.

1°. *Greniers des Hongrois, pour la conservation du maïz.*

2°. *Usage des feuilles de cette plante pour matelas.*

1°. *Greniers des Hongrois pour la conservation du maïz.*

Le maïs, dont on cueille beaucoup en Bresse, s'y conserve suspendu par les feuilles de son épi, qu'on noue ensemble et qu'on enfile sur des perches, dont on garnit les planchers et les dessous des toits à l'entour des habitations : cette méthode est sûre, mais longue et fatigante.

En Hongrie, où l'on cultive beaucoup de maïs pour l'Italie et la nourriture des cochons, on fait, pour le conserver, des greniers exprès. Sur des pieds en maçonnerie ou en bois, hauts de 18 à 20 pouces au-dessus du sol, et distans l'un de l'autre d'une toise, on élève un bâtis en bois, de 4 pieds seulement de large, sur 6 et 8 de hauteur, et dont la longueur est à volonté. On le couvre en chaume, et dans tous les panneaux qu'on fait pour d'autres usages en maçonnerie, on n'y place que des claies peu serrées; l'air par conséquent y circule amplement par dessous et des quatre côtés. Ces claies, toutes d'une pièce, remplissent l'intervalle des pied-droits de la charpente. On les y place par dedans, et on les y maintient au moyen de deux barres transversales, couchées horizontalement au haut et au bas de chaque claie, et supportées par des goussets, dans lesquels elles sont emboîtées; on voit que, de cette façon, chaque claie est amovible à volonté.

Les deux claies des extrémités du grenier ferment par dehors et servent de porte.

Lors de la récolte, des femmes, auxquelles on apporte les épis du maïs, s'occupent à en détacher les feuilles et la barbe; elles en remplissent des corbeilles, et les remettent à une autre qui se tient dans le grenier; celle-ci les éparpille sans aucun ordre, et en laissant beaucoup d'air entre eux: elle peut ainsi le remplir jusqu'au toit, sans craindre que le maïs s'échauffe, en perdant son eau de végétation. Jamais cette ouvrière ne marche sur aucun épi; elle verse sa corbeille devant elle, et, lorsque la hauteur de la masse le lui indique, elle les jette par poignées les uns sur les autres; elle gagne ainsi la porte, qui jamais n'est fermée que par des chevilles. Lorsqu'il est question de battre les épis, on approche le chariot contre les longs côtés, on lève la claie la plus proche, et on le remplit très-promptement. Le maïs ainsi conservé, est à l'abri de la corruption et des animaux, et ne coûte d'autre peine que d'en ôter la feuille.

2°. *Usage des feuilles de maïs pour matelas.*

Cette feuille, qu'ailleurs on donne aux chevaux et aux vaches, sert en Hongrie de paillasse et de matelas; elle est bien plus souple que la paille de seigle et même d'avoine, que nous employons, faute sans doute de connoître celle de maïs.

N.B. La Hongrie exporte par an 80 à 100,000 quintaux de maïs en Italie; on le mange en bouillie, sous le nom de *polenta*. Les Hongrois en mangent peu; mais ce grain mêlé à l'orge, réduit en farine et donné aux cochons, leur fait une excellente chair, dont on mange tous les jours à Vienne et dans toutes les villes de Hongrie, sans en être jamais incommodé.

§. XXIX.

Culture simultanée des pommes de terre et du maïs et avantages de ce mélange.

(Expériences faites par M. *Chancey*, à Lucenay, département du Rhône, 17 vendémiaire an IV (9 octobre 1795).

Le résultat des expériences de M. *Chancey*, conforme pour cette année 1795 à celui qu'il a constamment obtenu, lui donne lieu de regarder comme données certaines ce qui suit :

1°. Qu'il y a un avantage bien réel à amender les pommes de terre, lorsqu'on en a la possibilité;

2°. Que l'on peut, jusqu'à un certain point, suppléer aux engrais, en ne plantant que de beaux fruits, ou en amalgamant le maïs à la pomme de terre;

3°. Que la manière la plus avantageuse de planter la pomme de terre, soit pour le cultivateur, soit pour la société, est de la planter avec du maïs; ou avec telle autre plante que le climat permet ou indique de cultiver avec elle.

Le maïs a l'avantage de procurer un abri aux pommes de terre contre les rayons brûlans du soleil, sans toutefois les en priver totalement. La plantation étant formée d'un rang de pommes de terre, un rang de maïs, ainsi de suite, les rangs de pommes de terre ont entre eux la distance de 3 à 4 pieds; ils prospèrent bien davantage que si le rang de maïs étoit occupé par un rang de pommes de terre : un champ de deux mesures ainsi planté, rend autant qu'un champ de 3 mesures, dont une et demie seroit plantée en pommes de terre, et une et demie plantée en maïs. L'on observe constamment que dans les champs plantés en pommes de terre et maïs, les pommes de terre conservent leur fraîcheur, végètent pendant tout l'été, tandis que dans les champs où les pommes de terre sont plantées seules, souvent le hâle du soleil, la chaleur de l'été, les brûlent et les empêchent de rendre une abondante récolte.

---

§. XXX.

Instruction sur la culture et les usages du maïs.

Publiée par ordre du Ministre de l'intérieur, dans le mois de germinal de l'an IV (avril 1796).

Cette instruction, signée des membres du Bureau consultatif d'Agriculture, et rédigée par M. *Parmentier*, traite avec méthode, et en peu de mots, de la définition du maïs, de ses variétés, du terrain et de sa préparation ; des accidens du maïs, de ses maladies, du choix de la semence et de sa préparation; des semailles du maïs, suivant six pratiques différentes; des labours de culture ou binages, premier, second et troisième; des végétaux plantés dans les rangées de maïs; des ressources qu'offre le maïs pendant qu'il végète; de l'étêtement du maïs, de sa maturité, du dépérissement des épis, de leur triage; du maïs-fourrage, de la coupe du maïs-fourrage; du chaume du maïs; du produit du maïs; de la conservation du maïs en épis suspendus au plancher; de la conservation du maïs en épis répandus dans le grenier; de la conservation du maïs par le feu; du procédé de dessiccation du maïs; de la manière d'égrener le maïs; de l'épi dépouillé de grain; de la conservation du maïs en grain; de la mouture du maïs; des qualités de la farine; de la conservation du maïs en farine; des boissons faites avec le maïs; du maïs pour la nourriture des animaux; de l'emploi du maïs-fourrage; de l'emploi du maïs en bouillie; de l'emploi du maïs en pain; du pain mélangé; du pain sans mélange, et des observations générales.

Je vais, en suivant ma manière, détacher de cet excellent précis les articles qui se rapportent au but que je me suis proposé.

Le Maïs, *blé de Turquie, blé d'Espagne, blé de Guinée, blé d'Inde, gros millet des*

Indes, est, après la pomme de terre, le présent le plus utile que le Nouveau-Monde ait fait à l'ancien. Indépendamment de la nourriture que ce grain fournit à l'homme, il n'y a rien que les animaux de toute espèce aiment autant, et qui leur profite davantage.

Préparation de la semence. Il est toujours utile de faire tremper le maïs dans l'eau tiède, vingt-quatre heures avant de le semer : cette macération n'exige ni embarras, ni dépense; facile à employer par-tout, elle ne devroit être négligée nulle part ; c'est un moyen d'accélérer le développement du germe.

On pourroit même planter le maïs tout germé, parce qu'alors, si la terre n'étoit pas trop humectée, on gagneroit beaucoup de temps pour la récolte.

Des semailles. On les pratique de différentes manières ; mais, quelle que soit celle que le cultivateur adopte, on ne sauroit trop l'inviter à laisser, entre chaque pied, une distance de 2 pieds et demi au moins, en tous sens. L'avidité de ceux qui voudroient semer le maïs plus serré, sera toujours trompée.

Végétaux plantés dans les rangées de maïs. Souvent on cultive ensemble, par rangées, des pommes de terre et du maïs : ces deux plantes se prêtent dans leur végétation des secours réciproques.

Du maïs-fourrage. Sa culture n'exige point de travaux. Le maïs, une fois semé et recouvert à la charrue, est abandonné aux soins de la nature; il n'a besoin d'être ni sarclé, ni buté, ni éclairci. Plus les pieds se trouvent rapprochés, plus tôt la plante lève et plus elle foisonne en herbe. Quel fourrage abondant et salutaire on obtiendroit par ce moyen sur les levées d'orge, pour les momens où l'herbe commence à devenir rare et peu substantielle !

Coupe du maïs-fourrage. C'est au moment où la fleur du maïs est prête à sortir de l'enveloppe, que la plante est bonne à couper : elle est alors remplie d'un suc doux, agréable et très-savoureux; plus tard, le feuillage se faneroit, et la tige deviendroit cotonneuse, insipide et peu nourrissante.

Quand les circonstances ont été favorables à la végétation, on peut obtenir le fourrage deux mois après les semailles. On en coupe alors à mesure qu'il en faut pour les bestiaux; mais quand la fin de l'automne approche, on ne doit pas attendre que le besoin détermine la coupe; elle doit être faite entièrement, de peur que les premiers froids ne surprennent la plante sur pied, ne permettent plus qu'on la fane, et n'altèrent infiniment sa qualité.

Qu'on ne craigne point que la double récolte qu'on fera de ce fourrage puisse porter préjudice aux autres végétaux dont on voudroit ensemencer le même champ ! les racines de toutes les plantes qu'on coupe avant la floraison, étant encore tendres et humides, pourrissent facilement, et rendent au sol qui les a produites, l'équivalent de ce qu'elles ont reçu.

Produit du maïs. Le produit ordinaire du maïs, en France, est de deux épis dans les bons terrains, et d'un seul dans ceux qui sont médiocres ; sur-tout lorsque chaque pied n'a pas été suffisamment espacé, ou n'a pas reçu toutes les façons nécessaires. L'épi contient douze à treize rangées, et chaque rangée trente-six à quarante grains. Pour planter un arpent, il ne faut que la huitième partie de la semence nécessaire pour le semer en froment ; et cet arpent rapporte communément plus du double de ce grain, sans compter, 1°. les pois, les fèves, les haricots et les citrouilles qu'on sème dans les rangs vides ; 2°. les tiges, les feuilles et les enveloppes de l'épi que l'on donne aux bêtes à cornes ; 3°. le noyau de l'épi, la tige inférieure et les racines pour chauffer le four et augmenter l'engrais ; enfin, le produit ordinaire est à celui du froment comme trois est à cinq.

Le maïs semé pour fourrage offre également une abondance extrême de verdure à laquelle on ne sauroit comparer celle qu'offrent les autres grains ; mais on conçoit que la quantité de la semence doit être plus considérable que quand on veut le récolter en grains. Il faut, par arpent, 8 à 9 boisseaux de grain, mesure de Paris, du poids de 18 livres chaque.

Manière d'égrener le maïs. Parmi les différentes manières d'égrener, la plus expéditive est semblable à celle de battre avec le fléau ; il suffit de renfermer les épis dans un sac, et de frapper dessus à coups redoublés avec des bâtons ; le grain s'en détache aisément.

Mouture du maïs. Quand les besoins forcent d'égrener le maïs immédiatement après la récolte, il faut nécessairement l'exposer au soleil pour achever sa dessiccation, parce que, porté humide au moulin, il engrapperoit les meules et graisseroit les bluteaux. Il convient de le broyer à part, quand bien même on auroit l'intention de mêler ensuite sa farine avec celle des autres grains pour en faire du pain ; mais il seroit à désirer que, pour le moudre, on adoptât la mouture économique, que les meules fussent rayonnées et les bluteaux peu ouverts.

Le maïs bien broyé rend plus des trois-quarts de

son poids de farine, et le déchet n'excède pas celui des autres grains.

Emploi du maïs-fourrage. Il n'y a dans les prairies, soit naturelles, soit artificielles, aucune plante qui contienne autant de principe alimentaire et qui plaise davantage aux bestiaux que le maïs-fourrage, soit qu'on le leur donne seul, ou qu'on le mêle à d'autres fourrages.

Quoique la dessiccation la plus ménagée fasse perdre au maïs-fourrage son goût sucré, si développé dans son état de verdure, on est cependant dans l'usage de faner le superflu, et de s'en servir pendant l'hiver : alors il seroit à désirer qu'on voulût le diviser; les bestiaux s'en trouveroient mieux, et l'on économiseroit encore sur la quantité.

Emploi du maïs en bouillie. C'est particulièrement sous la forme de bouillie que le maïs est consommé le plus ordinairement; et il faut convenir qu'on ne devroit en préparer qu'avec la farine de maïs : alors il porte, selon le pays, différens noms, *millasse, polenta* et *gaudes*; en voici la préparation :

Mettez dans un chaudron de la farine de maïs; versez-y, ou du lait, ou de l'eau, ou du bouillon, jusqu'à ce qu'elle soit parfaitement bien délayée, et posez le vase à un feu doux; faites bouillir le tout légèrement, en remuant sans discontinuer ; ajoutez-y sur la fin, pour l'assaisonnement, du sel ; quelquefois c'est du beurre, de la graisse ou du sucre qu'on emploie, suivant les moyens. Dès que la bouillie aura acquis une consistance demi-liquide, retirez-la du feu, elle est cuite.

Cette bouillie, quoique compacte en apparence, est de facile digestion, même pour les estomacs foibles, et présente une ressource d'autant plus importante pour les gens de la campagne, que la préparation n'exige que peu de temps.

Observations générales. On ne sauroit assez répéter aux habitans de la campagne, où le maïs peut réussir, que ce grain, admis au nombre des végétaux qu'ils cultivent, leur procurera une foule d'avantages ; qu'une récolte passable vaut mieux que la plus riche en orge ou en avoine, auxquelles on consacreroit des terrains à maïs, et que, s'il demande quelques travaux de plus, ils ne sont perdus, ni pour la plante qui les reçoit, ni pour l'homme qui les donne.

N. B. Il faudra comparer ces données avec celles qu'on trouvera énoncées dans plusieurs autres paragraphes de ce recueil. Elles se rectifieront et se suppléeront les unes les autres.

---

§. XXXI.

Le maïs appelé mil ou millet dans le midi de la France.

(Extrait d'une *Nomenclature alphabétique des termes usités dans le langage agricole du canton de* Caraman, *et de quelques autres voisins, dans le département de la Haute-Garonne*, en 1796.

Couquaril. — Charbon blanc : c'est l'épi du millet dépouillé du grain ; d'abord sec, il fait un feu clair, agréable, ardent, mais de courte durée, une braise assez vive, mais bientôt éteinte. Il entretient l'ignition des bois verts et durs ; il reste entier quand on égrène le millet, il se brise si on le dépique au fléau.

Engrunâ. — C'est égrener le millet : cette opération se fait en râclant l'épi contre une barre de fer carrée comme la queue d'un poêlon ou d'une bassinoire, longue de 3 pieds, fixée sur deux escabelles, où deux personnes peuvent travailler à-la-fois ; chacune d'elles peut égrener jusqu'à 4 quintaux de millet par jour. Cette méthode est préférable au dépiquage au fléau, qui brise 2 setiers par cent ; quand le millet est égrené, qu'il reste dans son entier, il rend trois pour cent de plus à la mesure.

Mil. — Millet : c'est ce qu'on appelle *maïs*,

dans la partie septentrionale de la France ; c'est, à toutes sortes d'égards, et pour la nourriture des gens, et pour l'entretien des bestiaux, le grain et la plante qu'il est le plus avantageux de cultiver dans les climats qui lui sont propres.

Millargou. — Millet semé épais pour fourrage.

Millas. — C'est la bouillie faite avec la farine de millet, purgée de son, dans un chaudron : quand l'eau bout, on délaie la farine, et on laisse cuire la bouillie pendant une demi-heure, en la remuant continuellement ; on met le sel nécessaire, on la vide sur une table couverte d'une serviette saupoudrée de farine : le millas a alors depuis 1 pouce jusqu'à 4 pouces d'épaisseur, selon qu'on a employé plus ou moins de farine. Il se mange chaud ; celui qui reste se fait griller ensuite : c'est une nourriture très-saine, et la plus ordinaire de nos travailleurs ; aussi sont-ils ceux de la France qui consomment le plus de sel et qui usent le plus de chaudrons.

Paleja. — Pelleverser, retourner la terre avec la bêche ; c'est la meilleure manière de la disposer à recevoir la semence du millet.

---

§. XXXII.

Autre nomenclature alphabétique des termes relatifs au maïs, usités dans le département de Lot et Garonne, en 1796.

Degruna. — Égrener le blé de Turquie, ôter les graines de l'épi.

Escapitun. — Panache du blé de Turquie, qu'on coupe quand l'épi est formé, et qu'on ramasse avec soin pour nourrir les bestiaux pendant l'hiver. Les laboureurs prétendent que l'épi de blé de Turquie se nourrit mieux lorsqu'on a soin de couper le panache. L'expérience prouve la vérité de cette assertion. On a observé que les épis dont le pied n'avoit pas été dépouillé du panache, étoient moins nourris que les autres.

Mil. — Blé de Turquie : le département du Lot et Garonne le cultive avec succès, et en retire un grand avantage; les habitans de la campagne en engraissent les poules, les oies et les cochons; ils le font aussi moudre mêlé avec du blé-froment ou du seigle, et en font un pain très-bon; ou bien, moulu séparément, ils en font une autre nourriture qu'on appelle *milles*, *millasse* et *rimotes*. (Voyez ces trois expressions.) Le blé de Turquie se sème ordinairement en avril, sur les terres les plus grasses, en plaçant chaque grain à une distance de 3 pieds l'un de l'autre. Lorsque le grain a végété, et qu'il est à un pied au-dessus de la terre, on sème près de chaque pied des haricots, auxquels le blé de Turquie sert de canne. Les panaches de ce blé sont coupés quand l'épi est bien formé, afin qu'il se nourrisse mieux, et que le grain en devienne plus beau; ces panaches et les feuilles, après la récolte des épis, sont ramassés avec soin pour la nourriture des bestiaux. Le blé de Turquie se plante aussi pour servir d'aliment aux bestiaux pendant l'été; mais alors il est semé très-épais, et à-peu-près comme le blé ordinaire, et quand il est haut de 2 pieds, il est coupé et donné aux bestiaux pour être mangé en herbe.

Millasse. — Farine de blé de Turquie, pétrie et mise en petits pains qu'on fait cuire au four. Les habitans du pays en font un grand usage pendant l'hiver, et se trouvent bien de cette nourriture.

Milles. — Farine de blé de Turquie, délayée dans une terrine, et qu'on met ensuite cuire dans un four : cette nourriture, dont les laboureurs font usage dans l'hiver, est très-saine.

Panouil. — Épi de blé de Turquie, dépouillé ou non de ses grains : on le dépouille de plusieurs manières; mais la plus usitée est de mettre les épis dans un sac, de les battre avec un fléau ou bâton; après quoi on finit avec la main de les dépouiller entièrement. Ils s'appellent, étant dépouillés, *pelous*, et on les brûle.

Pelou. Épi de blé de Turquie qui est dépouillé de ses grains.

Rimottes. — Bouillie faite avec de la farine de blé de Turquie, et dont les habitans de la campagne se nourrissent en hiver; elle se fait ainsi : on remplit aux trois quarts un chaudron d'eau, et quand elle est prête à bouillir, une personne y jette la farine à pleine main, tandis qu'une autre tourne avec un bâton afin de la bien délayer. La quantité suffisante de farine étant mise, et ensuite bien délayée, on fait cuire le tout, sans discontinuer de tourner avec le bâton jusqu'à ce que la bouillie ait perdu le goût de farine; on la verse ensuite dans des assiettes ou sur une table. Cette bouillie se mange chaude, ou, quand elle est froide, on la met réchauffer sur un gril : cette nourriture est fort saine.

N. B. Il seroit fort utile d'avoir des nomenclatures pareilles, sur toutes les cultures, dans toutes les localités. On pourroit alors débrouiller la synonymie des termes d'agriculture pratique, et parvenir à en perfectionner le dictionnaire.

---

§. XXXIII.

Observations sur l'égrenage du maïs dans le midi de la France; par M. Villèle, *cultivateur à Morvilles-Basses, canton de Caraman, département de la Haute-Garonne, correspondant du Gouvernement pour l'agriculture et les arts, en 1797.*

Après avoir présenté d'une manière bien satisfaisante les avantages de la culture de l'épeautre, M. *Romand* indique, dans le N°. 14, page 83 de la *Feuille du Cultivateur* de cette année, une machine qu'il appelle *filière*, et qui se trouve gravée dans cette feuille. M. *Romand* se sert de cette filière pour égrener le maïs et pour détacher avec plus de célérité le grain de la fusée. Son invention fait honneur à son zèle et à son intelligence; mais la méthode plus simple que nous employons dans ce pays, où le maïs est une des récoltes les plus importantes, mérite sans doute d'être connue, puisqu'elle est encore préférable.

Nous nous servons pour égrener le maïs d'une barre de fer de 3 pieds de long, sur une épaisseur de 4 lignes et une largeur d'un pouce: elle est arrêtée par les extrémités à deux escabelles sur lesquelles deux égreneurs travaillent assis l'un vis-à-vis de l'autre; ils prennent l'épi de la main droite, le râclent fortement en remontant contre un angle de la barre, en l'accompagnant par-dessous du bout des doigts de la main gauche avec laquelle ils empoignent le fer. Dans deux coups de main la moitié de la fusée est dépouillée; alors ils prennent l'épi par cette partie dont le grain a été séparé, et dans deux autres tours de main ils égrènent le reste : tout le grain se trouve ainsi séparé de la fusée, que nous appelons ici *charbon blanc ;* elle reste entière, et elle est beaucoup plus propre et plus agréable pour l'ignition.

Hommes, femmes, enfans, tous peuvent faire cet ouvrage, et dans un jour il en est peu qui n'égrènent trois sacs de maïs de notre mesure, qui pèse 170 livres. J'ai dans ce moment chez moi une troupe d'infortunés, habitans des communes voisines, qui ont été grêlés cette année à plat; je leur donne la préférence pour égrener mon maïs, en les payant en nature et à un prix double du prix ordinaire, pour les aider d'autant: dans le nombre est un aveugle qui en égrène jusqu'à cinq sacs par jour, ce qui fait huit quintaux et demi, quand, avec la filière de M. *Romand*, sans doute faute d'usage, on n'en égrène pas trois.

La méthode que nous employons depuis plus de vingt ans, d'égrener le maïs, est de beaucoup supérieure à l'usage où nous étions de le dépiquer au fléau sur une claie; alors le grain tombe sous la claie, la fusée ou charbon blanc qui reste dessus est partagée en plusieurs morceaux, le grain lui-même se brise, et un homme n'en dépique pas plus de cinq sacs.

Quand le maïs est, au contraire, égrené à la main, le charbon blanc reste dans son entier; il est d'un usage bien plus propre et plus agréable, il ne se trouve pas un seul grain de brisé; et bien loin d'avoir du rebut, on trouve un bénéfice de trois pour cent sur la mesure, parce que le grain se tient plus en l'air, les enveloppes conservatrices du germe y restant attachées, tandis qu'elles se séparent au contraire dans le maïs dépiqué sur la claie, parmi lequel il s'en trouve en outre assez de brisé pour occasionner une perte réelle de trois mesures sur cent.

N. B. Nous retrouvons, avec plaisir, dans le cours de nos recherches, les noms respectables des amis de l'agriculture et du bien public, distingués, comme MM. *de Villèle* et *Chancey*, par des travaux suivis, des vues philanthropiques, et des expériences d'agriculture continuées pendant de longues années, même dans les temps les plus orageux et les plus critiques de la révolution. De tels hommes ont un juste droit à l'estime et à la reconnoissance publiques.

---

§. XXXIV.

Nouvelles observations sur la culture et les usages du maïs dans les départemens méridionaux, par un cultivateur de celui de la Haute-Garonne, en 1798.

Espèces.

L'on n'a connu, jusqu'à présent, dans le département de la Haute-Garonne, et autres circonvoisins, qu'une espèce de maïs, le tardif; ce n'est que de ce printemps que, par les soins de MM. *Baud, Chancey* et *Parmentier* qui en ont envoyé quelques grains à leurs connoissances, on va être à portée de faire des essais sur le maïs quarantain ou précoce.

Variétés.

Nous recueillons du maïs de deux couleurs principales, du jaune et du blanc; on trouve quelquefois dans nos récoltes quelques épis rouges ou pourpre violet, quoiqu'on n'en sème jamais de cette qualité, qui est inférieure, et qui n'a pour elle que la faveur de quelques bonnes femmes qui lui croient la propriété d'écarter les vers des habits et des étoffes de laine; dans ces vues, elles ont l'attention d'en placer toujours un ou deux épis dans leurs armoires.

Puisqu'on ne cultive dans ce pays que le maïs blanc et le maïs jaune, on ne s'occupera que de ces deux variétés. Leurs couleurs paroissent héréditaires; on ne recueille que du maïs jaune, si on n'a semé que du jaune, et du blanc pur, si on n'a semé que du blanc. Mais si l'on sème indifféremment et pêle-mêle des grains blancs et des grains jaunes, on a, à coup sûr, des épis mi-blancs et mi-jaunes, ou si, ayant voulu les séparer, on ne laisse entre les deux variétés qu'un simple sillon ou un petit fossé, alors les épis des rangées de maïs blanc qui avoisinent celles du jaune, sont plus ou moins mêlés de grains jaunes, à raison de leur proximité; et les épis des rangées de maïs jaune sont, dans le même rapport, plus mêlés de grains blancs. Il faut présumer cependant que sa couleur jaune est primitive, puisque, dans deux planches voisines, l'une en maïs blanc et l'autre en maïs jaune, on trouve toujours, dans les épis mi-partis, beaucoup plus de grains jaunes que de blancs; j'ai éprouvé d'ailleurs que, semant à l'alternative une rangée de maïs blanc et une de jaune, j'avois quelques épis entièrement jaunes, tous les autres mélangés plus ou moins de jaune et de blanc, et pas un seul épi entièrement blanc..... Il n'y a aucun doute que les poussières des fleurs mâles, qui vont féconder des épis à fruit, n'occasionnent ce mélange, selon qu'elles partent d'une tige provenue d'un grain jaune pour aller féconder l'épi à fruit provenu d'un grain blanc, ou réciproquement, qu'elles sont enlevées d'une tige provenue d'un grain blanc, et qu'elles se sont arrêtées sur des tiges provenues d'un grain jaune.

On assure que le maïs jaune s'accommode mieux des terres légères, sablonneuses et douces, et le blanc des terres humides, compactes et fortes ; mais les expériences les plus répétées dans nos différentes nuances de terres qui, généralement, sont argileuses, substantielles et difficiles à diviser, ne nous ont jamais procuré des résultats assez marqués pour être cités et donnés pour règle.

Le maïs jaune est préféré pour fourrage, sur-tout celui dont le grain est plus menu et dont les épis ont seize rangées; car il y a encore à cet égard des variétés.

On cultive dans une partie de ce département, et principalement dans celui du Tarn, sur-tout dans le voisinage de Puy-Laurens, un maïs dont l'épi n'a que huit rangs ; le grain est plus gros, l'épi dépouillé plus petit ; on l'appelle *maïs de Padiès ;* dans le reste de ces contrées, on préfère le maïs à seize rangées, qu'on distingue sous le nom de *maïs de Grusac*. L'épi dépouillé est plus gros, les grains sont plus petits ; mais comme il y en a au moins cinq cents à chaque épi, quand il n'y en a pas moitié autant à celui de huit rangées, et que d'ailleurs les tiges de l'une de ces qualités ne fournissent pas plus d'épis que les tiges de l'autre, il y a un grand avantage à cultiver le maïs à seize rangs, et j'ai observé que dans la même qualité et contenance de terre, on recueille 23 mesures de maïs de seize rangs, quand on n'en a que quatorze de maïs de l'autre qualité : celui-ci est un peu plus pesant ; une mesure de maïs de huit rangs pèse 24 livres, et la mesure de maïs de seize rangées n'en pèse que 23. Le maïs jaune, dans chacune de ces deux qualités, pèse aussi un vingt-quatrième de plus que le blanc.

Terrain propre à la culture du maïs.

Le maïs se plaît dans les terres grasses, fortes et substantielles : il s'accommode des terres légères et sablonneuses, quand elles sont améliorées par des engrais; il réussit parfaitement dans celles qui ont porté du sainfoin pendant quelques années, et j'ai éprouvé que cette bonification se soutient pendant vingt ans pour le maïs, quand elle ne dure que moitié moins pour le blé. Un carré d'un arpent sur la hauteur d'une pièce de trois, située en pente, a servi de témoin bien fidèle de cette amélioration : la vingtième année après le défrichement du sainfoin, le maïs marquoit encore parfaitement le carré par la plus grande supériorité sur tout le reste de la pièce, qui étoit cependant plus avantageusement située, puisque le sainfoin avoit été placé sur le haut du coteau, dont le bas, qui a toujours plus de fond et qui est plus frais, est par conséquent plus propre au maïs.

Préparation du terrain.

La meilleure manière de préparer la terre où l'on veut cultiver le maïs, est de la travailler à la bêche pendant l'hiver : nous appelons ce travail *pelleverser*. L'expérience la plus constante prouve la supériorité de cette culture sur la façon des labours; cependant, soit que les bras manquent, soit parce qu'on redoute un travail pénible, on laboure dans ce pays, pour y mettre du maïs, beaucoup plus de terre qu'on n'en pelleverse; on l'ouvre d'un profond trait de charrue avant l'hiver, on la dispose en grandes planches ; on donne, avant le printemps, un second labour, dans le même sens que le premier, et, avant de semer, un troisième qui croise les premiers. Souvent dans les coteaux on ne donne qu'un labour; mais il est d'autant meilleur qu'il est plus profond, et que toute la terre se travaille également bien. Voici comme on l'exécute : on ouvre le premier sillon en pente douce, versant la terre sur le bas; on revient, sans labourer, prendre la seconde raie où l'on a commencé la première ; on renverse la terre dans le sillon qui vient d'être ouvert, et ainsi successivement descendant par un profond trait de charrue, et remontant sans travailler : la pièce se trouve par-tout également bien préparée ; ce travail approche beaucoup de celui qui se fait à la bêche.

C'est toujours avant d'ouvrir les terres destinées à la culture du maïs, qu'on y transporte et répand le fumier.

Choix de la semence.

A la récolte, on choisit et on met en réserve, pour la semence, les plus beaux épis entièrement blancs ou entièrement jaunes qui ont seize rangées; quand le temps de semer est arrivé, vers le 15 avril, on égrène l'épi, et on laisse de côté les grains de l'extrémité de l'épi qui ne sont pas toujours bien nourris. Nous n'avons commencé que cette année à faire tremper le maïs; je reconnois que cette préparation ne peut être que d'un bon effet: je prévois que le préjugé et l'habitude où l'on est ici de semer le maïs sans l'avoir fait tremper, seront lents et difficiles à corriger, malgré l'évidence du succès.

Semailles.

Nous semons le maïs à la charrue: on ouvre pour cela une première raie peu profonde; le semeur y range le maïs, en laissant tomber ses grains un à un, et de 2 pieds en 2 pieds; sa charrue comble le sillon au retour et recouvre la semence avec la terre meuble que son oreille y distribue également: s'il y a de la pente dans la pièce, on fait le premier sillon, dans lequel doit être distribuée la semence, en descendant; on le recomble et on recouvre le grain en montant; et, comme on observe que le premier trait de charrue soit toujours moins profond que le second, le maïs ne naît pas tout-à-fait au fond du seul sillon qui paroît après la semence, mais sur le côté; les cultivateurs avisés ont soin de commencer l'opération de manière que le côté où doit naître le maïs, soit plus abrité, en cas de gelée, et plus exposé au soleil.

Un semeur (c'est ordinairement une femme qu'on emploie), suffit à deux laboureurs.

Culture du maïs pendant sa végétation.

Si le temps est chaud, le maïs naît dans quinze jours, et dès le vingt-cinquième on peut commencer de lui donner le premier travail à la houe. Cette opération doit se faire avec soin. On détruit exactement toutes les herbes parasites qui paroissent et croissent alors avec vigueur, et on comble le sillon, en rapprochant de la tige la terre meuble; quinze ou vingt jours après, quand le maïs a 6 pouces de haut, on lui donne la deuxième façon ou binage, toujours à pleine houe; on rechausse et on bute la plante de 4 pouces de terre meuble dont on l'entoure. Les personnes qui, lors de la deuxième façon, veulent économiser leur travail et leur peine aux dépens de la récolte, passent seulement une petite charrue légère, à deux petits versoirs, entre les rangées du maïs; une femme qui suit avec la houe, range cette terre autour des tiges. Ce travail est fort inférieur à celui qu'on fait à pleine houe; les bœufs et la charrue détruisent beaucoup de plantes, et la récolte est toujours moindre, parce que le travail est mal fait. Quant à une troisième façon qu'on indique vers l'époque où l'épi commence à se former, nous nous gardons bien de la donner; elle seroit meurtrière pendant le hâle du gros été, et nous donnerions la plus grande prise aux effets de la chaleur et de la sécheresse de juillet et d'août, qui d'ordinaire, chez nous, sont les plus grands obstacles à la parfaite réussite de cette récolte.

Ce n'est qu'à la fin de septembre, quand l'épi est bien formé, que nous donnons une troisième façon, toujours à la houe, aux terres couvertes de maïs, mais à celles seulement que l'on veut ensemencer en blé le mois suivant. Ce travail est indispensable pour la réussite du blé; il influe peu sur la récolte du maïs, qu'il fait sécher seulement plus vite, et quelquefois trop tôt et avant sa parfaite maturité.

Végétaux semés dans les rangs vides.

Il vaut beaucoup mieux, dans ce pays, semer le maïs seul, que l'associer à d'autres plantes. Nous ne remplaçons les claire-voies, quand il y en a, ni par des fèves, ni par des pois, qui, semés trop tard, périroient pendant les chaleurs de l'été ; on sème derechef du maïs dans les places vides, en donnant la première façon ; s'il y en avoit encore d'autres quand on donne la deuxième, on met alors des haricots ou des pommes de terre. Toutes les plantes trop voisines du maïs et qui y grimperoient, lui porteroient préjudice ; mais l'on peut avec avantage convertir en prairie artificielle une terre cultivée en maïs, en semant du trèfle ou du sainfoin au moment où l'on vient, en juin, de donner la deuxième façon. On passe le râteau entre les jeunes plants de maïs, en évitant de le maltraiter. Après la récolte de cette plante, la terre est couverte de trèfle, qui, dans le printemps et l'été suivans, donne deux coupes superbes, ou de sainfoin, qui, au mois de mai suivant, est aussi beau qu'il puisse l'être pour une première année.

Accidens et maladies du maïs pendant sa végétation.

Les pluies froides, fréquentes et de durée, pendant les premiers jours qui suivent la naissance du maïs, le font jaunir, se morfondre et périr : les gelées, s'il en survenoit, ne lui feroient pas moins de tort ; une longue sécheresse en juillet et août lui en occasionne bien davantage, et diminue souvent la récolte de moitié ; le vent du midi, connu dans le pays sous le nom de *vent d'autan*, casse souvent les tiges vigoureuses, quand il souffle avec violence à la fin de juillet, temps où elles sont encore tendres ; en août et septembre, il arrache ou abat le maïs, s'il est furieux, et qu'il trouve la terre humectée et ramollie par une longue pluie.

Nous ne connoissons d'autre maladie que le charbon, et nous n'avons rien à ajouter sur ce qui a été dit avant nous sur cette maladie.

Ressources du maïs pendant qu'il végète ; son étêtement.

Le maïs, pendant sa végétation, offre des ressources bien intéressantes : les pieds trop épais qu'on arrache au premier et second travail, sont trop peu importans pour n'être pas négligés ; mais les rejetons vigoureux qui croissent dans les bons terrains autour de la tige principale, et qu'on coupe au commencement de juillet, quand ils ont 2 pieds de haut, se donnent en vert aux bestiaux, pour qui ils sont une nourriture bonne et agréable ; mais c'est un objet peu considérable. Il en est bien autrement de la portion de la tige que l'on coupe à deux doigts au-dessus de l'épi à fruit, quand il a été fécondé et qu'il est bien formé ; c'est le meilleur de tous les fourrages, soit qu'on le fasse consommer en vert, soit qu'on le fasse faner pour l'hiver. Cette récolte de fourrage est assez forte : j'ai toujours observé que, dans les fonds les plus ordinaires, elle s'élevoit par arpent d'environ 1500 toises, à plus de 10 quintaux d'excellent fourrage sec.

Cette récolte de fourrage n'a jamais lieu avant la moisson dans ce pays; c'est toujours au moins un mois après. On peut mettre ces tiges en faisceaux, pour les faire sécher, mais jamais les laisser exposées aux intempéries de la saison, eût-on besoin de soutiens pour des plantes grimpantes que nous nous gardons bien d'associer au maïs. La meilleure manière de faner ses tiges, est de les mêler avec de la paille nouvellement séparée du grain; le fourrage conserve sa couleur, et donne son goût à la paille avec laquelle il est mêlé.

Maïs-fourrage.

On sème le maïs pour fourrage en mai, juin ou juillet, pour en avoir soujours de prêt à consommer en vert en août, septembre et octobre. On le jette à pleine main, à raison d'un sac par arpent, dans une terre préparée au moins par deux labours; on le recouvre avec la charrue; d'autres le sèment grain à grain, de 2 pouces en 2 pouces, dans chaque sillon que fait la charrue, en recouvrant le précédent. Ces rangées se font très-près, de 5 pouces en 5 pouces; mais elles laissent la facilité de passer la houe entre, pour détruire les herbes qui croissent avec le maïs: cette petite culture lui est aussi profitable que l'exemption de l'herbe. Le maïs-fourrage ainsi cultivé est plus abondant, et l'on économise un quart de la semence.

Ce fourrage, sans contredit le meilleur qu'on puisse faire manger en vert ou fané, en donne plus de cent quintaux secs par arpent; mais il effrite singulièrement la terre, et les récoltes en blé qu'on y fait succéder immédiatement, sont d'ordinaire très-marquantes par leur médiocrité, eût-on donné même un ou deux bons labours entre la récolte du fourrage et la semaille du blé.

Récolte du maïs.

On recueille le maïs vers le commencement d'octobre, lorsque la tige commence à se dessécher: on le coupe près de terre avec une faucille; on en fait des tas qu'on porte dans l'aire, où l'on sépare l'épi de la tige; on le renferme ensuite dans des galetas sur des planchers, où il se conserve fort bien, sans d'autres soins que de ne le mettre qu'à un ou deux pieds d'épaisseur, et de le retourner de temps en temps avec la pelle pendant l'hiver.

Triage du maïs.

On fait un triage de maïs à la récolte : on sépare les épis dont les grains ne sont ni bien mûrs, ni bien nourris, et cette qualité inférieure que nous appelons *rasson*, entre dans l'engrais des cochons et des volailles; le plus vert se donne en épi aux cochons, le reste s'égrène et se distribue journellement dans la basse-cour, comme il convient; on se sert du plus beau maïs, et du blanc de préférence, pour gorger les oies, les canards, et perfectionner l'engrais des cochons.

Chaume ou dépouilles du maïs.

Quand on sépare, sur l'aire, l'épi des tiges de maïs, on dispose les tiges en grands tas, longs, hauts et étroits. Ces dépouilles sont la nourriture ordinaire de nos bêtes à cornes pendant l'hiver; elles dévorent avec avidité et avec profit toutes les feuilles qui se trouvent autour de la tige et celles qui avoient enveloppé l'épi; elles mangent les plus petites tiges, broyent les grosses, et en consomment la moelle et les parties les plus tendres. Tant que les bêtes à cornes sont nourries avec ces dépouilles que nous appelons *trouisses* ou *camborles*, elles conservent tout leur embonpoint. Cette ressource n'est point indifférente; elle est de 30 quintaux par arpent, dont la moitié se mange; l'autre moitié se met dans le trou à fumier, et devient un excellent et copieux engrais.

Manière d'égrener le maïs.

Quelques cultivateurs battent le maïs avec le fléau sur une claie; l'épi dépouillé du grain reste dessus, le maïs tombe dessous; on le nettoie au crible et au van, et on en trouve au moins 2 mesures par cent de cassé et brisé. Les ménagers plus attentifs à leurs intérêts, font égrener le maïs à la main, en râclant seulement les épis contre une barre de fer de 3 pieds, fixée par les extrémités à deux escabelles, sur lesquelles sont assis deux égreneurs l'un vis-à-vis de l'autre; de cette façon on ne brise pas un grain, et, bien loin d'avoir du rebut ou du déficit, on trouve un bénéfice de trois pour cent sur la mesure.

L'épi séparé du grain reste entier : il en est infiniment plus commode pour brûler; car il n'est bon qu'à cela, et il n'est pas d'une ressource médiocre.

Nous n'égrenons le maïs qu'après l'hiver : il est plus aisé de le conserver en épi dans cette saison ; les rats, sur-tout les loirs, à leur réveil, au printemps, y causent un dommage si considérable, que souvent il s'élève au dixième de la récolte.

Emploi du maïz.

La farine du maïz nouveau ne se conserve pas en automne au-delà de deux jours ; aussi la fait-on faire dans cette saison jour par jour, pour en faire la bouillie épaisse qu'on appelle ici *millas*. Il se fait de cette sorte : on met 15 livres d'eau dans un chaudron placé sur un feu clair ; quand l'eau bout, on y mêle petit à petit 10 livres de farine qu'on délaie en la remuant pendant demi-heure d'ébullition ; au bout de ce temps-là, la bouillie est suffisamment cuite ; on la vide sur une table couverte d'un linge saupoudré de farine, et l'on a un *millas* de 3 pouces d'épais sur 3 de circonférence, qui pèse 20 livres, et qui suffiroit pour nourrir huit personnes.

Il a résulté d'une expérience que j'ai souvent répétée, qu'un sac de blé de notre mesure pèse 180 livres, qu'il fournit 145 livres de farine et 34 livres de son ; et qu'un sac de maïz, de la plus belle qualité aussi, pèse 170 livres, fournit

153 livres de farine et 16 livres de son ; il y a une livre de déchet.

Observations générales.

Le maïs, sous tous les points de vue, est une des plus utiles et des plus intéressantes récoltes qu'on puisse faire. Nous donnons d'ordinaire la moitié du grain pour les frais de semence et de culture : les premiers sont bien peu de chose ; c'est un huitième de boisseau par arpent, qui nous fournit ordinairement 10 quintaux de superflu des tiges coupées avant la maturité, que nous appelons *crettes*, 30 quintaux de tiges ou de dépouilles restées après la récolte des épis, c'est ce que nous appelons *trouisses* ou *camborles*, et communément 16 sacs de maïs égrené, et du poids de 170 livres chacun, dont 8 pour le propriétaire, au profit de qui reste l'entier fourrage : et ce n'est que la récolte de nos terres médiocres, pouvant valoir 7 ou 800 livres l'arpent ; car dans les privilégiés et excellens fonds du ci-devant Lauragais, le long du canal de communication des mers, qui valent 2000 et 2400 livres l'arpent, il se recueille communément 25 sacs de maïz pour le propriétaire, plus de 30 quintaux de crettes et plus de 100 quintaux de tiges et dépouilles.

§. XXXV.

Du maïz comme nourriture, de ses apprêts et de ses avantages.

Nous avons fait publier, en 1798, un recueil de mémoires sur les Établissemens d'humanité, mémoires que nous avions fait venir de toutes les parties de l'Europe, pour les faire connoître et les appliquer à la France. Le n°. 4 de cette collection est un ouvrage de feu M. *Benjamin Thomson*, comte de Rumford. Il traite des alimens en général, et en particulier de la nourriture des pauvres. L'original, écrit en allemand, a été traduit par nos ordres. Voici ce qu'on y trouve de relatif à notre objet actuel, et qui n'est pas encore assez connu.

Chapitre du maïz.

Il fournit la nourriture la moins chère et la plus nourrissante. — Preuve qu'il est plus nourrissant que le riz. — Diverses manières de le préparer. — Etat, justifié par des essais, de ce qu'il en coûte pour nourrir un individu avec du maïz. - Recette d'un pouding de maïz. — Pouding aux pommes séchées. — Règles générales pour faire des potages à bon marché.

La nourriture que M. *de Rumford* regarde, sans comparaison, comme la plus substantielle, la plus salubre et la moins dispendieuse pour la subsistance des pauvres; cette nourriture, privilégiée dans son opinion, est le blé de Turquie ou maïz, plante infiniment précieuse, qui croît dans presque tous les climats. Cependant sa culture ne réussit pas généralement en Angleterre et dans quelques parties de l'Allemagne; mais on peut aisément le tirer d'ailleurs en abondance et à très-bas prix.

Les classes peu fortunées dans l'Italie méridionale ne vivent pour ainsi dire que de maïz; et dans tout le continent de l'Amérique, il forme le principal article de la nourriture. En Italie où on l'apprête de plusieurs manières, et où il sert de base à quantité de mets très-nourrissans, il porte le nom de polenta. La manière dont on l'emploie ordinairement est de le faire moudre, et de former avec sa farine et de l'eau, un pouding épais qui se mange avec toute sorte de sauce, quelquefois même sans sauce d'aucune espèce.

Dans le nord de l'Amérique, le pain de ménage est ordinairement mi-parti de farine de maïz et de farine de seigle, et M. *de Rumford* doute qu'il soit possible de trouver un pain plus salubre ou plus nourrissant.

Le riz passe généralement pour être très-substantiel, même pour l'être plus que le froment. Néanmoins une particularité, connue de tous ceux qui savent comment sont nourris les esclaves des États méridionaux de l'Amérique-Septentrionale et des Indes-Occidentales, semble prouver, d'une manière aussi décisive que satisfaisante, que le maïz l'emporte sur le riz en qualité nutritive. Dans ces contrées où l'on fait d'abondantes récoltes de maïz et de riz, si les nègres avoient souvent à choisir de ces deux nourritures, ils préféreroient constamment la première. Ils rendent raison de cette prédilection dans leur langage avec plus d'énergie que d'élégance, en disant que le riz se résout en eau dans leur ventre et s'écoule au-dehors, mais que le maïz y tient ferme et leur donne la force de travailler. Cette anecdote, contraire à l'opinion qu'on a du maïz en France, a été communiquée à M. *de Rumford* par deux hommes respectables, très-connus en Allemagne, qui demeurent à Londres, et qui ont dirigé des plantations, l'un dans la Géorgie, l'autre à la Jamaïque.

On connoissoit depuis long-temps dans toute l'Amérique-Septentrionale la qualité singulièrement nutritive du maïz, à raison de ce qu'il engraisse beaucoup les porcs et la volaille, et de ce qu'il rend les bœufs plus forts pour le travail; et personne n'emploie à ces usages d'autres espèces de grain.

Tous ces faits prouvent suffisamment que le maïz possède des propriétés extrêmement nutritives ; l'auteur croit d'ailleurs qu'il n'y a aucune espèce de grain qu'on puisse se procurer à aussi bas prix et en aussi grande abondance. Il mérite donc l'attention de ceux qui veulent nourrir les pauvres d'alimens peu dispendieux et salubres, ou qui ont à former des établissemens pour écarter les maux dont le manque général de subsistances est ordinairement accompagné. Ceux-là doivent réfléchir d'avance aux moyens de se procurer en abondance cette utile denrée, et de généraliser son usage.

Il y a des manières très-variées d'apprêter le maïz en forme de nourriture. La plus simple et la plus usitée est d'en faire du pain, en le mêlant avec de la farine de froment, de seigle ou d'orge. Le pain de maïz gagne beaucoup en bonté (surtout lorsqu'il y entre de la farine de froment) si l'on a la précaution de mêler auparavant avec de l'eau la farine de maïz débarrassée du son, et qu'on la laisse cuire pendant deux ou trois heures à un feu modéré avant d'y ajouter l'autre farine. Cette cuisson, avec une quantité d'eau suffisante, poussée jusqu'à ce que le maïz ait acquis l'épaisseur d'une bouillie, lui fait perdre une certaine âpreté désagréable que le four seul ne lui ôte pas. Lorsqu'on a retiré du feu cette bouillie, et qu'on l'a laissée refroidir, on peut y mêler la farine de froment, pétrir le tout ensemble, et le faire lever. On en fait ensuite des pains séparés, et on les fait cuire aussi facilement que tout autre pain composé de farine de froment ou de plusieurs farines mélangées. Ainsi préparée par une cuisson antérieure, la farine de maïz, avec moitié de farine de froment, donne un pain exquis et très-substantiel, qui ne le cède pas au pain de froment.

Mais la meilleure manière, comme la plus simple et la moins coûteuse, de transformer le maïz en aliment, est d'en faire des poudings. Il a, comme je viens de le dire, une certaine âpreté qu'il ne perd qu'au moyen d'une longue cuisson; mais dès qu'elle est dissipée, il devient très-agréable au goût. De nombreuses expériences ont mis hors de doute son extrême salubrité.

La culture du maïz exige plus de travail que celle de la plupart des autres grains; mais en revanche sa récolte est très-abondante. Il est toujours à beaucoup meilleur marché que le froment ou le seigle. Le prix ordinaire du boisseau n'a souvent été dans la Caroline et dans la Géorgie que de 12 ou même de 8 gros. Mais celui qui croît dans les États méridionaux, est très-inférieur pour le poids et pour la qualité à celui des climats plus froids. Le prix du boisseau de maïz du Canada et de la Nouvelle-Angleterre, boisseau qui l'emporte de 20 pour 100 sur celui des États méridionaux, est communément de 20 gros à un thaler. A la vérité le boisseau coûtoit à Boston un thaler 4 gros dans le moment où écrivoit M. *de Rumford;* mais cela venoit de la cherté de toutes les subsistances qui régnoit d'un bout à l'autre de l'Amérique, et qui étoit occasionnée par l'accroissement de l'exportation dans les marchés d'Europe.

Le maïz et le seigle ont presque la même pesanteur; mais le premier, moulu et bouilli, donne plus de farine que le second.

Suivant un mémoire de la Commission anglaise, pour le perfectionnement de l'agriculture, du 10 novembre 1795, trois boisseaux de maïz auroient pesé 59 livres et donné un quintal, 20 livres de fleur de farine, et 26 livres de son; tandis que trois boisseaux de seigle, pesant 162 livres, n'auroient donné qu'un quintal, 17 livres de fleur de farine, et 28 livres de son. M. *de Rumford* conjectura, dès la première vue, que le maïz employé pour ces essais n'étoit pas de la meilleure qualité; et un examen plus approfondi confirma ce soupçon. Il vit de ce maïz, qui sembloit être une production des États méridionaux de l'Amérique-Septentrionale. Celui des climats plus froids pèse autant pour le moins que le froment (dont le boisseau pèse environ 58 livres) et donne la même quantité de farine.

M. *de Rumford* a eu depuis occasion de déterminer avec exactitude et d'une manière décisive le poids du maïz des climats septentrionaux. Son ami *Georges Erwing*, américain, domicilié à Londres, qui, par goût pour cette plante, en faisoit venir tous les ans d'Amérique, fit peser, sur sa demande, un boisseau de maïz arrivant de Boston, et il trouva que son poids étoit de 61 livres (1).

Si l'on veut employer de la manière la plus avantageuse le maïz en forme d'aliment, sur-tout pour la nourriture des pauvres, M. *de Rumford* recommande spécialement un mets qu'il sert à préparer, dont on mange avec plaisir dans toute l'Amérique, et qui est dans le fait très-bon et très-nourrissant. On lui donne le nom de *hasty pudding* (gâteau fait à la hâte, *tôt fait*). On met sur

---

(1) Le poids change de quelque chose selon les variétés. Il m'a paru que celui dont le grain est très-plat et très-blanc, qui est préféré en Caroline à raison de son plus grand produit, étoit plus léger que le maïz à grain jaune, dont la farine est plus savoureuse à mon avis, mais dont l'épi est moins long et moins gros. (*Note de M.* Bosc.)

le feu dans un pot ou chaudière de fer, découverte, la quantité d'eau nécessaire pour un pouding ; on y fait dissoudre ce qu'il faut de sel, et l'on y mêle peu-à-peu la farine de maïz avec une cuiller de bois, dès que l'eau est chaude et commence à bouillir. On ne fait couler successivement dans l'eau qu'une petite quantité de farine, à travers les doigts de la main gauche, tandis que de la main droite on imprime à l'eau un mouvement précipité, pour que la farine s'y mêle complètement et pour l'empêcher de se former en paquets. Au commencement de la cuisson, il faut introduire la farine avec beaucoup de lenteur, afin que la masse ne soit pas plus épaisse que de la soupe de gruau d'avoine. L'addition du surplus de farine nécessaire pour donner l'épaisseur convenable au pouding, demande à être reculée au moins d'une demi-heure, durant laquelle il faut tenir sans cesse la masse en mouvement et en ébullition.

On s'assure si le pouding a l'épaisseur convenable en enfonçant la cuiller de bois au milieu de la masse. Si elle n'y demeure pas debout, il faut encore ajouter de la farine; mais dans le cas contraire, le pouding est ce qu'il doit être, et il ne faut plus de farine.

Il n'en vaudra que mieux, si on le laisse cuire

trois quarts d'heure ou une heure entière au lieu d'une demi-heure.

Ce pouding se mange de plusieurs manières. Pendant qu'il est encore chaud on en met des cuillerées dans du lait, et on les mange avec la cuiller au lieu de pain. Il est très-agréable mangé de cette manière. On le mange aussi tout chaud avec une sauce de beurre et de sucre brun ou mélasse, en y joignant, si l'on veut, quelques gouttes de vinaigre.

Quelque prévention que l'on ait contre cette cuisine américaine, parce qu'on n'y est pas accoutumé, on peut se convaincre à l'essai que ce pouding est un mets excellent; et tous ceux qui le connoissent en mangent avec le plus grand plaisir. La préférence que lui donnent généralement les Américains sur tout autre, prouve au moins qu'il ne sauroit être mauvais; car il n'est pas vraisemblable que dans un pays où l'on trouve en abondance tout ce qui peut servir à la bonne chère, une nation entière ait le goût assez perverti pour accorder une semblable préférence à une espèce de nourriture qui n'auroit aucun titre de recommandation.

Voici comment, en Amérique, ce pouding se mange avec la sauce. On le met tout chaud sur un plat, en observant qu'il soit égal par-tout; on fait un trou au milieu avec la cuiller; on y met un morceau de beurre de la grosseur d'une noix muscade, et l'on secoue par-dessus une cuiller remplie de sucre brun ou mélasse. Le beurre, en se fondant à la chaleur du pouding, se mêle avec le sucre et forme une sauce qui demeure dans le trou formé au milieu du plat. On mange alors le pouding à la cuiller, et l'on trempe chaque morceau dans la sauce. Pour ne pas détruire trop tôt le trou qui la contient, on prend toujours les morceaux vers le bord du plat, en avançant peu-à-peu vers le centre.

Le lecteur pardonnera ces détails. Dans la conviction que l'effet des alimens sur le palais, et conséquemment le plaisir que l'on éprouve à manger, dépend beaucoup de la manière dont les alimens sont offerts aux organes du goût, M. *de Rumford* a cru nécessaire de mettre dans le plus grand jour toutes les circonstances qui paroissent influer sur cette opération.

Comme ici la sauce seule communique à la masse une saveur agréable, et que par conséquent c'est d'elle que vient le plaisir que l'on trouve à manger, on voit assez combien il importe d'en user de manière qu'elle produise sur les organes du goût l'effet le plus étendu et le plus durable. Dans la manière que l'on vient de décrire et de recommander, une petite quantité de sauce est immédiatement transmise au palais, et multipliée pour ainsi dire à la faveur d'une grande superficie. Par-là, elle agit sur lui avec plus de force, et prolonge son effet plus qu'il n'arriveroit de toute autre manière. Si elle étoit répandue sur le pouding, ou qu'on ne la tînt pas soigneusement renfermée dans le petit trou pratiqué au milieu, il en resteroit beaucoup à la surface du plat, et ce seroit autant de perdu.

Ce pouding est sur-tout précieux pour les familles pauvres, en ce que l'on peut garder plusieurs jours ce qui reste d'une portion toute préparée, et en faire plusieurs mets agréables au goût. On le coupe alors en tranches minces; on le fait griller au feu ou sur le gril, et on le mange comme du pain, soit dans du lait, soit avec toute sorte de soupes ou de sauces, soit avec d'autres mets; ou bien on le mange sans autre préparation, froid, avec une sauce chaude composée de sucre, de beurre et d'un peu de vinaigre. Il est tout aussi agréable de cette dernière façon, et plus salubre, à ce que l'on croit, que lorsqu'il est mangé chaud immédiatement après avoir été préparé. On le fait aussi ramollir, sans autre apprêt, dans du lait chaud. Ce mélange n'est même pas désagréable, sur-tout lorsqu'on laisse le pouding dans le lait jusqu'à ce que celui-ci lui ait communiqué sa chaleur, ou si on les laisse bouillir quelque temps ensemble.

Il existe encore un très-bon mets, qui est aussi un mets favori des Américains; c'est un mélange de choux cuits, coupés en petits morceaux, d'un peu de bœuf cuit et froid, et de tranches de pouding froid, le tout grillé dans le beurre ou avec du lard.

Voulant savoir combien il en coûteroit en Angleterre pour apprêter un semblable pouding, et pour le faire servir à la nourriture des pauvres, on a fait l'expérience suivante. On fit préparer un pouding suivant la méthode ci-dessus, avec deux pintes d'eau, un gros de sel et une demi-livre de farine de maïz. Lorsqu'on le retira du feu, il pesoit exactement une livre 11 onces $\frac{1}{2}$. Il résulte de là qu'une livre de farine de maïz donne 3 livres 7 onces de pouding. Le compte ci-après montre ce que coûte le pouding que l'on fit préparer.

Pour une demi-livre de farine de maïz, à un gros 6 pfennigs (liards) la livre. . . 9 pfen.

Pour un gros de sel, à un gros 6 pfennigs la livre. . . . . $\frac{1}{8}$

TOTAL. . . 9 $\frac{1}{8}$

Or, comme le pouding fait avec ces ingrédiens

pesoit une livre 11 onces $\frac{1}{2}$, une livre de pouding coûte environ 6 pfennigs. Je dois cependant remarquer que le maïz est évalué très-haut; car, dans les années d'abondance, il coûteroit deux fois moins en l'achetant au plus bas prix.

Mais avant de pouvoir déterminer combien il en coûteroit pour nourrir ainsi les pauvres, il faut chercher quelle quantité de ce pouding est nécessaire pour fournir un repas complet à un adulte, et la quantité de sauce qu'exige une telle portion de pouding. Pour s'en assurer avec exactitude, l'auteur fit l'essai suivant : après avoir déjeuné suivant sa coutume vers neuf heures du matin, et n'avoir rien pris jusqu'à cinq heures de l'après-midi, il dîna de son pouding assaisonné de sa sauce américaine. Il fut parfaitement rassasié, et il sentit qu'il avoit fait un repas substantiel; car il avoit mangé une livre une once $\frac{1}{2}$ de pouding. Voici à quoi montoit sa dépense :

Pour une livre une once $\frac{1}{2}$ de pouding.	5 pfen.
Pour une demi-once de beurre. . .	2 $\frac{1}{2}$
Pour 6 gros de mélasse.	2
Pour un demi-gros de vinaigre. . .	1 $\frac{1}{2}$
TOTAL. . .	11

Il n'étoit pas aisé, sans doute, au milieu de la cherté qui régnoit alors à Londres, d'y faire un repas aussi nourrissant et aussi bon à si peu de frais. Ce qui prouve que ce repas remplissoit parfaitement tout ce qu'exige la nutrition, c'est que l'auteur agit comme de coutume et s'abstint de souper; il ne sentit pas la moindre foiblesse, et ne s'aperçut pas qu'il eût un appétit extraordinaire à son déjeuner du lendemain.

L'auteur a pris à tâche de raconter cet essai d'une manière un peu circonstanciée, pour montrer comment l'on doit procéder à ces sortes d'épreuves, et pour exciter, chez d'autres personnes, le goût de ces utiles recherches.

Une chose n'aura point échappé à l'attention du lecteur, savoir, que malgré le bon marché de ce repas, les ingrédiens nécessaires pour la sauce absorbèrent à eux seuls presque la moitié de la dépense; mais il est très-vraisemblable que cette dépense est encore susceptible d'une grande diminution. En Italie, la polenta, qui n'est autre chose qu'un pouding de farine de maïz et d'eau, se mange presque toujours sans sauce; et lorsqu'on y ajoute de la sauce, les jours de fête et dans d'autres occasions extraordinaires, elle n'est assurément pas coûteuse. En effet, on se contente de verser un peu de beurre sur la surface de la *polenta* chaude que l'on sert dans une grande écuelle plate, et l'on répand par-dessus un peu de parmesan ou d'autre fromage fort, réduit en poudre sur une râpe. Cette sauce italienne flatteroit peut-être davantage le palais d'un Anglais que celle des Américains. La première coûte moins, attendu qu'elle ne demande pas beaucoup de beurre et que le fromage est à bon marché en Angleterre. Au surplus, on laisse à chacun le choix de la sauce; seulement on ne sauroit assez recommander l'usage du maïz.

Pendant que M. *de Rumford* étoit occupé de ses essais sur le pouding de maïz, il apprit de son domestique, natif de Bavière, que les paysans de cette contrée aimoient beaucoup la polenta, et qu'elle formoit une portion considérable de leur nourriture. Ils la reçoivent d'Italie par le Tyrol, et son prix est le même que celui de la fleur de farine de froment. Peut-on désirer de plus fortes preuves de sa bonté? Les esclaves nègres de l'Amérique préfèrent le maïz au riz, et le paysan bavarois le préfère au froment. Pourquoi les habitans de cette île (la Grande-Bretagne) ne prendroient-ils pas du goût pour lui? M. *de Rumford* ne veut pas qu'on lui objecte que, dans ce climat *favorisé du ciel*, les préjugés ont de si profondes racines qu'il est impossible de les extirper, ou que la langue d'un Anglais a quelque chose de particulier dans sa conformation. On allègue contre le maïz qu'il ne prospère pas en Angleterre; mais cette objection n'a aucun fondement. On pourroit s'en servir de même contre le riz et contre vingt autres substances alimentaires, dont l'usage est maintenant général et qui viennent du dehors.

Tous les hommes versés dans l'économie politique regardent comme une chose de la plus haute importance, de maintenir au taux le plus bas qu'il est possible, le prix des subsistances dans les pays de commerce et de manufactures; et si cette attention doit avoir lieu quelque part, c'est sur-tout en Angleterre. Il n'y a pas non plus de pays où l'on ait autant de facilités pour atteindre à ce but.

Mais les progrès des améliorations nationales, en dépit des circonstances les plus favorables, seront toujours accompagnés d'une extrême lenteur si les hommes qui, d'après leur rang et leurs relations, peuvent diriger l'opinion publique, se conduisent comme s'ils étoient persuadés qu'il est impossible de triompher de tous les préjugés nationaux. Des gens qui redoutent la fatigue et l'embarras, et qui pourtant se sentent forcés par devoir et par honneur de travailler pour le bien public, ont coutume de justifier aux yeux du monde et à leurs propres yeux leur inertie et leur négligence, en exagérant les difficultés des entreprises qu'on leur propose, et en traitant de chimère ridicule toute espérance de les voir réussir.

L'auteur revient à son sujet.

Quoique le pouding ci-dessus soit le mets le moins dispendieux que l'on puisse préparer avec le maïz, il est possible d'en faire beaucoup d'autres mets peu coûteux qui passent même pour être plus flatteurs au goût, et que l'on préféreroit probablement en Angleterre. Dans ce nombre, il faut sans doute placer au premier rang celui qu'on appelle en Amérique pouding ordinaire (*a plain indian pudding*). Quiconque essayera d'en goûter y trouvera certainement un goût agréable. Non-seulement il réunit le bon marché et la salubrité, mais il est aussi très-délicat. Les Américains qui demeurent à Londres, font également venir tous les ans du maïz pour se procurer de cette sorte de gâteau indien.

Pour se mettre en état de donner la recette de la manière la plus exacte et la plus détaillée, l'auteur en fit préparer un à Londres sous ses yeux, par l'intendant de son ami et compatriote, M. *William Pepperel.* Cet homme, natif de l'Amérique-Septentrionale, entend parfaitement la cuisine de son pays. Les juges compétens, qui goûtèrent de ce pouding, déclarèrent n'en avoir jamais mangé de meilleur. Il étoit composé comme il suit.

Recette pour préparer le pouding ordinaire, en usage dans l'Amérique-Septentrionale.

On mit 3 livres de fleur de farine de maïz dans un grand plat, avec 5 pintes d'eau bouillante, et on remua le tout sans interruption. Pendant qu'on le remuoit, on y mêla 12 onces de mélasse et une once de sel; on le mit ensuite dans un sachet ou une bourse, où on le secoua. La bourse, liée de manière qu'il restât de l'espace vide pour le gonflement du pouding, fut mise dans une chaudière remplie d'eau bouillante, et on la laissa bouillir sans interruption pendant six heures consécutives; il faut avoir l'attention de remplacer l'eau qui s'évapore avec de l'eau bouillante tirée d'une autre chaudière.

Le pouding, lorsqu'il fut retiré de la bourse, pesoit 10 livres une once; il avoit très-bien réussi, et n'offroit pas le moindre vestige de cette âpreté qui n'est du goût de qui que ce soit; qui est surtout insupportable lorsqu'on n'y est pas accoutumé, et qui accompagne toujours les mets de farine de maïz dont on n'a pas assez prolongé la cuisson : remarque générale, très-essentielle.

Comme cette âpreté est le seul reproche fondé

que l'on puisse faire au maïz, et le seul motif qui le fait rejeter par ceux qui ne sont pas familiarisés avec lui, les personnes qui voudroient l'introduire dans les pays où il n'est pas connu, feroient bien de commencer par le dernier pouding que je viens de décrire. L'état suivant prouve qu'il est aussi très-peu dispendieux.

Frais qu'exige la préparation d'un pouding ordinaire.

	gros.	pfen.
3 livres de farine de maïz.	3	4
3 quarterons de mélasse.	3	4
Une once de sel.	»	1
	6	9

Le pouding s'étant trouvé du poids de 10 livres une once, la livre, d'après ce calcul, revenoit à environ 8 pfennigs. En comptant les ingrédiens à un prix plus bas, pour lequel on pourroit certainement les avoir à Londres, le pouding coûteroit un tiers de moins, par exemple :

	gros.	pfen.
3 livres de farine de maïz.	2	9
3 quarterons de mélasse.	1	1
Une once de sel.	»	1
	3	11

D'après ce nouveau calcul, la livre de pouding coûteroit un peu plus de 4 pfennigs, ce qui est à coup sûr un prix très-modique pour un aussi excellent mets.

Ce pouding qui, lorsqu'on le retire du sachet, doit être assez dur pour en conserver la forme, et qui se coupe par tranches, est si restaurant et si agréable au goût que l'on peut le manger sans sauce. Cependant on le mange d'ordinaire avec du beurre. On met sur un plat chaud une tranche de pouding de 6 ou 9 lignes d'épaisseur; on fait un petit trou dans le milieu, et l'on y place un petit morceau de beurre, qui ne tarde point à se fondre. Pour hâter sa fusion, on le couvre d'un petit morceau que l'on a enlevé du pouding, que l'on mange dès que le beurre est fondu. Si le beurre n'est pas assez salé, on y ajoute un peu de sel. On prend du pouding autour du trou avec le couteau ou la fourchette, et on trempe chaque morceau dans le beurre avant de le manger.

Ceux qui ont l'habitude de ne considérer les objets qu'en grand, trop occupés de régler les événemens futurs pour s'abaisser aux recherches minutieuses qui sont nécessaires lorsqu'on veut montrer comment les choses doivent être faites, trouveront sans doute ces indications ridicules et insignifiantes. Mais intimement convaincu de l'importance d'une notice exacte et détaillée sur la manière d'apprêter un mets aussi simple en lui-même, auquel on n'est pas accoutumé, l'auteur compte sur l'indulgence de ceux de ses lecteurs que ces descriptions peuvent ne pas intéresser.

Si l'on mange ce pouding avec du beurre (et il ne doit pas se manger avec d'autre sauce), une demi-once de beurre suffit pour une livre de pouding. On peut sans doute en employer deux ou trois fois davantage; mais cette quantité de beurre est suffisante lorsqu'on le mange comme on vient de le dire. Or, si l'on prend du beurre encaqué, qui renferme plus de sel, à 4 gros la livre, la sauce d'une livre de pouding, savoir une demi-once de beurre, revient à 2 pfennigs; et comme ce mets n'est pas seulement très-restaurant et très-substantiel, mais qu'il rassasie beaucoup, il paroît très-convenable d'en faire usage pour la nourriture des pauvres.

On doit encore remarquer que la mélasse sert non-seulement à donner un goût agréable au pouding, mais, ce qui est beaucoup plus important, à le rendre plus mollet, en terme de cuisine. Elle remplace les œufs, qui peuvent aussi lui être substitués; elle empêche le pouding d'être indigeste et visqueux. Du reste, elle lui donne une saveur très-agréable sans le rendre fade, ou sans lui communiquer le goût naturel au sirop. Ajoutez à cela sa qualité nutritive, qui est bien connue dans les pays où l'on fabrique le sucre.

Une particularité qu'il importe beaucoup de ne pas négliger dans la préparation de ce pouding américain, c'est la précaution de lui donner une cuisson convenable et suffisante. Lorsqu'on le met dans l'eau elle doit être en pleine ébullition, et il ne faut pas qu'elle cesse de bouillir qu'il ne soit complètement cuit. Or, ceci n'a lieu qu'au bout de six heures. Lorsqu'il est cuit, sa dureté dépend de l'espace qu'on lui a laissé pour se gonfler dans le sachet. Il doit être assez compacte pour ne pas tomber en morceaux quand on le retire. Au surplus, il vaut mieux qu'il soit trop dur que trop mou. Il peut avoir la forme d'un cylindre, ou plutôt d'une quille tronquée; on peut aussi lui donner celle d'une boule, en l'enveloppant d'une serviette. Le sachet ou la serviette dans laquelle on le fait cuire doit être humectée avec de l'eau chaude avant de recevoir la masse liquide du pouding; autrement elle passeroit à travers de l'étoffe.

Quoique la bonté de ce pouding soit telle que l'auteur n'imagine aucun moyen de le rendre essentiellement meilleur, on y mêle souvent plusieurs accessoires qui, suivant l'opinion de quelques personnes, lui donnent un goût encore plus agréable. Si par exemple on y joint de la graisse, il ne le cède à aucun autre pouding où il entre de cette substance; et comme ces sortes de poudings n'ont pas besoin de sauce, la suppression du beurre fait que la dépense n'est pas augmentée. Une livre de graisse suffit pour un pouding où l'on emploie 3 livres de farine de maïz; et, à Londres même, elle ne coûte pas plus de 4 gros. Le beurre coûteroit à-peu-près autant; mais le pouding à la graisse est le moins cher des deux, en ce que la graisse augmente d'une livre le poids du pouding, tandis que le beurre ne l'augmente que de quelques demi-onces.

Le pouding simple, pesant 10 livres une once, coûte 3 gros un pfennig : le pouding à la graisse, pesant 11 livres une once, coûte 7 gros 11 pfennigs; conséquemment il revient à Londres à environ 9 pfennigs la livre, c'est-à-dire, à 3 pfennigs de plus que le pouding à la sauce de beurre. Le pain de froment, qui n'est pas à beaucoup près aussi agréable et aussi nourrissant de moitié, coûte maintenant 2 gros 3 pfennigs la livre. De plus, on ne se soucie guère de manger du pain sec, tandis que le pouding à la graisse peut former à lui seul un mets très-agréable.

Pouding aux pommes séchées.

Un autre mets, qui jouit d'une grande estime dans toute l'Amérique-Septentrionale, est le pouding aux pommes. On le prépare en ajoutant des tranches de pommes séchées au pouding ordinaire, soit qu'il y entre ou non de la graisse; mais avec du beurre, c'est un mets des plus friands. Ces pommes pelées et débarrassées des pepins, coupées ensuite en petites tranches, et séchées au soleil, se conservent durant plusieurs années. On varie dans la proportion des ingrédiens qui composent le pouding aux pommes. Mais en général on prend une livre de tranches de pommes pour 3 livres de farine de maïz, 3 quarterons de mélasse, une demi-once de sel et 5 pintes d'eau.

On emploie aussi en Amérique dans le pouding ordinaire plusieurs fruits sauvages qui croissent dans les bois; tels que les différentes sortes d'airelles, que l'on fait sécher, ainsi que des cerises et des prunes sèches.

Tous ces poudings américains ont très-bon goût lorsqu'on a soin de les faire réchauffer avant de les servir. Ils se conservent durant plusieurs jours; et leurs tranches rôties peuvent très-bien être substituées au pain.

On s'étonnera sans doute que dans le calcul

des frais qu'exigent les différentes sortes de pouding, l'auteur n'ait fait aucune mention de la dépense du combustible; et cependant il étoit naturel que cet article entrât en ligne de compte. La raison de ce silence est, que dans ses expériences sur la chaleur du feu, il a trouvé moyen d'exécuter toutes les opérations de l'art du cuisinier avec une économie surprenante dans cette partie; de manière que, si l'on prend les mesures convenables, afin d'épargner le bois dans la préparation de ces poudings, ce qu'elle en consomme ne mérite pas qu'on s'en occupe. Il a prouvé, à l'aide des mêmes expériences, que, lorsqu'on prépare une grande quantité d'alimens dans des cuisines convenablement disposées, la dépense du combustible ne s'élève pas à plus de 2 pour 100 de la somme que ces alimens ont coûté, en supposant même que l'on ait pris les denrées les moins chères, celles qui servent d'ordinaire à la nourriture des indigens. Dans la cuisine publique de Munich, les frais de combustibles ne s'élèvent pas à 1 pour 100 du prix des alimens, et il en seroit de même dans plusieurs provinces de la Grande-Bretagne.

Il reste à examiner à quel prix on pourroit importer, en temps de paix, le maïz de l'Amérique-Septentrionale en Angleterre. L'auteur a reçu, sur ce point, du capitaine *Scott* (1), homme respectable, qui depuis plus de trente ans voyage de Londres à Boston *et vice versâ*, pour affaires de commerce, des informations d'après lesquelles cette importation seroit très-avantageuse. (Mais ces calculs, relatifs aux circonstances locales et exprimés en mesures et monnoies anglaises, n'ont pas d'intérêt pour nous, et nous croyons devoir les élaguer.)

L'importation du maïz entraîne sans doute beaucoup d'autres frais, indépendamment du port et de l'assurance; mais une partie de ces frais accessoires est compensée par la vente des barils dans lesquels il est importé; plusieurs marchands tirent parti de cet avantage.

Une circonstance notable, qui favorise singulièrement l'importation du maïz en Angleterre pour l'usage habituel, est la facilité d'en rece-

(1) Ce particulier, aussi remarquable pour le bonheur qui l'a constamment accompagné dans ses expéditions maritimes, qu'il est estimable à raison de son excellent caractère et de la profondeur de ses vues, avoit, au moment où M. *de Rumford* écrivoit, traversé cent dix fois la mer Atlantique (ce qui paroît presque incroyable), sans avoir éprouvé le plus léger accident. Il étoit alors embarqué de nouveau pour l'Amérique-Septentrionale, et il avoit résolu que ce voyage seroit le dernier qu'il entreprendroit.

voir des quantités considérables; il croît dans toutes les parties du globe, et presque sous tous les climats. Dans les pays chauds, un seul quartier de terre en produit deux ou trois récoltes par année. Il réussit à merveille dans les froides campagnes du Canada, sous la température modérée des États-Unis de l'Amérique-Septentrionale, et sous la chaleur brûlante du tropique. On peut le tirer d'Afrique et d'Asie aussi bien que d'Amérique; et s'il étoit véritable (ce que l'auteur ne croira jamais), qu'on ne réussira jamais absolument à l'introduire en Angleterre comme nourriture, on pourroit au moins l'employer en guise de fourrage pour le bétail, dont la répugnance ne seroit pas sans doute aussi insurmontable que celle des hommes.

La livre d'avoine coûte en Angleterre un gros 6 pfennigs (2 sous sterlings); le maïz qui coûteroit tout au plus la moitié, est assurément beaucoup plus nourrissant, tant pour les chevaux que pour les bêtes à cornes; et, à proprement parler, on ne devroit pas donner autre chose aux porcs et à la volaille. Quiconque a mangé de la chair de porc ou de volaille engraissés de maïz, accordera son suffrage à cette tentative (1).

(1) En France, les poulardes de Bresse et du Mans sont préférées par cette cause.

Règles générales pour faire des potages à bon marché.

Si M. *de Rumford* avoit à fournir la recette de la soupe la moins coûteuse qui, suivant lui, pourroit être préparée en Angleterre, il indiqueroit la suivante :

Prenez 8 gallons d'eau, mêlez-y 5 livres de farine d'orge, et faites réduire le tout par la cuisson en une épaisse gelée ; assaisonnez-le avec du sel, du poivre, du vinaigre, des herbes et quatre harengs saurs pilés au mortier; ajoutez-y au lieu de pain 5 livres de maïz sous la forme de *samp;* remuez ce mélange avec une cuiller, et servez-le par portions d'une livre et demie.

Le *samp* dont M. *de Rumford* recommande l'usage, est un mets de l'invention des sauvages d'Amérique, qui sont privés de moulins. La manière de le préparer consiste à dépouiller le maïz de son enveloppe extérieure en le faisant ramollir pendant dix ou douze heures dans une lessive d'eau et de cendre de bois. Par ce moyen, l'enveloppe se sépare du grain, et nage sur l'eau, tandis que le grain demeure au fond du vase. On fait cuire lentement ce grain ainsi dépouillé, en le laissant quelques jours de suite dans une chaudière avec de l'eau, à quelque distance du feu. La cuisson achevée, les grains s'enflent extraordinairement et crèvent ; ils ont alors une saveur très douce, sont très-nourrissans, et se mangent de plusieurs manières. La meilleure est de les mêler avec du lait, des soupes ou du bouillon au lieu de pain ; le *samp* est même préférable au pain sous ce rapport, car il flatte autant le goût que le meilleur pain ; et comme, sans être d'une dureté désagréable, il ne s'amollit pas avec autant de promptitude que dans les liquides, il augmente et prolonge le plaisir que l'on trouve à manger, en ce qu'il exige une plus longue mastication.

Le potage composé de la quantité d'ingrédiens mentionnée dans la recette précédente, suffira pour soixante-quatre personnes, et coûtera, savoir :

	gros.	pfen.
5 livres de farine d'orge.	5	7
5 livres de maïz.	4	8
4 harengs saurs.	2	9
Vinaigre.	»	9
Sel.	»	9
Herbes et poivre.	1	6
	15	6

Ces 15 gros 6 pfennigs, divisés par 64, donnent pour chaque portion un peu moins de 3 pfennigs.

Mais dans des temps où l'orge et le maïz coûteroient quelque chose de moins, chaque portion d'une livre et demie ne reviendroit qu'à 2 pfennigs.

N. B. Nous reviendrons encore sur les soupes économiques, ou les potages aux légumes, usités autrefois en France, et dont le souvenir, rappelé seulement par M. *de Rumford*, a été de nos jours propagé sous son nom. Le maïz, ou blé de Turquie, figuroit dans ces soupes, à Lyon, sous le règne de Louis XIV. Nous chercherons pourquoi l'idée et l'usage s'en étoient perdus, et nous ferons sentir les avantages que l'on trouveroit à y revenir.

---

§. XXXVI.

Du maïz quarantain, par M. Chancey.

Avantages que doit procurer l'introduction du maïz quarantain.

En 1797 M. *Chancey* se procura du maïz quarantain de Milan, qui eut une prompte végétation. En 1798 il en sema au mois d'avril, qu'il récolta quatre mois après; au mois de septembre il observa que les épis étoient pleins, bien mûrs, sans qu'aucun grain eût coulé; la plupart avoient deux épis. Ces faits, et plusieurs autres relatifs à ce maïz, ont prouvé qu'un laps de temps de quatre mois est suffisant pour compléter le cours de sa végétation.

La prompte végétation de ce maïz répond aussi du succès de sa culture dans presque toute la France. Son introduction dans le cours des moissons ou dans l'assolement des départemens septentrionaux de la France, seroit avantageuse. La culture de ce grain, indépendamment de tous les avantages qu'elle procure, est une excellente culture préparatoire au froment. Il existe aussi dans la France septentrionale bien des sols qui, jusqu'à ce jour, n'ont été cultivés qu'en seigle et sarrasin, sur lesquels le maïz quarantain pourroit être cultivé avec succès.

La France renferme une grande surface de pays montueux, où le court intervalle qu'il y a des gelées du printemps à celles de l'automne, ne permet pas la culture du maïz commun. Tous ceux de ces pays où cet intervalle est de quatre mois, pourroient y cultiver le maïz quarantain. Son introduction, jointe à la pomme de terre, qu'on y cultive assez généralement, mettroit ces pays à l'abri de toute disette; il n'est pas de plantes qui y soient plus propres que le maïz et les pommes de terre. Dans les climats un peu méridionaux, on doit y ajouter le sorgho-dora en crosse, et sa variété en blanc.

Quelques cultivateurs se sont plaints que le maïz quarantain n'étoit pas aussi productif que le maïz commun ; mais ils devoient observer que le maïz quarantain est à l'autre ce que les blés de mars sont à ceux d'hiver.

---

§. XXXVII.

Du maïz en Toscane, et dans le Bolonais, en Italie.

(Extrait du *Tableau de l'Agriculture Toscane*, par *Simonde*, de Genève, 1801.)

Assolemens.

Les assolemens de la plaine forment peut-être la partie la plus intéressante de l'agriculture Toscane ; le cours de récolte y dure en général trois ans, et l'on sème cinq fois la terre ; ou quatre ans, et alors on la sème sept fois, sans jamais la laisser en jachère. Le voici :

Première année : blé ; lupins en automne.

Deuxième année : blé ; en automne, raves, trèfle ou autre fourrage.

Troisième année : blé de Turquie, millet ou sagine (sarrazin).

Ou bien en le faisant durer quatre ans :

Première année : blé ; en automne, haricots entremêlés de blé de Turquie.

Deuxième année : blé ; lupins en automne.

Troisième année : blé ; fourrage en automne.

Quatrième année : blé de Turquie, millet ou sagine (sarrazin).

Troisième année : Blé de Turquie ou maïz.

C'est après la récolte des fourrages que l'on laboure les champs avec la bèche ; l'on s'y met dès le milieu d'avril, et l'on continue pendant tout le mois de mai. Ce n'est jamais qu'après un labour à la bèche que l'on sème le blé de Turquie, qui doit faire la récolte de la troisième année. Il peut se semer pendant les trois mois d'avril, mai et juin ; l'on en sème même quelquefois en juillet sur les champs moissonnés ; mais alors c'est une espèce particulière qui produit moins et qui croît plus vite ; on l'appelle le *sessatino*, comme devant mûrir au bout de soixante jours.

Le blé de Turquie semé dans la plaine, à la fin d'avril, se passe fort bien d'arrosement et ne souffre pas de la sécheresse, pourvu qu'il y ait des pluies au commencement de juillet, comme il arrive presque toujours. Le blé de Turquie est semé à la houe en sillons fort larges ; quoiqu'on répande la graine avec beaucoup d'économie ; on en jette plus cependant qu'on n'en veut laisser croître, parce que les insectes l'attaquent et le détruisent souvent comme il vient de naître ; une fois qu'il est en sûreté contre eux, on arrache tout le superflu et l'on espace chaque plant de 9 à 11 pouces dans les lignes ; mais chaque ligne est éloignée de l'autre de 20 pouces ou 2 pieds ; on le rechausse deux fois durant son accroissement : pendant qu'il est sur pied, il fournit un fourrage abondant et précieux. Après la fécondation on coupe les fleurs mâles, et peu-à-peu la plus grande partie des feuilles ; on sait que le bétail en est extrêmement avide.

La récolte commence au mois d'août ; l'on cueille les épis et l'on arrache les plantes, qui, dépouillées de leurs feuilles, ne sont plus bonnes qu'à brûler. Le grain est fortement attaché à son alvéole ; en général, pour le détacher, les paysans fixent une lame d'épée dans un banc ou dans une table, et raclent sur cette lame tous les épis l'un après l'autre jusqu'à ce que tous les grains soient tombés. Cependant j'ai vu en Piémont battre le blé de Turquie comme le froment, et je ne comprends pas d'où vient qu'il s'y détachoit si facilement sous le fléau, tandis qu'en Toscane il faut un outil de fer pour le dégager (1).

(1) Cela tient à la variété. (*Note de M.* Bosc.)

Usages pour la nourriture.

Le blé de Turquie est d'une très-grande ressource pour le peuple, et lui fournit un aliment excellent; mêlé avec le froment dans le pain, il lui donne une couleur d'un roux jaunâtre, mais n'en altère pas le goût. Cependant c'est sur-tout seule que le peuple mange la farine de blé de Turquie, en *farinata* ou en *pollenta.*

Pour faire la *farinata,* l'on jette la farine de blé de Turquie dans une marmite d'eau bouillante, en l'assaisonnant avec du beurre, de l'huile, ou du bouillon et du sel, et l'on remue pendant cinq ou six minutes; après quoi l'on retire du feu et sert une soupe ou bouillie épaisse.

La *pollenta* se fait comme la *farinata,* mais sans graisse; elle doit être plus épaisse, en sorte qu'en la retirant du feu elle soit d'une consistance solide; on la coupe alors avec un fil, et on la place sur le gril au-dessus des braises pendant quelques minutes.

Ces deux manières d'employer la farine du blé de Turquie ont l'avantage d'épargner tant le pain que la pitance; car cette substance n'a point trop de goût, mais en a assez pour n'avoir besoin d'être accompagnée d'aucune autre. Il est probable qu'elle seroit beaucoup plus nourrissante en la faisant cuire davantage; les paysans se plaignent qu'elle les remplit et ne les sustente pas; tandis que le comte *de Rumford* avoit observé au contraire que le blé de Turquie, bien cuit, étoit le plus nourrissant de tous les grains.

Mesures et prix de tous les grains.

Pour terminer sur les moissons, il ne sera peut-être pas hors de propos de donner quelques détails sur les prix, les mesures et les rapports des terres et des grains.

Le sac de Toscane revient à-peu-près à la coupe de Genève; il pèse environ 165 livres de 12 onces ou 113 livres poids de marc; on le divise en trois *staia* : le sac de froment se vendoit, il y a peu d'années, de 14 à 24 livres de Toscane, de 12 à 20 francs de France; il est monté l'année dernière jusqu'à 48 livres de Toscane. Le seigle vaut 8 ou 10 pour cent de moins.

La *coltra*, mesure de terre particulière au district de Pescia, vaut 12,000 bras carrés, ce qui revient à 38,654 pieds carrés. Une coltra de terre arrosable et bonne au potager, vaut 400 écus (100 louis); mais si elle est au centre des jardins, le terrain excellent, l'eau à souhait, et qu'elle soit en plein rapport, elle se vendra jusqu'à 600 écus. Les bons terrains à froment de la plaine, qui ne peuvent s'arroser, se vendent de 3 à 400 écus; les bons terrains à seigle de 2 à 300, pourvu toutefois que les uns et les autres soient en rapport.

Quant à la proportion de la semence, à l'étendue du terrain et à la récolte, on sème en général deux tiers de sac de blé ou de seigle par coltra. Pour le même espace, on n'emploiera qu'un huitième ou même un douzième de sac de blé de Turquie, qu'un sixième de sac de lupins, que 24 livres pesant de lupinelles. Dans les bonnes années, on recueille dans la plaine douze fois la semence de blé ou 8 sacs par coltra. La récolte du blé de Turquie, comme elle est beaucoup plus forte, est aussi plus inégale; on en a souvent de 24 à 30 sacs par coltra; on en peut avoir 40 et même plus. On en a eu parfois moins de 10; mais 30 sacs par coltra font de 240 à 360 fois la semence. Le lupin produit plus encore que le blé de Turquie; on en recueille habituellement de 30 à 40 sacs par coltra.

Le blé de Turquie se vendoit en général 8 ou 9 livres à la récolte, et montoit à 12 ou 14 à la fin de l'hiver; le millet suit le prix du blé de Turquie; le panis coûte une ou 2 livres de moins; le lupin moins encore, et la sagine guère plu de la moitié. Tous ces prix avoient plus que doublé dans les deux dernières années.

Assolemens de la plaine de Bologne.

L'on aura peut-être quelque curiosité de comparer avec les assolemens de la plus riche plaine de Toscane, ceux de la plus riche plaine de la Cisalpine ou du *Bolonais*. La nature de son sol est assez différente, quoiqu'il soit de même formé par des alluvions; celles du Pô et des rivières qui descendent des Apennins. Un sable blanchâtre semble en être la base; mais ce sable est fertile et sa couche profonde. Le climat est plus différent encore que le sol. Les deux côtés de l'Apennin, quoique à-peu-près de la même latitude, ne sont point également favorisés par les rayons vivifians du soleil. Les Bolonais se plaignent que leur pays est incomparablement plus froid et ne peut admettre le même genre de culture que la Toscane; aussi l'olivier en est-il absolument banni.

L'on distingue en deux classes les terrains de la plaine de Bologne : 1°. ceux qui sont propres aux chanvres; et 2°. ceux qui sont trop maigres pour que la culture de cette plante y soit profitable.

L'assolement des premiers est de deux ans; avant de semer le chanvre pour la première année, on laboure les champs à plat, au mois d'août ou de septembre, avec la petite charrue de Toscane qui divise par le milieu chaque platebande; on refend ensuite le labour par un trait d'une grosse charrue, qui laisse 4 pieds de distance d'un sillon à l'autre, et qui dispose le terrain en billons très-élevés. On le fume à la manière ordinaire, et on le laisse reposer pendant l'hiver. Au printemps, on répand sur le sol des râclures de cornes ou quelqu'autre substance animale très-engraissante; on égalise le terrain avec la herse et l'on y sème le chanvre; celui-ci, aidé par l'engrais puissant qu'on lui a donné, parvient à une hauteur et une grosseur prodigieuses; ses tiges égalent celles des blés de Turquie les plus vigoureux, et acquièrent de 10 à 12 lignes de diamètre. L'année suivante on sème du blé, et l'on continue alternativement sans jamais laisser la terre en repos.

Dans les métairies qui ne sont pas assez fertiles pour être propres au chanvre, on sème aussi tour-à-tour le blé et le maïz, ou bien le blé et les haricots; ou enfin, chez les paysans très-soigneux, le blé et les fèves. Ces dernières sont destinées à être ensevelies par la charrue comme les lupins de Toscane, pour engraisser le terrain. Nous voyons dans cette culture deux différences fort essentielles : l'une, que les Bolonais ne font jamais deux récoltes dans l'année comme les Toscans; l'autre, qu'ils ne sèment point de fourrage dans leurs champs. En revanche ils ont un beaucoup plus grand nombre de prairies naturelles, et ils connoissent (tout au moins théoriquement) les prairies artificielles; je crois cependant ces dernières fort rares chez eux. Outre le fourrage qu'ils y recueillent, ils nourrissent leur bétail avec les feuilles du blé de Turquie, celles des arbres et de la vigne qui sont effeuillés dès le milieu de septembre, et l'herbe des champs ou des têtières du labourage. Le bétail est en très-grande quantité; car les métayers nourrissent en général une vache pour chaque sac de blé qu'ils peuvent semer.

---

§. XXXVIII.

Le maïz attaqué dans le département de la Dordogne.

(Extrait de l'*Annuaire du département de la Dordogne*, pour l'an XII (1804).

Il faut tout dire; si le maïz a trouvé de nombreux apologistes, il a eu aussi ses détracteurs. Nous avons rapporté les éloges des premiers, nous ne dissimulerons pas les reproches des autres.

L'auteur très-estimable de l'*Annuaire du département de la Dordogne* s'est rendu, par amour de son pays et par zèle pour l'agriculture, le dénonciateur et l'accusateur du maïz. Il a exposé ses motifs, et nous allons en rendre compte, en copiant son texte même.

Il commence par observer que la principale richesse du département de la Dordogne consiste dans les productions de son territoire.

La superficie du département est de 947,875 hectares, ou 1,856,031 arpens des eaux et forêts.

En retranchant de cette surface les terrains incultes et stériles, ceux qui sont occupés par les villes, bourgs, villages, rivières, étangs, routes et chemins vicinaux; la totalité de la superficie cultivée (dans laquelle nous comprenons la vigne, qui occupe une étendue de 125,000 arpens), sera de 707,077 arpens.

Le département cultive le froment, le seigle, le maïz, le sarrasin, la baillarge, les légumes, les pommes de terre, l'avoine, les noix, les châtaignes, la vigne.

Un département dont les richesses consistent uniquement dans les productions du sol, doit d'autant plus tourner sur lui toutes les pensées qu'elles s'en sont écartées davantage. Il est constant que, dans ce pays, les produits de la culture vont décroissant depuis environ vingt-cinq années d'une manière qui devient chaque jour plus sensible. Ce décroissement se fait sentir depuis que les grands propriétaires ne sont plus à la tête de leurs exploitations. On ne connoît plus aujourd'hui le plaisir attaché à la culture des champs ; cette occupation simple et pure n'a plus d'attraits pour l'homme aisé : il court dans les cités dissiper les fruits de la terre ; ses biens exploités loin de ses yeux, ne lui rendent plus ce qu'ils donnoient autrefois.

En parlant des diverses cultures, nous traiterons d'abord de celles qu'il importe davantage de bien connoître, parce que notre but et notre vœu les plus chers sont d'éclairer le peuple sur ses intérêts, et de le désabuser de ce qui lui est préjudiciable. Celle que nous regardons comme la plus nuisible à ce département est la culture du maïz ou blé d'Espagne. Le maïz forme une de nos principales productions, il occupe presque autant d'étendue que le blé dans la division agricole du territoire.

Entre les divers motifs qu'on allègue en faveur de la cultivation du maïz, il en est un auquel nous nous attacherons d'abord, parce que ce motif capital étant détruit, tous les autres devront s'écrouler pour faire place à la culture qui offre un meilleur rapport. Quelques cultivateurs, qui sans doute n'ont pas pris la peine de tenir un état des faits, prétendent que le maïz rapporte plus que le froment, qu'il rapporte plus dans une même étendue, au point que, malgré la supériorité du prix du blé, la récolte du maïz l'emporte sur l'autre. Ce résultat, qu'il aura été possible d'obtenir quelquefois, soit parce que le maïz aura été mieux travaillé, que le sol aura été meilleur, la saison plus favorable, etc., ne se rencontrera jamais quand les choses seront égales, quand le fond et la culture seront au même degré de part et d'autre.

Il suffiroit de considérer sur la surface de ce terrain les vides que laisse la culture du blé d'Espagne, pour se convaincre que le froment qui les remplit doit donner un plus grand rapport.

Dans ce département on sème presque par-tout le maïz à la volée. Lorsqu'il est né et qu'il a déjà acquis une certaine vigueur, on éclaircit la plantation en arrachant les pieds qui sont trop rapprochés. La distance qui existe entre eux ne peut être exactement supputée dans cette plantation irrégulière, mais on peut la porter assez généralement à 3 pieds environ ; cet intervalle seroit trop grand sur certains sols, mais il ne l'est pas sur celui-ci. Ceux qui resserrent davantage, oubliant quelle est la force de cette plante vivace, et combien il lui faut de terrain pour acquérir un grand développement, diminuent le produit bien loin de l'augmenter. Ainsi, si nous supposons un journal de terre de 30 brasses, d'un bon fonds et bien cultivé, semé de maïz dans cette proportion, on aura 66 rangs portant chacun 66 tiges, ce qui donnera en totalité 4,356 tiges. Dans ce département, le produit ordinaire du maïz est de deux épis par pied, dans les meilleurs terrains, et d'un seul dans les autres. Là où il y en a deux, le second n'est souvent qu'un fruit chétif qui donne très-peu ou presque rien.

Si l'on fait en outre attention à l'état de cette culture aux approches de la maturité, qu'on examine tous les épis qui montrent leur tête dégarnie hors de l'enveloppe, tous ceux qui dans l'enveloppe même se trouvent dépourvus de grains au quart, à la moitié, et toutes les autres irrégularités de cette récolte, on ne pourra attribuer plus de 400 grains à chaque pied, l'un portant l'autre.

Ainsi, 4,356 pieds, à raison de 400 grains chacun, donneront 1,742,400 grains de blé maïz (27 boisseaux).

Les allées que formeront les 66 rangs de maïs, plantés régulièrement en tous sens, seroient au nombre de 65, chacune divisée en 65 portions égales de 3 pieds, ce qui feroit un total de 4,225 espaces. Si nous supposons le journal semé en blé, et que la récolte en soit calculée d'après ces 4,225 espaces, à raison de 128 épis dans chacun, l'épi portant l'un dans l'autre 22 grains seulement, on aura 11,297,600 grains (20 boisseaux trois quarts.)

Un journal de 30 brasses nous donnera donc :

En froment, 20 boisseaux $\frac{3}{4}$, à 6 francs le boisseau.	124 fr.	50 c.
En maïz, 27 boisseaux, à 3 fr.	81	»
Retranchant du produit du froment un boisseau et demi de semence, valeur 9 fr., reste net.	115 fr.	50 c.
Retranchant pour le maïz, deux picotins, valeur 75 centimes, reste net. . , ...	80 fr.	25 c.
Différence.	35 fr.	25 c.

Cette différence de 35 francs 25 centimes est grande sur une bien petite surface : on peut calculer ce qu'elle seroit sur une vaste étendue. Cependant le produit des deux picotins de maïz semés sur une surface de 30 brasses carrées, répond à 108 boisseaux pour un. On doit remarquer que ce produit de 108 pour un, résultat qu'on n'obtient que dans les meilleures années, n'est réellement que le produit d'un seul picotin, puisque le cultivateur arrache la moitié des pieds pour établir dans la plantation la distance convenable, en sorte que le produit exact du maïz est de 216 pour un. Celui du blé répond à un peu plus de 13 $\frac{1}{2}$; mais, malgré cette disproportion, quoiqu'un grain de blé d'Espagne produise plus qu'un grain de froment, et qu'il pèse sept fois autant, sa récolte sera toujours inférieure, parce que sa culture laisse d'innombrables lacunes, et que son prix est moindre.

On observe qu'un épi de maïz produit un bien plus grand nombre de grains qu'un épi de blé, mais le grain de maïz ne produit qu'un ou deux épis; un grain de blé peut en produire 10, 12, 15, qui peuvent donner 300, 400, 500 grains; mais c'est à la récolte qu'il faut compter les produits.

D'après le tableau que nous venons d'offrir, il est évident que le produit du froment l'emporte sur celui du maïz; mais pour mieux faire connoître combien sa culture doit être préférée, il faut considérer qu'elle rapporte plus quoiqu'elle coûte moins.

Pour disposer la terre à recevoir la semence du blé d'Espagne, on la prépare assez ordinairement par trois labours, au moins par deux; on ne la prépare pour le froment que deux fois au plus, et souvent qu'une. On sème le plus ordinairement le maïz sur une terre qui a été améliorée par la rave ou turneps; on sème le froment sur un sol dont on vient d'extraire la plante la plus destructive des sucs nourriciers. Depuis la plantation du maïz jusqu'à sa récolte, on lui donne assez généralement trois travaux, ou deux au moins; au froment, on n'en donne qu'un, et souvent point du tout.

Si, malgré tant de désavantages, le froment rapporte plus que le maïz, que ne feroit-il pas si on le cultivoit comme il devroit l'être? Voilà ce qui doit mieux faire sentir la préférence que mérite la culture du blé. En offrant un meilleur produit que celle du maïz, elle est bien éloignée de donner ce qu'elle pourroit si elle étoit bien faite, tandis que l'autre donne à-peu-près tout ce dont elle est susceptible; on ne craint pas de garantir que si l'on amélioroit la culture du froment, sa récolte seroit au moins doublée dans les bons fonds, et plus que triplée dans les terres médiocres où le bienfait du travail est plus sensible.

La culture du maïz, mieux soignée, laisse moins à désirer que celle du blé, et si l'on n'est pas toujours satisfait de son produit, ce n'est pas tant la faute du cultivateur que celle de la plante elle-même, dont le développement éprouve des obstacles qui sont au-dessus de toute prévoyance. Le froment présente un calcul tout-à-fait différent : nos champs n'offrent point de culture d'un produit plus certain, et l'on doit admirer en cela la sage Providence qui a voulu que la substance la plus nécessaire à la nourriture de l'homme fût aussi la plus assurée. Que l'on parcoure une suite de récoltes de froment, et l'on verra qu'elles sont d'une abondance régulière que n'offre aucune autre production; chaque année présente un résultat à-peu-près semblable au précédent, et si nos champs n'avoient à craindre le redoutable fléau de la grêle, on compteroit peu de mauvaises moissons. Une des causes principales de cet avantage qu'a le froment d'offrir des récoltes plus assurées, c'est qu'il est moins exposé à la chaleur et à la sécheresse que la plupart des autres productions. Le maïz se développe dans le temps des plus brûlantes ardeurs; le blé croît dans la saison des rosées bienfaisantes; sa maturité est presque entière quand les vives chaleurs commencent à se faire ressentir, et il vient porter l'abondance dans nos greniers lorsque les autres cultures sont exposées à tous les dangers de la canicule. Dans les deux dernières années, la récolte du blé a été la principale consolation du cultivateur. C'est sur-tout en 1803 que cette récolte a été précieuse; presque toutes les autres denrées avoient péri, le blé seul est resté pour sauver le peuple de la détresse.

Le maïz est loin d'offrir un résultat aussi heureux. Nous l'avons dit, et nous le répéterons, sa culture est une plaie pour le département : elle pèche par le fond plus que par la forme, car le sol de nos cantons n'est pas généralement propre à cette plante.

C'est là une vérité de fait qui devroit guider le cultivateur dans le choix de ses productions. Le blé d'Espagne ne peut croître sur les fonds sablonneux dont se compose une grande étendue du territoire du département; il ne peut acquérir non plus un grand développement dans les terres argileuses et dans les fonds pierreux et arides qui forment la plus grande partie du reste du sol. Le maïz veut une terre qui ait de la profondeur, qui soit douce et très-perméable : cette nature de sol est fort rare dans nos contrées, et l'on devroit proportionner la culture du maïz à l'étendue des fonds qui la demandent, au lieu de la porter indistinctement sur tous. Plusieurs cultivateurs qui ont fait ces observations, l'ont abandonnée depuis long-temps; d'autres l'ont améliorée, en divisant plus sagement leurs terres, et ne faisant jamais blé sur blé; et tous enfin se félicitent de s'être affranchis du joug d'une aveugle routine, et d'avoir adopté un ordre de travail qui porte la fertilité dans leurs champs et l'abondance dans leur ménage.

Sans doute, il est des contrées où le sol appelle la culture du blé d'Espagne et permet de la rendre plus générale que dans ce pays; on pourroit citer entre autres les départemens de l'Arriége et ceux des Hautes et Basses-Pyrénées, dont les terres paroissent couvertes de superbes maïz, portant chacun deux ou trois épis d'une grosseur et d'une longueur presque doubles des nôtres. Mais il est bon d'observer que ces départemens doivent l'abondance de leurs récoltes encore plus à l'avantage de l'irrigation qu'à la supériorité du sol; ils ont l'eau à leur disposition dans des réservoirs qu'ils remplissent de toute celle que leur amènent les nombreux torrens de leurs montagnes; et lorsque la sécheresse commence à attrister les plantes, ils inondent leurs champs. Dans les vallées de ce même pays, la culture du blé d'Espagne est également belle. Plusieurs terres y sont arrosées par la surabondance des ruisseaux, ou humectées par des rosées extrêmement abondantes qui ne fertilisent pas moins que les pluies. Dans les pays qui n'ont pas l'avantage de l'irrigation et où le succès de la culture du maïz est livré au hasard des pluies, sa récolte est fort incertaine; et si à cet inconvénient, si à la sécheresse naturelle de la saison, vous joignez le désavantage d'un sol aride qui ne peut produire sans être continuellement abreuvé, il faudra convenir qu'une bonne moisson de maïz est le trésor sur lequel on peut le moins compter.

Que le cultivateur veuille donc bien se représenter les faits qui se passent sous ses yeux; qu'il compte toutes les intempéries qui s'opposent au succès de la culture du maïz; le mal que lui font les gelées de printemps, celui de la sécheresse, celui des orages et des vents qui le renversent, et enfin tous les obstacles qu'il éprouve du sol lui-même; qu'il veuille faire ce calcul, en remontant à des temps un peu antérieurs; qu'il se rappelle les remarques que lui aura fournies chaque période, et qu'il nous dise ce qu'on doit espérer de la culture du maïz? Pour nous, nous dirons hardiment qu'on ne peut guère attendre qu'une bonne récolte sur trois. Chaque année apporte une nouvelle démonstration à cette vérité. L'an VIII n'a point vu de récolte de maïz, l'an

IX en a eu une moyenne, l'an X en a eu beaucoup moins, et l'an XI point du tout. On voit que dans la période de quatre années, celles où il y a eu le plus de chaleur et de sécheresse ont manqué de maïz.

Répétons donc ce que nous avons dit l'an passé, qu'on ne doit jamais perdre de vue que ce grain, qui a plus besoin de rosée qu'aucun autre, se développe dans la saison où on peut le moins en espérer; que par conséquent on a tout à craindre dans cette culture, et qu'il seroit prudent d'y renoncer.

Tel est le précis des objections faites par l'auteur de l'*Annuaire de la Dordogne* contre la culture du maïz. Ces objections se sont renouvelées ailleurs avec tant de force que la Société d'Agriculture de Montauban en a été frappée, et qu'elle a cru devoir mettre au concours l'examen de la question des avantages ou des inconvéniens de cette même culture, qui paroît avoir triomphé de toutes les critiques; car on a continué de cultiver le maïz. Peut-être les inconvéniens qu'on lui reproche tenoient-ils plutôt aux vices de l'assolement et aux défectuosités de la routine de culture, qu'à des causes intrinsèques et particulières à la plante. C'est ce qu'il seroit important d'examiner. Beau sujet d'expériences à faire!

§. XXXIX.

Le maïz recommandé dans le département des Vosges.

Avant la révolution, nous avions essayé avec succès la culture du maïz dans le coin du département des Vosges où nous nous étions réfugiés après avoir tout perdu dans un naufrage, en revenant de Saint-Domingue.

Nos expériences ne purent pas être continuées, parce que la tourmente révolutionnaire nous arracha de notre retraite rustique, et nous jeta, malgré nous, dans le tourbillon des affaires politiques.

En 1806, un de nos estimables et chers compatriotes, M. *Geoffroy*, depuis long-temps fixé dans le département des Landes, se trouvant un moment dans son pays natal, fut étonné de n'y point trouver la culture du maïz, qu'il avoit bien suivie et étudiée dans les Landes. Il crut devoir offrir ce trésor précieux à ses concitoyens, et il publia un mémoire, imprimé à Neufchâteau, dont nous avons extrait les passages suivans sur la description des quatre espèces de maïz; la méthode de le planter; celle de planter les épis mêmes, pour fourrage; la récolte et le dégrenage, et les usages économiques et alimentaires de cette plante.

Sur la culture du maïz, et sur son usage dans l'économie rurale et domestique.

Description de quatre espèces de maïz.

On a cru reconnoître dans les départemens du Midi, contre l'opinion de quelques agronomes, quatre espèces de maïz bien distinctes, sans y comprendre les variétés de chacune de ces espèces, qui ne diffèrent entre elles, malgré les mélanges dans la plantation, que par la couleur.

Il est même d'expérience, que si on rejette de la plantation ces variétés de couleurs, on en obtient l'espèce pure, comme on l'obtient des choux, des concombres, des melons, etc., en les séparant.

On sait qu'au moment où la fleur est nubile, la poussière des étamines féconde les pistils ouverts des sujets femelles ou uni-sexuels; qu'ainsi ce mélange dans le même champ doit produire accidentellement ces bigarrures de couleurs sur plusieurs épis.

La première espèce est ainsi décrite dans *Miller : Zea americana, caule altissimo; foliis latioribus pendulis, spicâ longissimâ.* Maïz américain, tige très-élevée, feuilles très-larges et pendantes, épis très-longs.

En 1790, M. *Geoffroy* a cultivé cette espèce à Poyanne, pour essai. Il en avoit un épi avec ses robes, venant du Pérou, et il en avoit formé une allée de jardin, du sud au nord, ayant 9 pieds de large sur 150 de long; les tiges, provenues chacune d'un seul grain, étoient distantes l'une de l'autre de 3 pieds, et à partir des griffes de la plante qui sont au niveau du sol, jusqu'à l'extrémité des feuilles, elles avoient 10 à 12 pieds de haut. Les épis sur les côtés de la tige étoient à hauteur d'homme (5 à 6 pieds), et avoient 8 à 10 pouces de long; aucune tige n'en portoit moins de quatre : il y en a eu quelques-unes de huit à neuf épis, lesquelles étoient de 500 jusqu'à 800 grains. Ces grains, de forme triangulaire, sont plats, avec une rainure au milieu; leur couleur est d'un blanc mat ou terne.

Sous chacune des tiges, il avoit planté trois fèves montantes, à fleurs blanches et rouges, mais un peu tard; c'est-à-dire, quelques jours avant la formation de l'épi, et c'est une précaution indispensable; car, plantées plus tôt, les vrilles de ces fèves, en forme de tire-bouchons, s'accrochant à tout, étrangleroient à leur naissance les pousses des jeunes feuilles de maïz.

Cette allée de maïz faisoit, par la beauté de sa végétation et les nuances tranchantes des fleurs de fèves sur un massif de verdure, l'effet le plus pittoresque; mais en l'an II de la république, elle est devenue, avant la maturité du fruit, comme tant d'autres plantations, la proie de la barbarie du moment et des *chevaux réquisitionnaires.*

Quoique M. *Geoffroy* place cette espèce comme la première, parce qu'elle semble mériter ce rang par la force de sa végétation et la supériorité de ses productions; cependant on lui reproche qu'elle épuise la terre, qu'il faut buter ses tiges à 18 pouces de hauteur, que ses grains plats ne peuvent se moudre que difficilement, que le cercle de sa végétation excède la durée de quatre mois, que sa farine est rude, etc.

L'auteur de cet intéressant mémoire croit néanmoins que l'expérience, par suite d'essais plus étendus, atténueroit beaucoup ces reproches, dont plusieurs ne sont dus qu'à la prévention, notamment ceux de la difficulté de moudre et de la qualité de la farine.

La seconde espèce, le maïz blanc, ou plutôt couleur de paille claire, a obtenu généralement la préférence : on le cultive sur tous les points du département des Landes, les sables exceptés; ses grains, brillans et un peu aplatis au centre de l'épi, sont arrondis aux deux extrémités. Cette espèce paroît tenir le milieu entre le *Zea vul-*

garis de *Miller* et le maïz *spica aurea et alba* de *Tournefort*. Très-permis à ceux qui n'aiment pas les nombreuses espèces, d'en faire une variété! Quoi qu'il en arrive, on peut assurer que celle-ci ne change pas par la culture; que si parfois on trouve parmi un grand nombre d'épis, sur quelques-uns d'eux, des nuances de brun, de jaune foncé, de violet, même de noir, ces diversités de couleurs sont ramenées, tôt ou tard, à leurs nuances respectives.

Cette espèce croît et mûrit dans quatre mois. On la sème souvent du 15 juin au 1er. juillet, sur le même champ qui vient de donner du seigle; mais l'auteur pense bien que cet essai seroit impraticable dans le département des Vosges, parce que, d'une part, les moissons y sont plus retardées; que, de l'autre, il y gèle trop tôt.

Il arrive quelquefois à cette espèce que sa plante prend un accroissement extraordinaire, ce qui ne peut avoir lieu qu'aux dépens de sa fructification; mais on arrête les progrès de ce luxe, qui n'est pas stérile, puisque, en coupant les sommités des tiges et en effanant les feuilles, on donne les unes et les autres en vert aux bœufs et aux chevaux.

La troisième espèce, *Zea vulgaris*, a la tige plus basse que la seconde ci-dessus; ses feuilles sont en forme de carène, et l'épi est un peu plus court. M. *Geoffroy* tenoit de notre illustre et zélé *Parmentier*, quelques épis de cette espèce provenant des plantations qu'il avoit dans la plaine de Grenelle, et que l'auteur du mémoire avoit choisis sur pied en octobre 1789; mais il en a encore perdu tous les produits dans le *bon temps des réquisitions et préhensions* de l'an II.

Quoi qu'il en soit, cette espèce n'en existe pas moins, et dans les environs de Neufchâteau même. C'est la seule peut-être qu'on pourroit appeler cosmopolite ; elle est répandue dans tous les départemens voisins et dans plusieurs pays de l'Allemagne ; elle ne s'élève qu'à 4 ou 5 pieds, mais presque toutes les tiges portent au moins trois épis : elle mûrit aussi dans le cours de quatre mois.

La quatrième espèce, à petits grains jaune-orange, est connue en Amérique sous le nom d'*onona* (maïs de deux mois); en Italie, sous celui de *quarantain :* mais on estime que dans le département des Vosges il faudroit trois mois pour obtenir sa maturité.

Cette dernière espèce et la troisième sont, à cause de la rapidité de leur végétation, infiniment précieuses sous le rapport des fourrages. On les sème à la volée un peu moins épais que l'orge, du 1er. mai jusqu'au 1er. septembre, et on les coupe à la serpe ou à la faux avant la fleur, c'est-à-dire, un mois ou cinq semaines après la semaille. De cette manière on a toujours un fourrage vert sous la main, dès les premiers jours de juin jusqu'au 15 octobre.

Méthode de planter le maïz.

Soit un champ bien labouré, fumé et hersé; donnez un coup de cordeau à droite et à gauche du champ : ce cordeau doit diriger l'instrument agraire qu'en Chalosse on appelle la *marque*. Cet outil, très-simple, est composé d'une traverse de bois de 4 pieds 8 pouces de longueur, avec deux chevilles aux extrémités et une autre au milieu, toutes trois de la longueur des dents d'un râteau ordinaire. Il est traîné par un homme seul, au moyen d'un lien attaché aux deux bouts, et marque réellement sur la longueur du champ trois raies qui, par un labour croisé du même outil sur la largeur, forme une manière de damier ou des carrés à distance égale de 18 pouces.

N. B. Cette distance paroît trop petite. Il est étonnant qu'il y ait tant de diversités et si peu de principes fixes sur cet article et sur beaucoup d'autres parties essentielles de cette culture.

On marque les angles de ces carrés avec un plantoir, lequel est arrêté à 2 pouces au-dessus de sa pointe par une petite traverse, afin qu'il ne puisse s'enfoncer davantage et que le grain soit planté à une égale profondeur. Le semeur ou celui qui fait les petits trous avec le plantoir, les recouvre avec le pied à mesure qu'il a déposé dans chacun un seul grain.

Le maïz qu'on destine à la semence doit avoir été conservé dans ses robes ou enveloppes jusqu'au moment de la plantation. On dégrène les deux extrémités de l'épi à part; il ne doit rester que 2 ou 3 pouces environ, de la partie du centre, à semer, parce que c'est dans cette partie que se trouve le grain le mieux conditionné. Il faut tirer le grain de son alvéole avec assez de précaution pour que le germe ne puisse en souffrir; ainsi l'on ne se sert, ni de hachette, ni de queue de poële, ni d'aucun autre instrument de fer.

Sur un champ semé ainsi par M. *Geoffroy*, pas un seul grain n'avoit manqué; tous étoient en petits tuyaux hors de terre le quatrième jour; mais il observe que la semence étoit déjà germée au moment de la plantation, pour avoir été trempée vingt-quatre heures dans un lait de chaux.

Avec la méthode ordinaire, quand on sème à vue d'œil et qu'on plante plusieurs grains près l'un de l'autre, il en résulte qu'on est obligé d'arracher les pieds surabondans et ceux qui paroissent les plus foibles; alors on dérange forcément l'égalité des distances; il n'y a plus moyen de travailler le champ avec des bœufs attelés à un araire (1) ou à un cultivateur (2). Vous quadruplez la dépense pour le travail des bras; mais un inconvénient sans remède, c'est que les plantes qu'on arrache, outre qu'elles ont déjà enlevé une partie de la substance de celles que l'on veut conserver, en retardent encore la végétation.

Plantation des épis pour fourrage.

M. *Geoffroy* avoit planté pour essai, en l'an IX, sur une plate-bande de jardin défoncée à 3 pieds et de la longueur de 54, dix-huit épis à 3 pieds de distance l'un de l'autre. Il enleva trois à quatre rangs de grains aux deux extrémités de ces épis, convaincu que les grains du centre sont les mieux formés et les plus hâtifs

---

(1) *Araire*, charrue des Landes. C'est, après le bâton des nègres, l'instrument aratoire le plus grossier.

(2) *Cultivateur*, petite charrue. Voyez, pour sa forme, les *Mémoires de la Société d'Agriculture de Paris*, trimestre d'été 1785.

à la végétation. Ces épis ont été enfoncés et couverts d'environ 3 pouces de terre; mais comme il n'avoit d'autre but que d'avoir du fourrage vert, cette plate-bande fut coupée à mesure des besoins dans le courant du mois de juillet, avant le développement des épis. L'auteur obtint ainsi, dans l'espace de trente à quarante jours, pour chaque partie d'épi planté, un buisson de fourrage très-abondant et de la plus grande beauté.

Récolte des épis et dégrenage.

Les épis entièrement dépouillés sont étendus sur un grenier bien aéré, à un pied ou 18 pouces au plus d'épaisseur, afin qu'ils puissent aisément exhaler leur humidité et se ressuyer. On les remue deux fois la semaine avec une pelle de bois, ce qui n'est pas nécessaire quand ces épis sont déposés sur des greniers à claire-voie. Dans les grandes exploitations, ces greniers à claire-voie épargnent de la place et du travail, en ce qu'on peut mettre sans danger les épis à 3 pieds d'épaisseur, et qu'on peut se dispenser d'y toucher jusqu'au moment du *dégrenage.*

Cette dernière opération n'a lieu qu'à mesure du besoin pour la consommation, et aucun propriétaire ne fait dégrener la totalité de son maïz que quelques jours avant la livraison aux acheteurs ou le transport au marché ; car, outre le déchet sur la quantité, s'il étoit dégrené depuis long-temps, il perdroit encore de son brillant et ne seroit pas aussi avantageux pour la vente, à moins qu'il n'eût été soigneusement gardé dans des sacs.

On ne se sert ni de fléaux, ni d'autres outils en bois pour dégrener ; les instrumens de fer sont préférés avec raison. C'est ordinairement en mars et avril qu'on dégrène pour la vente. Assez souvent des femmes et filles basquaises parcourent à cette époque la partie méridionale du département des Landes, et entreprennent à prix fixe par mesure, ou à *forfait*, des greniers de maïz à dégrener ; elles se servent toutes de petites hachettes, et dégrènent très-habilement sur un billot de bois. Dans les métairies, c'est l'ouvrage des femmes et des enfans, assis sur des banquettes et une queue de poêle entre les jambes, autour d'une mai à pétrir ; elle est remplie en fort peu de temps. Un dégreneur ordinaire en fait dans un jour huit à dix mesures, suivant la qualité du maïz. (La mesure de Dax pèse 28 à 30 livres.)

Pour être vendu au marché, ou employé dans le ménage, il faut ensuite le nettoyer ; puis le *venter* avec une espèce de tamis appelé *timbose*, en place d'un van qu'on ne connoît pas et qui vaudroit mieux.

18

Dans les années humides on a quelquefois été obligé de passer les épis au four avant le dégrenage ; mais ce cas est très-rare.

Quand on est forcé, à défaut de vente ou de consommation, de garder le maïz plus d'une année (cas encore plus rare que de sécher les épis au four), on met ce grain dans des sacs isolés sur un grenier, pour le préserver des insectes. M. *Geoffroy* en a conservé quelques sacs pendant trois ans, dont le grain étoit aussi sain et aussi brillant que celui de l'année.

De ses usages économiques et alimentaires.

Aucun département du Royaume ne consomme plus et ne tire un meilleur parti du maïz que celui des Landes. C'est une calamité si générale quand ce grain y manque, que, reportant sa pensée à un siècle en arrière, on ne sait ce qui pouvoit suppléer à cette plante qu'on ne cultivoit pas dans le pays, puisqu'elle n'y étoit pas connue.

Rien n'est plus précieux que l'usage qu'on fait des dépouilles du maïz avant et après la récolte de son grain ; feuilles, sommités, tiges, robes, épis, tout s'emploie ; rien de cette plante n'est inutile.

Son grain sert à la nourriture de la majeure partie des habitans des Hautes et Basses-Pyrénées, du Gers et des Landes; mais l'étendue et la diversité des usages qu'ils en font ne permettent que d'indiquer rapidement les préparations de la farine, l'emploi de ce grain, de son épi dégrené, et du feuillage relativement aux bestiaux.

Méture, pain de maïs : Il se pétrit comme le pain ordinaire; mais il faut plus d'eau, qu'elle soit plus chaude, et un levain double de farine de froment. On met la pâte dans des éclisses de bois, mieux dans un vase de terre cuite, et à défaut dans des vieux chaudrons, après y avoir posé en dedans des feuilles sèches de châtaignier ou toutes autres, même de choux. On tient cette pâte trois heures dans le four. (Nous verrons ci-après quelque chose de mieux.)

Escoton, bouillie épaisse; ailleurs, gaudes, polenta, millasse, etc. *Cruchade*, se dit plus particulièrement de la bouillie de millet et de panis.

La farine destinée à l'*escoton* se met dans une bassine de cuivre devant un feu modéré; on remue et on retourne pendant un quart d'heure cette farine avec une longue spatule de bois; ensuite on y verse l'eau ou le lait, et avec la même spatule on retourne le tout, qu'on fait bouillir légèrement jusqu'à ce qu'elle soit réduite en consistance de pâte molle : quand elle est refroidie, on en découpe, soit en morceaux ou en tranches pour la soupe, ou pour être grillée et mangée avec de la graisse ou du jus de jambon.

Les gens aisés font faire cette pâte en tranches qui se servent à l'entremets, saupoudrées en sucre.

Brisaïs : c'est la mie de la *méture* broyée entre les mains de la ménagère, qui en fait une soupe en versant dessus son bouillon à la graisse d'oie ou aux choux.

La bouillie claire se fait avec de la farine de maïz tamisée, et au lait avec du sucre. C'est l'aliment le plus sain et le plus léger connu pour les enfans et les estomacs foibles.

M. *Geoffroy* termine son mémoire par un tableau comparé des produits du maïz et du froment sur un arpent, mesure de Lorraine. Ce tableau et ces calculs sont à l'avantage du maïz, et font contraste avec le tableau et les calculs du même genre qui ont été présentés dans l'article 38, comme extraits de l'*Annuaire du département de la Dordogne*.

Les rapports en nature de denrées et les produits en argent, d'un arpent de Lorraine (1) de

(1) L'arpent de Lorraine contient 20 ares 44 centiares.

250 verges, entre un champ de maïz et un champ de blé, donnent à-peu-près, par les résultats qui suivent, une différence de 14 livres en faveur du maïz.

Champ de maïz.

Produits.

6 résaux, estimés à 12 liv. .	72 liv.	» s.	96 liv.
Sommités du maïz et feuillage.	18	»	
Tiges, épis dégrenés, ensemb.	6	»	

Dépenses.

Labour, sarclage, frais de semailles.	18 liv.	» s.	46 liv.
Fumier ou terrage.	13	»	
Pour amasser les épis et les transporter.	6	»	
Semence, 30 sous.	1	10	
Dégrenage et vannage, à 25 s. le résal.	7	10	
		Reste. . .	50 liv.

Champ de blé.

Produits.

4 résaux, estimés à 18 liv. .	72 liv.	» s.	84 liv.
Un millier de paille.	12	»	

Dépenses.

Labour, sarclage, frais de semailles.	18 liv.	» s.	
Coût des fumiers annuels. .	10	»	
Faucillage et transport. . . .	9	»	48 liv.
Semence, 3 imaux à 45 sous.	6	15	
Battage en grange.	4	5	
		Reste. . .	36 liv.

On a évalué les *fumures* complètes d'un arpent, savoir : pour le maïz 39 livres, et pour le blé de froment 30 livres; et supposant que l'on ne fume en entier les terres que dans le courant de trois ans, on a dû diviser, dans l'état ci-dessus, cette dépense au tiers par chaque année.

---

§. XL.

Essais de M. Lelieur, *de Ville-sur-Arce, relativement au maïz.*

En 1807, M. *Lelieur*, de Ville-sur-Arce, a publié des essais sur la culture du maïz et de la patate douce.

Il avoit suivi en Amérique la culture du maïz,

et d'après ses expériences, il a cru pouvoir présenter quelques idées neuves.

Il avoit rapporté toutes les variétés de maïz connues et cultivées dans les États-Unis, et il assure qu'en suivant en France les procédés d'Amérique, il a obtenu les mêmes résultats. Cette partie de son ouvrage présente quelques paradoxes; mais il y a des choses utiles et qui ne sauroient être trop connues. Nous nous faisons un devoir de les reproduire, et de remercier M. *Lelieur*, de Ville-sur-Arce, de la politesse avec laquelle il nous a permis de disposer de son travail, et même d'une planche gravée, représentant un grenier pour les épis de maïz. Nous copierons, en l'abrégeant, ce qu'il dit du choix des espèces de maïz, du choix des grains, de la préparation de la terre, de la récolte et de la conservation du maïz, de son égrenage, des boulettes de maïz, du pain de blé et de maïz blanc; enfin, de l'effet moral de la bouillie de maïz.

Choix des espèces.

Il divise la collection de ses graines en sept classes :

1°. Le petit maïz, *mais à poulet*, espèce la plus hâtive de toutes, et dont l'auteur ne doute pas qu'on ne pût obtenir deux récoltes aux environs de Paris même, dans certaines années favorables;

2°. Le maïz *pierre à fusil*, moins hâtif que le précédent, et plus élevé de tige;

3°. Le maïz *blanc*, à huit rangs, espèce qui, suivant l'auteur, conviendroit pour la Bourgogne;

4°. Le maïs *blanc-blanc*, à huit rangs, un peu moins hâtif que le n°. 3;

5°. Le maïz *à fleur de farine*, mûrissant difficilement dans les environs de Paris;

6°. Le maïz *à douze rangs;*

7°. Le maïz *à dix rangs.*

La chaleur du climat de la France est par-tout suffisante pour amener les quatre premiers numéros à maturité. On doit préférer, aux environs et au nord de Paris, le maïz à rafle mince.

Choix des grains.

Lorsqu'il s'agit de planter, on retranche de l'épi environ deux doigts à chaque bout, puis on égrène la partie du milieu; l'on met tous ces grains choisis à tremper pendant vingt-quatre heures dans une eau de pluie nitrée.

Préparation de la terre.

L'auteur prétend que l'expérience dans la culture du maïz lui a prouvé que ce grain ne veut point une terre défoncée, qu'on le plante sur le trait de la charrue ; qu'il lui suffit pour croître et venir à sa perfection, que l'on rassemble plusieurs fois à l'entour et sur ses racines de la terre meuble et fraîche ; que le maïz planté dans les jardins pousse trop vigoureusement en gerbe aux dépens du grain, qu'il mûrit plus tard, etc. Cette opinion paroît contredite par d'autres expériences qui mériteroient d'être refaites et d'être mieux éclaircies.

De la récolte et de la conservation du maïz.

Le temps de la récolte est indiqué par la couleur de l'enveloppe des épis, dont les feuilles sont alors jaunes et sèches. La récolte de ce blé n'exige pas, comme celle des autres grains, qu'on la rentre au moment même de la maturité : tant que les épis sont adhérens à la tige, ils ne se gâtent point ; ils pourroient même passer l'hiver dehors. Cependant cela n'est pas sans inconvéniens ; mais on doit se conformer aux influences du climat. Là où il est humide et chaud en automne, il faut les recueillir dès qu'ils sont mûrs ; autrement ils pourroient moisir ou germer dans l'enveloppe ; là où il fait sec et froid, on peut les laisser dehors aussi long-temps que l'on veut. Mais aussitôt qu'ils sont séparés de la tige, il faut de suite les dépouiller de leurs enveloppes, autrement ces épis rassemblés suent, deviennent humides en dedans, s'échauffent, fermentent et pourrissent. Lorsqu'on dépouille les épis de leurs enveloppes, il faut avoir encore l'attention de frotter l'épi dans les mains, afin d'en détacher les pistils ou soies adhérentes au grain, qui, en conservant l'humidité, feroient moisir les épis. La dépouille des épis offre encore un excellent fourrage.

Dès qu'ils sont dépouillés on doit les mettre dans une espèce de grenier à jour, en forme de cage, exposé à tous les vents, et où les souris et rats ne puissent avoir accès. La construction de ce grenier est simple et peu coûteuse; le maïz dans ces sortes de greniers peut se conserver plusieurs années; mais le maïz nouveau étant plus doux et plus agréable au goût que l'ancien, lui est toujours préférable.

Le maïz se conserve plus long-temps en épi qu'égrené, et mieux égrené qu'en farine, à moins qu'on ne passe cette farine au four, ce qui lui fait perdre de sa qualité; l'on y est cependant forcé lorsqu'on doit l'exporter par mer, autrement elle ne pourroit supporter la chaleur humide de la cale, qui ne manqueroit pas de la faire fermenter.

Le maïz égrené occupe la moitié du volume qu'il occupoit en épi; ainsi, si le grenier contient deux cents sacs d'épis, le propriétaire peut compter sur cent sacs de grains.

Coupe d'un grenier pour les épis de maïz, vu du côté de la porte.

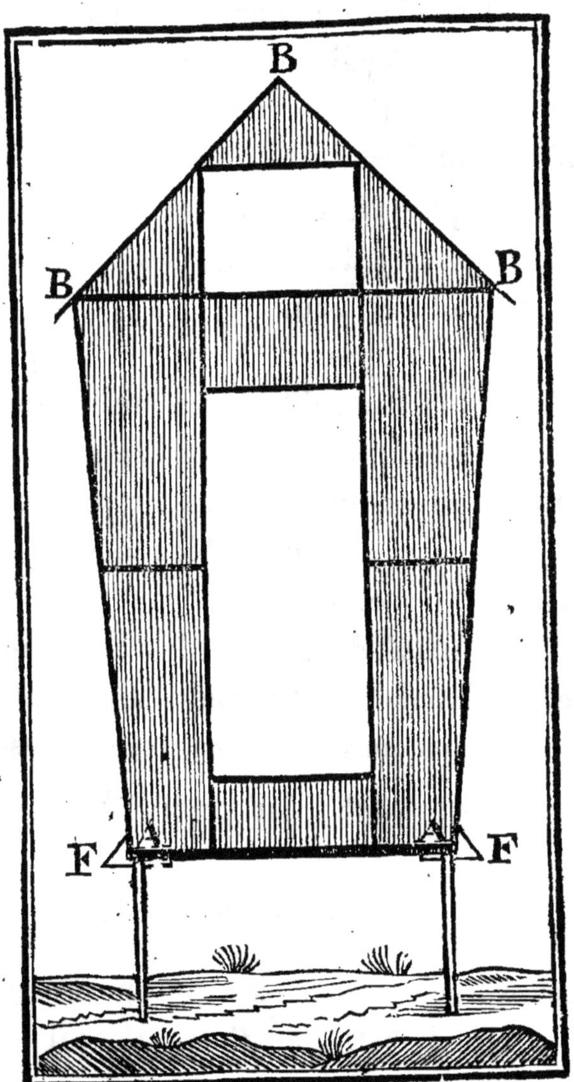

Chaque ligne noire représente une solive de

3 pouces environ, excepté la ligne A qui a 3 pouces sur 5 pouces, et les chevrons B qui ont 2 pouces carrés. Les petites lignes pâles représentent des lattes en chêne de 2 pouces de large sur 6 lignes d'épaisseur, clouées à 1 pouce et demi l'une de l'autre. Les trois autres côtés du grenier sont fermés par des lattes semblables.

Cette espèce de cage est posée sur autant de poteaux qu'il y a de travées. Ces poteaux doivent être assez élevés pour que les rats ne puissent sauter dans le grenier. Plusieurs plaques F de fer-blanc, faisant saillie, sont mises entre la cage et les poteaux, afin que les rats et les souris qui monteroient aux poteaux ne puissent entrer dans le grenier : il seroit bien que ces plaques fûssent peintes et vernies. Il faut que ce grenier soit isolé, placé dans un endroit où l'air puisse librement circuler tout autour. Le côté de la porte est tourné à l'ouest ; une petite porte est placée au-dessus de la grande pour achever de remplir le grenier.

Égrenage du maïz.

Le procédé le plus expéditif pour égrener le maïz est de le battre au fléau ; mais il faut pour cela que les épis soient très-secs, que le temps ne soit point humide ; il faut encore que l'on ait besoin d'en employer une certaine quantité. En effet le maïz se conservant mieux en épis qu'autrement, il est plus avantageux de ne l'égrener qu'à mesure qu'on doit en consommer. Cette considération a porté M. *Lelieur*, de Ville-sur-Arce, a imaginer un procédé aussi commode qu'expéditif. On se procure un baril défoncé par un bout; on fixe dans son diamètre une barre de fer, épaisse de 3 lignes, large de 9; cette barre doit être solidement rivée par les deux bouts. La barre de fer d'un boisseau en peut donner une juste idée, avec cette différence qu'au lieu d'être à fleur du boisseau, elle sera placée en dedans, trois doigts plus bas que les bords du baril. La personne qui doit égrener est assise, saisit la barre de la main gauche, les angles en haut; elle place le milieu de l'épi entre la barre de fer et les doigts de la main gauche qui maintiendront et serreront l'épi contre le fer, pendant que la main droite tirera l'épi par saccade en le tournant doucement, et en lui donnant une inclinaison plus ou moins grande; puis on retournera l'épi pour égrener de la même façon le bout qui se trouvoit dans la main droite. Par cette manière, les grains seuls tomberont dans le baril sans y être mélangés avec les rafles. Une personne un peu exercée peut, par cette méthode, égrener 3 à 4 boisseaux par heure, sans même que l'épi soit très-sec.

Boulettes de maïz.

Les Indiens écrasent ce grain et en font des boulettes qui leur tiennent lieu de pain. M. *Lelieur*, de Ville-sur-Arce, a fait usage de ces boulettes à la mer, et il conseille aux personnes qui veulent s'embarquer, de se munir de farine de maïz torréfié. L'usage en est facile et simple; il consiste à délayer dans un vase quelconque de la farine de maïz avec de l'eau et du sel, d'en faire une pâte ferme avec laquelle on forme des boulettes de la grosseur d'un œuf de poule; on les jette dans la marmite de l'équipage une heure avant le repas. Les personnes qui ne sont pas accoutumées à la mer préféreront ces boulettes au biscuit; elles trouveront dans cette nourriture, de facile digestion, et dans ses effets adoucissans, un grand soulagement au malaise qu'éprouve notre physique sur un élément que nous ne pouvons commencer à habiter sans souffrir plus ou moins.

Pain de froment et de maïz blanc.

Les habitans des États-Unis se nourrissent en général d'un pain fait d'un mélange de farine de froment et de maïz blanc; la fabrication de ce pain est facile.

On fait bouillir de l'eau dans laquelle on fait fondre une quantité proportionnelle de sel; l'on met dans cette eau, par petite quantité à la fois, et toujours en la remuant, de la farine de maïz blanc. Après avoir fait cuire cette espèce de bouillie pendant trois quarts d'heure environ, on l'ôte de dessus le feu et l'on ajoute de la farine de maïz pour la rendre encore plus épaisse; on la remet un moment sur le feu, puis on la verse dans une mai ou pétrin; on la remue avec une spatule pour la laisser refroidir au degré que doit avoir l'eau chaude dont on se sert pour faire le pain. On ajoute alors du levain un peu délayé à cette espèce de pâte, en la pétrissant avec autant de farine de froment ou de seigle qu'elle en peut absorber pour former une pâte véritable, qui ait la consistance requise pour faire du pain. On couvre la pâte, on la laisse fermenter, et l'on se conduit pour le reste comme on fait habituellement pour faire le pain en France.

Lorsque le pain de maïz est bien fait, il est agréable au goût, doux au corps, nourrissant; il se digère facilement et se tient long-temps frais, sans cependant s'attacher au couteau. L'avantage de rester long-temps frais est très-apprécié dans les pays chauds et secs.

Si pour faire ce pain l'on employoit la farine de maïz sans, au préalable, la faire bouillir avec de l'eau, le pain, au lieu de se tenir frais, se durciroit très-promptement, et son goût perdroit beaucoup de sa saveur.

Ce pain demande une plus longue cuisson que celui de froment et de seigle.

Effet moral de la bouillie du maïz.

Aux États-Unis ce sont les quakers qui administrent les maisons de force dans lesquelles sont renfermés pour toute leur vie des criminels qui, dans tout autre pays, cesseroient de vivre, mais qui là peuvent espérer leur grâce s'ils donnent des preuves d'un sincère repentir. En conséquence ces quakers traitent les prisonniers comme des gens malades qu'ils espèrent guérir, et ils y parviennent assez souvent.

La nourriture de ces criminels a pour base le maïz, sous la forme de bouillie à l'eau, assaisonnée avec de la mélasse.

Les directeurs de ces établissemens sont assez modestes pour attribuer une partie de leurs succès à cette nourriture dont ils regardent l'usage comme calmant et adoucissant. L'un deux assuroit qu'il la croyoit propre à adoucir et à changer les caractères portés à la violence.

Cette théorie et cette pratique heureuse des quakers ne conduiroient-elles pas à penser qu'il seroit très-utile de substituer la farine de maïz à la nourriture que l'on donne ordinairement aux enfans, quand d'ailleurs il est prouvé que cette bouillie de maïz est plus douce et plus facile à digérer que celle de froment?

---

§. XLI.

Du maïz dans le département de la Haute-Vienne.

Extrait de la Statistique de ce département, par M. *Texier-Olivier*, in-4°. 1808.

Le maïz ou blé de Turquie n'est cultivé que sur quelques points de ce département, et en très-petite quantité; il demande la même nature de terrain que le froment; on l'accuse d'épuiser et d'appauvrir la terre. Quoique le département se trouve compris dans l'enceinte tracée sur la carte de la France par *Arthur Young*, comme propre à la culture du maïz, cette plante ne réussit pas dans ses parties orientale et septentrionale, à moins qu'on n'y cultive l'espèce nommée quarantain, qui mûrit avant les gelées d'automne.

Il n'est employé à cette culture que 780 hectares.

Le maïz est le grain auquel on donne le plus de façons : lorsqu'il est recouvert par la charrue, on divise très-exactement la terre, ensuite on laboure à la bêche, avec soin, autour des pieds, et on les bute au commencement de juillet.

Pour sèmer un hectare, il faut 15 kilogrammes, qui en produisent 760. « C'est plus de 50 pour un. 780 hectares ensemencés en maïz donnent 59,280 myriagrammes. »

La valeur du myriagramme de maïz étoit d'un franc 50 centimes en 1801.

Les produits se consomment dans le pays.

---

§. XLII.

Du maïz dans le département de l'Ain.

Extrait de la Statistique de ce département, par M. *Bossi.* in-4°. 1808.

On sème le maïz dans le commencement d'avril.

Le maïz est sarclé trois fois. On le sarcle et on l'éclaircit aussitôt qu'il est assez consistant pour supporter cette opération. Un mois après on la recommence, et alors on bute les plantes. Encore un mois après, on le sarcle de nouveau, et on a sur-tout un grand soin d'espacer les plantes à une distance d'environ un mètre; sans quoi elles pousseroient vigoureusement en herbe et ne produiroient que peu ou point de grains. Cette culture est absolument la même que celle qui se pratique dans les plaines du département de la Sésia, et que M. *Pictet* a jugée très-bonne, dans sa *Bibliothèque britannique.*

Quelques jours avant la maturité du maïz, plusieurs coupent la partie de la plante qui surpasse l'épi, pour que celui-ci prenne plus d'accroissement, en attirant à lui les sacs destinés à la nourriture de la plante entière. Ces sommités font un bon fourrage pour les bœufs et les vaches. Bientôt après on récolte les épis et on les voiture dans l'aire; puis, les après-soupers, à la lueur d'une lampe, tous les gens de la maison s'occupent à les dépouiller de leurs feuilles : on n'en laisse que deux ou trois à chacun. Elles servent à les attacher deux à deux pour les suspendre à des perches accrochées ordinairement aux planches des cuisines où ils sèchent, jusqu'à ce qu'on veuille les employer. Cette opération n'empêche pas qu'on ne soit encore presque toujours obligé de les faire sécher au four.

On retourne ensuite dans le champ couper les tiges; on les arrange en faisceaux pour qu'elles puissent sécher, après quoi on les transporte à la grange. Les vaches mangent avec appétit les feuilles et les parties les plus tendres de la tige. Le reste sert à faire de l'engrais. La cherté du bois à brûler a engagé quelques particuliers peu aisés à faire l'essai des tiges de maïz pour le suppléer.

On ensemence annuellement en maïz 19,620 hectares.

Les semences de maïz et de sarrasin sont entre le cinquième et le quart des autres semences. On les évalue à 6 décalitres par hectare. 20,424 hectares, ensemencés en maïz, absorbent 11,772 hectolitres, dont la valeur en argent est de 177,757 francs.

Le produit est de 280,561 hectolitres.

L'hectolitre de maïz est évalué 15 fr. 10 c. dans l'arrondissement de Bourg; 11 francs 43 centimes dans celui de Nantua; 14 francs 52 centimes dans celui de Belley; 15 francs 3 centimes dans celui de Trévoux.

Le total pour le département de l'Ain donne une valeur de 4,187,315 francs.

Il y a 187,500 hectolitres de maïz consommés annuellement par les hommes, 27,000 par les bœufs, plus de 30,000 hectolitres par les volailles, etc.

N. B. Si les statistiques des départemens eussent été plus uniformes et plus complètes, nous aurions pu en tirer un aperçu général de la culture et des produits du maïz en France; mais on sait que ce grand ouvrage est à peine ébauché. Nous avions cru y suppléer en demandant des informations particulières dans les lieux où le maïz est un objet de culture plus spéciale. Nous avons reçu peu de réponses, et sur-tout peu de réponses exactes et satisfaisantes; la crainte de voir livrer aux agens du fisc les renseignemens sur la valeur et le produit des terres, est l'épouvantail des cultivateurs. Cette crainte agit même sur ceux qui sont assez instruits pour juger qu'on ne les interroge que dans les intérêts de la science. Ils tremblent, au contraire, que les recherches de la science ne soient que des déguisemens ou des piéges de l'inquisition financière. Ainsi, l'on ne sauroit compter entièrement sur les détails contenus dans les statistiques même officielles, ni dans les évaluations cadastrales. Cependant on va voir qu'il seroit très-utile d'avoir des renseignemens par chaque canton, ou du moins par chaque arrondissement, de culture et de température semblables.

---

§. XLIII.

Du maïz dans le midi de la Touraine. Réponses envoyés de Bourgueil aux questions de M. Vilmorin, *en* 1810.

1°. *Quelle terre préfère-t-on en général pour la culture du maïz?*

Toutes espèces de terre conviennent. Meilleures elles sont, il devient plus beau; très-souvent on prend des terres ennuyées de grands blés et dans lesquelles il y a du *bourrier*. (Mot tourangeau, qui signifie *ordures, débris inutiles*. La balayeure des chambres s'appelle le bourrier. Dans les champs, on l'entend des mauvaises herbes.) En façonnant bien le maïz vous nettoyez cette terre, qui donne ensuite de beau blé.

2°. *Faut-il qu'elle soit fumée? à quelle époque et avec quel fumier de préférence?*

Lorsque vous avez une terre maigre, il faut bien la fumer. L'on préfère des fumiers communs, tels que des terreaux; ils sont moins brûlans que le grand fumier.

3°. *Combien de labours préparatoires donne-t-on à la terre avant de semer, et à quelles époques? — Se donnent-ils à la charrue ou à la houe? — Sont-ils croisés ou non? — Observe-t-on pour ces labours une profondeur à-peu-près déterminée?*

Lorsque vous voulez préparer votre terre à la charrue, il lui en faut trois tours; il reste dans le fond de la raie un petit chapeau comme pour enterrer de grand blé, et dans le côté du petit chapeau vous plantez vos grains de maïz. Vous façonnez votre terre dans l'hiver, sur-tout en janvier, février et mars. Plus avant elle est labourée, et mieux vaut. La façon de la pelle (ou à votre terme houe), cette façon est préférée. Les pauvres gens de notre pays prennent des terres à moitié, qu'ils bêchent bien en hiver; en remuant toute la terre, ils sont assurés d'avoir de bon maïz.

4°. *Fait-on tremper le grain avant de semer, et dans quelle préparation?*

L'on ne fait jamais tremper le grain, à moins qu'on ne veuille hâter la levée de quelques jours; en le mettant tremper dans de l'eau un peu dégourdie, vous développez le germe, et il en est plus tôt levé.

5°. *A quelle époque sème-t-on?*

L'on préfère le décours de la lune, en avril, pour planter le maïz.

6°. *Comment sème-t-on? — En répandant le grain dans les raies qu'ouvre la charrue, ou par poquetées (groupes)? — A la main, ou au plantoir? — Combien met-on de grains ensemble?*

Cela dépend. Quelqu'un laisse tomber le grain dans le fond de la planche et droit par-dessus avec le pic. La meilleure manière est celle-ci : dès que la terre est bien préparée avec un piquet, vous faites un trou d'un pouce de profondeur et vous y mettez un grain; vous faites cette plantation de 10 à 12 pouces d'un trou à l'autre. Si tout lève bien à la seconde façon, vous en arracherez un, et alors votre plant restera à environ 2 pieds l'un de l'autre.

7°. *A quelle distance sème-t-on sur la longueur du rang, et quelle distance observe-t-on entre ces rangs?*

Les rangs doivent être de 30 pouces de distance les uns des autres.

8°. *Comment recouvre-t-on, et à quelle profondeur à-peu-près la semence se trouve-t-elle enterrée?*

La semence doit être enterrée d'un bon pouce à un pouce et demi avant.

9°. *A quelle époque donne-t-on la première façon? — Avec quel instrument, herse, charrue ou bêche? — Quel est son objet? de sarcler seulement ou de buter?*

La première façon se donne lorsque le grain est poussé à-peu-près de 2 pouces. Cette façon s'appelle sarcler : on la fait avec une bêche; lorsqu'il a acquis plus de force, quinze jours environ après cette façon vous lui en donnez une autre, en attirant la terre au pied afin de la buter. Plusieurs personnes mettent deux grains ensemble, dans la crainte que tout ne lève pas, et si tout lève à la seconde façon, vous désassemblez et vous ne laissez qu'un seul pied.

10°. *Seconde façon. — A quelle époque? — Avec quel instrument? — Quel est son objet?*

Les façons se donnent tous les quinze jours, même trois semaines; plus la plante profite promptement, plus les façons doivent être rapprochées, et toujours en butant la plante, ce que nous appelons *chausser le maïz.*

11°. *Troisième façon. — Mêmes renseignemens, ainsi que sur les suivantes, si on en donne plus de trois.*

Plus la plante croît promptement, plus vous hâtez les façons, plus vous attirez la terre au pied de la plante. Il vous faut toujours quatre à cinq façons pour cette plante.

12°. *A quelle époque étête-t-on, et à quelle hauteur au-dessus de l'épi le plus élevé?*

L'on n'est pas forcé d'étêter quand le maïz vient très-fort; il pousse des drageons au pied, toujours à l'époque que pousse l'épi; vous avez soin de le *dédrageonner*, vu que cela altéreroit l'épi, et l'épi deviendroit moins beau. Nous avons des pieds qui ont jusqu'à deux épis; si vous voulez les étêter, c'est à 3 pouces au-dessus de l'épi. Cette pointe est bonne pour faire manger aux vaches; il ne faut le faire que quand l'épi a toute sa croissance.

13°. *Effeuille-t-on, et quand, et quelle partie des feuilles laisse-t-on?*

La bonne manière est de ne pas effeuiller; ou si vous effeuillez, c'est à la maturité du grain, quand l'épi ne fait plus rien que de sécher sur pied.

14°. *Distingue-t-on plusieurs espèces de maïz, et y a-t-il de la différence dans l'époque de leur maturité, dans la hauteur et les autres caractères extérieurs de la plante; dans la qualité et l'abondance du produit; dans leur faculté à venir mieux dans tel ou tel terrain?*

L'on distingue trois espèces de maïz, du jaune, du rouge et du blanc ; le produit pourroit être le même, mais la qualité du jaune est toujours la meilleure, même pour le produit. Ce blé peut venir en toute espèce de terre, pour peu qu'elle soit bien travaillée, et lorsqu'elle est maigre vous la fumez.

15°. *Cultive-t-on d'autres plantes entre les rangs de maïz, et cette pratique est-elle générale ou adoptée par les uns et rejetée par les autres ?*

Il est impossible de planter autre chose entre les rangs du maïz, vu qu'il faut dans les façons rapporter la terre du fond de la planche pour chausser le maïz.

Dans les bons terrains, entre le maïz, et toujours sur le même rang, on peut mettre quelques pieds de pois blancs, sur-tout quand il manque quelques pieds de maïz.

16°. *Conserve-t-on le maïz en épis, ou l'égrène-t-on de suite après la récolte ? — De quel instrument se sert-on pour égrener ?*

Lorsque le maïz est mûr sur pied, vous ôtez l'épi de dessus la paille ; vous l'épluchez à laisser trois feuilles par épi, vous le mettez par paquets d'environ trente épis chaque. Vous faites des palissades pour le mettre sécher, et toujours dehors.

Ces palissades sont formées de deux forts pieux enfoncés dans le sol et étayés pour plus de solidité, supportant des perches transversales sur lesquelles on suspend les paquets d'épis. Lorsque le grain est bien sec, vous le serrez pour l'égrener; les uns se servent d'une faucille; avec le dos on frappe dessus et il s'égrene; d'autres se servent du tranchant d'une pelle.

17°. *Fume-t-on ordinairement la terre après qu'elle a porté du maïz? — Quel grain ou autre plante lui fait-on succéder ordinairement? — Ou bien en remet-on deux ou plusieurs années de suite dans le même champ?*

Dans nos bonnes terres on y sème de suite du blé de froment, vu que, lorsqu'on a bien façonné le maïz, on a donné au terrain une espèce de *houtais*. (*Houtais* veut dire jachère, et s'entend, ainsi que ce dernier mot, soit du repos que l'on donne à la terre, soit des façons auxquelles l'année de repos est destinée. On dit même *houtayer* une terre, lui donner les façons de jachère.) D'autre terrain moins bon, on le fume et on y met du grain, tel que seigle ou orge; l'on n'est guère en usage de mettre deux années de suite du maïz dans le même terrain.

18°. *Combien évalue-t-on que le maïz rend pour une année moyenne?*

La récolte du maïz est toujours, année commune, de 10 à 12 boisseaux, et même 15 à la boisselée ; c'est suivant le terrain.

N. B. Le boisseau de Bourgueil pèse 16 à 17 livres en froment ; ce qui équivaut aux quatre cinquièmes ou un peu plus de l'ancien boisseau de Paris, et revient à environ un décalitre et un vingtième.

Quant à la boisselée, c'est le douzième de l'arpent de Touraine, qui contenoit 100 perches de 25 pieds de côté. L'arpent est donc de 62,500 pieds de superficie, et la boisselée de 5,208 pieds 4 pouces.

De la paille du maïz vous en formez des *bourdeaux* en forme de *mues ;* ces pailles sont bonnes pour les vaches dans le cours de l'hiver.

N. B. *Bourdeau* veut dire *faisceau*. Les *mues* sont ces paniers sous lesquels on enferme les volailles. Les *bourdeaux* ont plus exactement la forme d'une couverture, ou sur-tout de ruches d'abeilles.

Ces renseignemens particuliers à un pays, et ces mots usités dans une localité, présentent toujours quelques notions plus ou moins neuves, très-utiles à acquérir et à comparer avec les notions générales et les dénominations communes. Nous sommes bien loin d'avoir réuni, dans ce genre, tous les détails qui nous seroient nécessaires pour établir la synonymie du vocabulaire agricole relatif à toutes les plantes. On nous pardonnera donc d'avoir essayé de rassembler du moins tout ce que nous avons pu nous procurer de positif concernant le maïz. Nous avons lieu d'espérer que les cultivateurs et les propriétaires éclairés, entre les mains desquels pourra tomber ce supplément au traité de M. *Parmentier*, y prendront assez d'intérêt pour examiner en quoi la culture et l'emploi du maïz, dans la contrée qu'ils habitent, diffèrent ou se rapprochent des descriptions et des principes établis dans le cours de cet ouvrage; qu'ils voudront bien y joindre le vocabulaire local, avec son explication; tenir état de la nature des sols et de la différence des températures; et distinguer ce qui est pure habitude de ce qui est confirmé par des expériences comparatives et raisonnées. Ces remarques, adressées à la Société royale d'Agriculture de Paris, sous le couvert de S. Ex. le ministre de l'intérieur, pourront devenir utiles à la science. Elles seront reçues avec reconnoissance, classées avec soin, et serviront à perfectionner par la suite la théorie et la pratique d'une culture déjà si intéressante, et qui peut devenir une des ressources principales de notre économie rustique.

§. XLIV.

Proposition de cultiver le maïz dans le département du Var.

Extrait des registres de la Société d'Agriculture d'Hières, séance du 27 janvier 1811.

M. le sénateur comte *François de Neufchâteau* a dit :

« Messieurs, une des choses qui m'étonnent le plus dans l'agriculture de cette contrée, c'est l'espèce d'indifférence que les cultivateurs provençaux semblent avoir marquée pour une des meilleures plantes dont l'Europe ait été redevable à la découverte de l'Amérique. Je veux parler du maïz (*zea mays*), mal-à propos nommé blé de Turquie. Votre climat seroit éminemment favorable à sa culture, et sa culture à son tour seroit éminemment favorable à l'introduction d'un bon système d'assolement pour vos terres, disposées même comme elles le sont, pour réunir dans le même champ le blé, la vigne et l'olivier.

» S'il étoit permis de se citer soi-même, je rappellerois que j'ai dit (dans l'*Art de multiplier les grains*, chapitre XV), que le maïz est un des végétaux les plus utiles qu'on ait introduits dans l'agriculture moderne ; que tout en est profitable ; qu'indépendamment de la fécondité de son grain , l'eau dans laquelle ont bouilli ses feuilles et ses tiges , vertes ou sèches , procure aux bestiaux le meilleur des breuvages ; que sa culture s'associe très-bien dans le même champ , avec celle de la *parmentière* (pomme de terre) ; qu'enfin le maïz est une de ces plantes dont l'Angleterre envie avec raison le privilége à l'agriculture de la majeure partie de la France.

» A ce sujet il faut entendre *Arthur Young* dans son Voyage en France.

» Suivant cet agronome anglais, le maïz est un un objet de plus d'importance que les mûriers. « Posséder dans un pays , dit-il , une plante qui » sert à préparer la terre pour le blé, à nourrir » les habitans , et dont les feuilles sont également » utiles à engraisser les bestiaux, c'est posséder » un trésor dont les Français ont l'obligation à » leur climat. Un pays dont le sol et le climat » admettent un assolement, 1°. de maïs; 2°. de » blé , possède peut-être le genre de culture qui » rend aux hommes et aux animaux la plus grande » quantité de nourriture qu'il soit possible de » retirer de la terre. » Ensuite , *Arthur Young* observe que dans les parties du midi de la France qu'il a visitées, le maïz peut être cultivé si tard qu'il est toujours une seconde récolte, venant après une moisson antérieure. C'est d'après cette circonstance que cet auteur paroît convaincu et même enthousiasmé de la supériorité des climats du midi sur ceux des contrées septentrionales.

» Voilà, Messieurs, le témoignage d'un anglais qui ne nous flatte pas, et qui doit nous donner une émulation salutaire.

» C'étoit dans le Quercy, le Bordelais, la Navarre, que cette culture du maïz, servant à l'abolition des jachères, avoit frappé les regards du voyageur anglais. L'Académie de Bordeaux avoit donné une attention particulière à la culture du maïz. Elle a couronné à ce sujet un traité de M. *Parmentier* qui ne laisse rien à désirer.

» M. *de Candolle* observe dans un voyage récent, dont l'aperçu fait partie du tome XI des *Mémoires de la Société d'Agriculture de la Seine*, que les cultivateurs du Bordelais continuent de soigner la culture du maïz, et qu'ils donnent maintenant la préférence à une variété particulière (1).

» Je vous avoue que je m'attendois à trouver également cette plante cultivée et appréciée dans les départemens de la ci-devant Provence, et sur-tout à Hières. Vous manquez de grains, le

(1) C'est une erreur. *Voyez* ci-après §. XLVIII, page 332.

maïz en gaudes est le meilleur supplément du pain; vous manquez de prairies artificielles, le maïz fourrage en seroit une excellente; cependant vous n'en avez presque pas; vous n'en connoissez point les meilleures espèces. Lorsque j'ai interrogé vos cultivateurs sur les motifs du peu d'attention qu'ils donnent à cette plante, ils m'ont objecté qu'elle passe pour effriter la terre; mais ce reproche n'est fondé que sur la culture vicieuse et mal entendue de ce précieux végétal. D'ailleurs il m'a paru qu'on n'en semoit ici que des variétés abâtardies.

» On assure aujourd'hui qu'il est plus avantageux de cultiver le grand maïz blanc, qui est plus fécond, plus robuste, plus hâtif, et dont la tige est moins ligneuse. Cette variété si intéressante a réussi, même dans mon jardin de Paris, sous un ciel bien moins heureux que celui dont vous jouissez. Si j'eusse pu prévoir que vous ne possédassiez point cette belle espèce de maïz, je me serois fait un plaisir de vous l'apporter; mais j'étois bien loin de cette idée. Je me proposois au contraire de renouveler ici ma semence du blé des Incas, comme à une source plus analogue au climat péruvien dont il est originaire; et je me félicitois de pouvoir, à mon retour à Paris, y reporter les belles espèces de maïz que je croyois rencontrer, à coup sûr, dans toute la ci-devant Provence.

» Je pense, Messieurs, qu'il est nécessaire de détruire, par des expériences bien faites, le préjugé qui a restreint ici la culture du maïz ; qu'il est digne de vous d'éclairer à ce sujet vos concitoyens, par la leçon la plus efficace, celle de l'exemple ; qu'il convient de faire ces épreuves avec les meilleures variétés de maïz, et sur-tout avec le grand maïz blanc. »

Après avoir entendu et discuté les observations qu'on vient de lire sur l'importance de la culture du maïz, la Société a accueilli la proposition faite par plusieurs de ses membres, d'essayer, dès cette année, avec le plus grand soin, le grand maïz blanc et les autres variétés intéressantes qu'il sera possible d'obtenir. A cet effet, il a été résolu de transmettre un extrait du procès-verbal de cette séance à la Société d'Agriculture du département de la Seine, et de la prier d'engager deux de ses membres, M. *Parmentier*, auteur du meilleur traité sur le maïz, et M. *Vilmorin-Andrieux*, grenetier-botaniste, à procurer à la société d'Hières un choix des meilleures espèces de maïz et les instructions les plus récentes sur leur culture.

N. B. Cette délibération a été exécutée. La Société d'Agriculture de Paris s'est empressée de

20*

faire parvenir à Hières de belles fusées de différentes espèces de maïz, que nous avons eu le plaisir de distribuer à des cultivateurs distingués et à des propriétaires instruits et estimables. Nous regrettons beaucoup de n'avoir pas été à portée de retourner dans un si beau pays depuis cette époque, dont le souvenir nous est cher, et de n'avoir pu juger nous-mêmes des progrès ultérieurs de la Société d'Agriculture d'Hières.

Il n'y a qu'un obstacle à l'amélioration de toute espèce de cultures dans la ci-devant Provence, c'est le défaut d'eau; mais cet obstacle n'est pas invincible. Il y a des plans et des moyens d'y pourvoir ; ce n'est pas ici le lieu de les développer. Cette digression nous écarteroit trop de notre objet. Nous nous félicitons d'avoir eu du moins l'occasion de les rappeler et d'engager l'Académie de Marseille à mettre au concours l'éloge d'*Adam de Craponne*, qui a donné dans le XVIe. siècle, l'exemple de ce qu'on peut faire pour arroser et vivifier les plaines les plus arides de la Provence.

On peut lire aussi, dans les Mémoires de la Société d'Émulation de Draguignan, *le moyen de créer des sources artificielles*, par M. *Fabre*, ingénieur en chef, et correspondant de notre Société royale d'Agriculture.

§. XLV.

Du maïz dans la Carinthie. 1811.

MM. les rédacteurs de la *Bibliothèque Britannique* nous ont fait connoître en 1811 l'ouvrage intitulé *Vallstandige Abhandlung*, etc. Traité complet de l'Histoire naturelle, de la Culture et de l'emploi du maïz, ou blé de Turquie, par M. le docteur *Jean Burger*, professeur d'Agriculture à Clagenfurt, et membre de la Société d'Agriculture de Carinthie. Vienne, 1809.

1°. En traitant de la préparation de la semence du maïz, M. le docteur *Burger* remarque qu'il n'y a rien à cet égard qui ne puisse servir ou nuire, suivant l'application : si la température, dit-il, est chaude, et la terre sèche, le maïz non trempé demeure dans la terre sans germer jusqu'à ce que la pluie vienne lui donner l'humidité nécessaire, au lieu que le maïz détrempé n'a besoin que de chaleur pour germer : l'immersion est à cet égard une précaution utile. Si la température est encore fraîche et humide, si la terre est pénétrée d'eau et si la pièce qu'on veut semer retient l'humidité; détremper le maïz est non-seulement une précaution inutile, mais nuisible, parce que si les grains se trouvent enterrés un peu trop profondément, ils pourrissent.

2°. Au moyen d'expériences directes, l'auteur allemand veut prouver l'avantage de peu enterrer les grains de maïz pour en avoir une végétation prospère et prompte; mais il y a encore du doute, et il faudroit de nouvelles expériences à cet égard.

3°. Sur 4 toises carrées, 95 plantes de maïz peuvent bien réussir, et si chaque plante réussissoit, il faudroit à-peu-près 31 livres de grains par journal; l'auteur en sème 40 pour parer aux accidens.

4°. La plantation des pièces entières en maïz est une mauvaise pratique; mais il peut être utile de repiquer des plantes dans les endroits qui, par accident, se trouvent mal garnis, et en les prenant pour cela dans les parties trop épaisses.

5°. L'auteur ne connoît pas les expériences faites relativement à la betterave employée comme récolte accessoire dans le maïz; mais il doute beaucoup que cette plante puisse réussir à l'ombre du maïz, et sur-tout qu'elle puisse donner des résultats comparables à ceux des haricots nains qui réunissent toutes les conditions pour que les deux récoltes ne se nuisent pas réciproquement.

6°. La meilleure manière de préserver la semence du maïz contre les oiseaux, les insectes, est de bien labourer et bien herser les terres;

lorsqu'on laboure, dit-il, bien profondément en automne, en laissant le *guéret* exposé à la gelée, les insectes et les œufs périssent pendant l'hiver.

7°. Les effets de la gelée sont toujours nuls par rapport aux graines de maïz germées.

8°. L'opération du *butage* ne provoque point la formation des racines coronales.

9°. Il lui a paru fort douteux qu'une grande accumulation de terre autour des tiges du maïz serve à autre chose qu'à donner de la fermeté à la plante.

10°. Si, après la fructification, on ôte les feuilles au-dessus et au-dessous des épis, et que l'on coupe le haut des tiges dans le moment où les grains ont déjà acquis toute leur grosseur, mais sont encore en lait, les épis et les grains demeurent toujours un peu plus petits qu'ils ne le sont quand on n'enlève rien à la plante. L'auteur n'a observé aucun mauvais effet lorsqu'il a fait l'amputation après que les grains avoient déjà acquis de la dureté. Au reste, il lui a paru absolument indifférent de couper la tige immédiatement au-dessus de l'épi supérieur, ou de laisser un nœud et une feuille : il n'a pas su observer la moindre différence entre l'un et l'autre procédé.

11°. En 1805, année très-froide, il s'est assuré que, dans les lignes de maïz où il avoit fait enlever les feuilles et les tiges, la maturation a été accélérée, quoique le terrain et l'exposition au soleil fussent les mêmes.

12°. Dans une pièce où il avoit semé les lignes à 22 pouces et où les plantes étoient plus serrées dans la ligne, il n'a pas obtenu davantage en résultat, parce que la grosseur des épis diminue en proportion de ce que les plantes sont plus épaisses.

13°. M. *Burger* compare le produit pécuniaire de la culture du maïz avec différentes autres productions; mais pour faire ressortir mieux encore l'avantage du produit net dans la culture du maïz, il le compare à celui du froment d'une de ses meilleures récoltes sur un journal.

Et en n'estimant le produit brut du froment que ce qu'il est véritablement en terme moyen, c'est-à-dire 18 mesures, nous aurons, dit-il,

pour le grain.	fl.	135	
pour la paille, 29 quintaux. . . .	»	19	20
	fl.	154	20
dont à déduire pour frais.	»	55	9
Reste.	fl.	99	11

Quelle différence, s'écrie-t-il, avec le produit net du maïz, qui est fl. 417, 36?

14°. Il a observé que le maïz n'épuise pas

beaucoup la terre, et toujours bien moins que le blé, l'orge et les pommes de terre.

15°. Le même professeur donne une instruction sur le sucre tiré du maïz, mais qui ne paroît pas en être un emploi fort avantageux.

---

§. XLVI.

Correspondance sur le pain de maïz, entre M. le préfet du département des Landes et l'auteur de ce Supplément au traité de M. Parmentier, *en* 1812.

1°. *Lettre du préfet aux membres de la Société d'Agriculture de Mont-de-Marsan.*

2°. *Lettre de l'auteur à ce magistrat.*

3°. *Réponse de M. le préfet, et succès de la fabrication du pain de maïz, suivant le procédé indiqué.*

1°. *Le préfet des Landes, président de la Société d'Agriculture du même département, aux membres de la même Société.*

Mont-de-Marsan, le 27 mai 1812.

Messieurs, les amis de l'humanité, touchés des circonstances pénibles que nous venons d'éprouver, ont porté de nouveau toute leur attention sur les moyens de multiplier les subsistances, d'en perfectionner et d'en économiser l'emploi.

Je m'empresse de vous transmettre une lettre que M. le vice-président de la Société d'Agriculture de Paris m'a fait l'honneur de m'adresser; vous y verrez que le maïz peut devenir une ressource d'autant plus précieuse pour ces contrées, qu'il y est assez généralement cultivé, et qu'il nourrit lui seul les trois-cinquièmes de la population des campagnes.

Mais, vous le savez comme moi, on n'est point encore parvenu à fabriquer du pain de maïz; et jusqu'ici on s'est borné, parce que tel étoit l'ancien usage, à convertir la farine en une pâte fermentée, que l'on fait cuire ensuite, et que l'on appelle vulgairement *Millas*.

Une combinaison de farine de maïz et de froment pourroit, ainsi que l'a pensé avec raison l'auteur de la lettre, appuyé sur plusieurs expériences, fournir du pain d'une très-bonne qualité. Les premiers essais qui viennent d'être faits au chef-lieu, ont déjà donné pour résultat du pain qui est de beaucoup supérieur à celui de munition, composé de trois quarts de farine de froment et d'un quart de seigle.

Ces essais se continueront sous mes yeux;

mais je désire que vous les répétiez dans votre famille ; que par votre influence vous détermi-niez les personnes aisées à fabriquer du pain de maïz et de froment, de maïz et de seigle, afin que sur tous les points on puisse substituer une nourriture saine et agréable au goût, à la pré-paration alimentaire connue sous le nom de *Millas*.

Vous jugerez un tel résultat d'autant plus digne de vos soins, qu'en généralisant une culture pré-cieuse, il assurera au maïz un débit aussi cer-tain que celui de froment.

Je compte infiniment sur le zèle dont vous avez donné tant de preuves pour les amélio-rations utiles, et je vous prie instamment de me faire connoître les expériences successives qui auront été faites dans votre commune et dans les environs, sur la panification de la farine de maïz.

Recevez, Messieurs, les assurances de la consi-dération affectueuse, etc.

Signé le Comte D'ANGOSSE.

2°. *Lettre à M. le Préfet du département des Landes.*

Paris, le 8 mai 1812.

Monsieur le Comte, j'ai reçu, étant encore très-souffrant de la goutte qui m'a tourmenté tout l'hiver, les écrits que vous avez eu la bonté de m'adresser, et qui sont relatifs à ce premier des arts, objet constant de mes études : je vous en remercie. Aussitôt que le retour du printemps me permet d'aspirer à la convalescence, et pour mieux vous prouver toute ma gratitude, je saisis cette occasion de vous proposer, à mon tour, quelques expériences que je crois n'être pas indignes de votre attention, dans une année où il importe de multiplier en tout sens l'espérance et la perspective des ressources alimentaires. Je me suis occupé, même au fort de ma maladie, de recherches sur le maïz, blé de Turquie ou blé d'Espagne, plante déjà très-estimée et qu'on croit bien connue ; mais d'après les données et les renseignemens que j'ai pu recueillir, je crois être en état d'ajouter beaucoup à ce qu'on en sait jusqu'à ce moment. Je me suis reproché d'avoir effleuré cet article trop superficiellement dans mon traité de l'*Art de multiplier les grains* (1). Pour venger le maïz, je me propose d'établir cinq propositions :

---

(1) Ou *Tableau des expériences qui ont eu pour objet d'améliorer la culture des plantes céréales, d'en choisir les espèces et d'en augmenter le produit*, 2 vol. in-12. Paris, 1809, dans la librairie de Madame *Buzard*. — Le but de cet ouvrage est de montrer aux propriétaires les profits qu'ils doivent retirer d'un domaine dont on cultive le moins de terrain possible en grains. Depuis le malheureux hiver de 1709, on n'a cessé de faire des recherches et des expériences pour découvrir les meilleurs moyens d'augmenter le produit des céréales. Ces recherches et ces expériences sont éparses dans une foule de brochures rares, de collections académiques fort chères et de livres peu connus; l'auteur qui les a tous recueillis, s'est proposé de les abréger, d'en donner une exacte connoissance; et à cette masse de faits il a joint toutes les notions importantes qu'ont pu lui procurer et ses propres essais et une correspondance suivie depuis long-temps avec les meilleurs agronomes nationaux et étrangers. L'art de multiplier les grains dont ce livre renferme tous les élémens, doit fixer l'attention et les vœux des amis de la prospérité agricole de la France. Les succès de cet art tiennent, 1°. au rétablissement des comices géoponiques, ou conférences agricoles, que l'auteur redemande et qu'il voudroit voir fonder dans chaque arrondissement; 2°. et à l'adoption des pépinières céréales, où il assure, d'après sa propre expérience, que l'on récolte les grains de semence les meilleurs, les plus beaux et les plus productifs.

1°. Que sa culture pourroit être perfectionnée et rendue plus avantageuse dans les départemens où elle est déjà en usage ;

2°. Que le moyen de l'introduire et de la faire prospérer dans beaucoup de départemens où elle est encore inconnue, c'est de faire ce que l'on a tenté heureusement, sur mon conseil exprès, dans ma sénatorerie de Bruxelles, ou le maïz a réussi, même à Bruges, en choisissant des variétés de maïz plus précoces, et en le cultivant dans le même terrain et par le même procédé que les solanées parmentières ou les pommes de terre, sur lesquelles il reste encore, comme sur le maïz, bien des expériences et des découvertes à faire ;

3°. Qu'il ne devroit point y avoir de jardin potager un peu considérable, sans quelques planches, haies ou palissades de maïz ;

4°. Que dans les contrées même où le maïz ne mûrit pas, on devroit le semer encore pour le couper en vert, puisque, dans cet état, il fournit pour les hommes un sirop de sucre ou de miel, et pour les bestiaux le meilleur des fourrages ;

5°. Enfin, que soit qu'on le cultive, soit qu'on se le procure par la voie du commerce, on pourroit se servir de son grain et de sa farine, de son papeton même, d'une manière plus utile qu'on ne l'a fait jusqu'à présent, soit pour en améliorer les potages économiques, soit pour en fabriquer du pain, du biscuit, de la bière, etc. Voilà, Monsieur le comte, cinq propositions que j'espère démontrer aux amis de l'humanité et de l'agriculture. En attendant, je vous avoue que je désirerois savoir si l'on connoît dans les contrées que vous administrez, l'usage avantageux du grain, de la farine et du papeton du maïz, pour les soupes et pour le pain, comme je vais avoir l'honneur de vous l'exposer sommairement.

§. I. — *Du Maïz, pour les soupes aux légumes ou potages économiques.*

J'ai fait envoyer dans le temps, à tous les départemens, un recueil *de Mémoires sur les établissemens d'humanité* (1), que j'ai fait publier lors de mon ministère, et qui doit se trouver aujourd'hui dans vos archives. Faites-vous représenter le n°. 4 de ce recueil. Vous y verrez que *la meilleure et la plus économique*

---

(1) Ce recueil, en trente-neuf parties, in-8°., se trouve chez Madame veuve *Agasse*, rue des Poitevins, n°. 6. Il y manque une table analytique des matières, qui auroit dû former le quarantième numéro, et qui auroit rendu la collection plus utile.

de toutes les soupes préconisées par M. *de Rumford* lui-même, se fait avec de l'eau, cinq livres de farine d'orge, sel, poivre, vinaigre, petites herbes, quatre harengs secs pilés (1), et au lieu de pain, cinq livres de maïz préparé en *samp*. Le samp a été inventé par les sauvages, pour suppléer aux moulins, qu'ils n'avoient pas. Il s'agissoit d'abord de dépouiller le maïz de son écorce ; pour y parvenir, on le fait tremper dans une lessive de cendres de bois ; l'écorce vient à la surface du liquide, et le grain reste au fond. On le fait ensuite bouillir ou boutonner très-long-temps, deux jours par exemple, dans un pot d'eau au coin du feu. On trouve alors le grain éclaté, d'un volume extraordinaire et d'une saveur excellente. C'est du maïz crevé, que l'on emploie de diverses manières. La meilleure est

---

(1) Il y a des pays où des soupes assaisonnées de vinaigre, de sel et de harengs pilés, ne feroient pas fortune. A Turin, par exemple, lorsqu'on a voulu introduire les potages économiques, il a fallu changer leur composition, substituer le riz à l'orge, doubler la dose du maïz, et au lieu de harengs, de sel et de vinaigre, employer des substances grasses et onctueuses, comme l'huile, le lard, avec des stimulans tels que l'ail, la civette, les fruits du piment annuel ou du poivre-corail. (Voyez les *Mémoires de la Société d'Agriculture de Turin*, pour les années IX et X, page 40.)

de le mettre en place de pain, dans les soupes au lait, dans les bouillons, etc.

Pour nous qui avons des moulins, il est un moyen bien plus simple d'employer le maïz dans nos soupes économiques. C'est d'en faire de ces boulettes qui tiennent lieu de pain aux Indiens Américains, et qui nous rappellent la *toulbe*, ou la soupe au blé dauphinoise. On fait torréfier de la farine de maïz; on la délaye dans un vase avec de l'eau et du sel. On en fait une pâte ferme, avec laquelle on forme des boulettes de la grosseur d'un œuf de poule. On les jette dans la marmite une heure avant le repas. Cette préparation passe pour être saine et agréable. C'est ce qui résulte du récit de M. *Lelieur*, de Ville-sur-Arce, administrateur des jardins, pépinières et parcs du gouvernement, dans ses *Essais sur la culture du maïz et de la patate douce*, qui ont paru en 1807 (1).

---

(1) A la farine du maïz, qui fait le fond de ces boulettes, on pourroit ajouter des herbes, de la poudre de piment annuel (*capsicum annuum*), pétrir le tout, et le rouler dans de la farine ordinaire. En aplatissant ces boulettes, on en fait des tablettes minces qui sèchent aisément à l'air, et mieux dans une étuve. Enfin, l'on peut faire passer ces tablettes sous une presse, pour en réduire le volume. Ces préparations, très-peu dispen-

§. II. — *Du Pain de Maïz et du Biscuit.*

Le pain de maïz pur est difficile à fabriquer, et l'on s'y prend si mal, qu'il en est résulté une grande prévention contre cette sorte de pain. Les ouvrages de notre célèbre *Parmentier* contiennent à cet égard de meilleurs procédés, que je ne transcris pas ici, parce qu'ils sont très-répandus; mais la manière de mélanger la farine de maïz avec celle de froment ou de seigle, est beaucoup moins connue et peut être très-utile. Permettez-moi de vous la développer, au hasard de vous dire ce qui se fait déjà peut-être dans les Landes.

On fait bouillir de l'eau dans laquelle on fait fondre une quantité proportionnelle de sel. L'on met dans cette eau, par petite quantité à-la-fois et toujours en la remuant, de la farine de maïz, sur-tout celle du maïz blanc réputée la meilleure

---

dieuses, donnent en résultat une sorte de biscuits crus, mais faciles à cuire, qui renflent dans les soupes et les rendent plus agréables.

L'espèce de piment que je cite ici, est une plante qui devroit devenir dans nos contrées du nord un objet de culture usuelle comme elle l'est dans les départemens du midi, et sur-tout en Italie. M. *Arsène Thiébaut de Berneaud* a promis de traiter cet article à part, et ce seroit un travail utile.

pour cet usage dans l'Amérique Septentrionale. Après avoir fait cuire cette bouillie pendant environ trois quarts d'heure, on l'ôte de dessus le feu et l'on ajoute de la farine de maïz, pour rendre la bouillie encore plus épaisse ; on la remet un moment sur le feu, puis on la verse dans une maye, ou pétrin. On la remue avec une spatule, pour la laisser refroidir au degré que doit avoir l'eau chaude dont on se sert pour faire le pain. On ajoute alors du levain, un peu délayé, à cette espèce de pâte, en la pétrissant avec autant de farine de froment ou de seigle qu'elle en peut absorber, pour former une pâte véritable, qui ait la consistance requise pour faire du pain. On couvre la pâte, on la laisse fermenter, et l'on se conduit pour le reste comme on fait habituellement pour faire le pain en France, excepté que celui de maïz mélangé demande une plus longue cuisson que celui de froment ou de seigle pur. Lorsque le pain de maïz est fait avec ces précautions, il est agréable, doux, nourrissant, digestif, et a l'avantage de se tenir long-temps frais, ce qui est à considérer dans un pays comme les Landes. Ces détails sont appuyés sur les témoignages de *Kalm*, naturaliste suédois, et de M. *Lelieur*, déjà cité : j'ai mangé de ce pain étant en Amérique, et je l'ai trouvé excellent (1).

---

(1) Conformément aux intentions de M. le préfet des Landes, le sieur *Destephen*, boulanger à Mont-de-Marsan, a manipulé sous les yeux de MM. *Dulyon*, maire de la ville, et *Dive*, chimiste, la farine de maïz (*milloc*), avec celle de froment, par les deux procédés suivans :

Premier procédé indiqué par M. François de Neufchâteau.

Trois kilogrammes 750 grammes (7 livres trois quarts) de farine de maïz blanc, blutée, ont été traités par l'eau bouillante, dans laquelle on avoit mis 250 grammes de sel (demi-livre). Il en est résulté une bouillie épaisse, généralement connue dans les Landes sous la dénomination d'*escauton*. Convenablement refroidie, on y a incorporé 1 kilogramme 200 grammes de levain et 4 kilogrammes 250 grammes de farine de froment (environ 11 livres); le tout a été pétri et abandonné à la fermentation. Enfin, la pâte moulée en pain de 1 kilogramme 500 grammes (3 livres), a été mise au four, et a produit 15 kilogrammes de pain (30 livres).

Second procédé, dont il avoit déjà été fait quelques essais.

On a opéré le mélange de 3 kilogrammes 500 grammes de farine de maïs blanc, blutée, (7 livres), et une égale quantité de farine de froment. On a pétri et ajouté 250 grammes de sel (environ une demi-livre) et 1 kilo-

J'avois aussi reçu au Cap-Français, à Saint-Domingue, du biscuit de maïz, fabriqué à Paris par M. *Parmentier*, et qui avoit soutenu la traversée de mer sans être endommagé. J'étois alors procureur-général du Roi au Conseil souverain. Je fis examiner ce biscuit de maïz par la Société des Philadelphes du Cap, qui en dressèrent un procès-verbal authentique. (Voyez ci-dessus, n°. XXI).

Je ne puis concevoir qu'il ne se soit pas établi à Paris, à Lyon, et dans les autres grandes villes, quelques boulangeries de ce pain de maïz. Je suis très-assuré qu'elles auroient la vogue, et ce seroit un grand moyen d'encourager par-tout la culture de cette plante et le trafic de ses produits.

---

gramme 200 grammes de levain de froment. La pâte convenablement fermentée, a été, comme la précédente, moulée en pain de 1 kilogramme 500 grammes chaque (3 livres), et mise au four jusqu'à cuisson parfaite. Cette opération a produit 11 kilogrammes de pain (22 livres).

Le pain provenant de ces deux manipulations est d'une qualité supérieure au pain de munition composé de trois quarts froment, et un quart de seigle.

On va journellement continuer les essais, et on parviendra facilement, on n'en doute pas, à perfectionner cette fabrication, et à faire un pain agréable et nourrissant, dont le prix sera très-modéré. (*Note ajoutée à la lettre, par ordre de M. le préfet des Landes.*)

§. III. — *Du papeton du maïz, nommé* charbon blanc *dans les Landes.*

On a récemment essayé, dans plusieurs endroits, de profiter de la substance qui se trouve dans les fusées, rafles, papetons ou panouilles de l'épi du maïz. On s'étoit contenté pendant long-temps de les faire sécher et brûler, pour en retirer la potasse; mais à Turin, dans l'an IX (1801), M. le professeur Buniva a fait moudre une quantité de ces papetons bien desséchés; il en a mélangé la farine avec d'autres farines ordinaires, ce qui a produit un pain que la Société d'Agriculture de cette ville a trouvé passable.

De mon côté j'avois eu l'idée de couper par petits tronçons ces fusées desséchées, et d'en faire bouillir les fragmens, de manière à ce que leur décoction servît à pétrir le pain, mais principalement à confectionner les potages économiques, ce qui a fort bien réussi.

Cette dernière tentative et bien d'autres du même genre m'ont amené à croire qu'il faudroit faire un état, ou profession, de l'art de préparer les soupes aux légumes ou potages économiques, et qu'il seroit avantageux qu'il y eût, dans les grandes villes, des fourneaux permanens, ou ce que les Anglais appellent *des boutiques à soupes.*

Voilà, Monsieur le Comte, bien des détails que je vous livre avec la confiance de vous intéresser, et sans avoir besoin d'en excuser l'aridité. Si tout cela est connu dans le département qui vous est confié, j'en serai quitte pour avoir fait une écriture inutile. Si cela n'est pas en usage et vous paroît valoir la peine d'être mis en expérience, je vous serai très-obligé de m'en faire connoître bien promptement les résultats. Je vous prie, au surplus, Monsieur le Comte, d'agréer l'assurance de ma considération et de mon dévouement.

Le vice-président de la Société d'Agriculture du département de la Seine.

3°. *Extrait de la réponse de M. le Préfet des Landes.*

Mont-de-Marsan, 2 juin 1812.

MONSIEUR LE COMTE,

Souffrez qu'au nom de tous les habitans de ces pauvres Landes, dont le sort vous a toujours intéressé, je vienne vous offrir l'hommage simple, mais bien sincère, de la reconnoissance qu'ils doivent à votre sollicitude pour eux.

Vos instructions et vos avis ont été accueillis. Des expériences ont été faites, et leur résultat a été tel que vous l'aviez prévu. Le pain de maïz se manipule déjà à Mont-de-Marsan, et les consommateurs le recherchent avec empressement.

J'aurai soin de vous faire connoître les résultats de nos essais et les progrès successifs d'une innovation qui vous donne des nouveaux droits aux respects des amis de l'humanité, et à la reconnoissance des habitans des Landes à qui vous avez accordé une aussi honorable initiative.

Daignez agréer, etc.

Signé le Comte D'ANGOSSE.

N. B. Cette correspondance sur le pain de maïz a été envoyée dans beaucoup de départemens, où elle pouvoit être utile; elle a produit un bon effet, même hors de France, quoiqu'elle ait rencontré dans certaines localités le préjugé que la routine établit trop souvent en faveur de ce qui existe, et d'après lequel on refuse d'examiner et d'essayer ce qui pourroit être mieux. Mais la pièce suivante prouvera que l'auteur avoit eu raison de penser que l'on ne savoit pas encore les meilleurs emplois du maïz dans les régions même où il est, depuis très-long-temps, l'objet d'une grande culture.

---

§. XLVII.

Correspondance sur le même sujet, avec un administrateur dans le royaume de Naples.

1°. *Lettre de M. l'Intendant de la Principauté Citérieure, à l'auteur.*

2°. *Réponse.*

Salerne, le 3 juillet 1812.

Il Consigliere di Stato, Intendente della Provincia di Principato Citeriore, *à M. le comte* François de Neufchateau.

Monsieur le Comte,

Les journaux viennent de m'apprendre que vous avez non-seulement propagé et amélioré la culture du maïz dans votre sénatorerie de Bruxelles, mais même indiqué de meilleurs procédés que ceux qui sont connus jusqu'à ce jour, pour tirer un pain plus savoureux de cette plante céréale; mais les journaux, en m'annonçant cette découverte précieuse, se taisent sur les moyens et les procédés employés. Comme rien de ce qui intéresse les classes industrieuses et indigentes du peuple ne vous est indifférent, je me flatte, Monsieur le Comte, que vous ne trouverez point indiscrète la demande que j'ai l'honneur de veus adresser.

Je suis à la tête d'une province où le maïz est, pendant une partie de l'année, l'aliment principal du peuple; mais le pain qu'on en tire, fait avec peu de soin, ou par un procédé peu favorable à sa préparation, s'il n'est point malsain, du moins n'est point ce qu'il peut être pour la saveur.

J'ose vous prier, Monsieur, de vouloir bien me faire connoître le procédé que vous conseillez dans la fabrication du pain de maïz. Outre que c'est concourir à vos vues philanthropiques que d'étendre les progrès de toute découverte utile à l'art qui nourrit les hommes, vous acquerrez des droits particuliers à la reconnoissance d'une province étrangère, qui apprendra par moi à bénir en vous l'homme qui, long-temps littérateur aimable, consacre aujourd'hui son honorable carrière au soulagement de l'humanité et à l'utilité publique.

Je saisis avec empressement cette occasion pour vous prier d'agréer, etc.

Signé Blanc de Volx.

N. B. En réponse à cette demande, nous nous sommes empressés d'adresser à M. l'Intendant de

Salerne un exemplaire de notre correspondance avec M. le préfet des Landes, et le détail circonstancié qu'on a lu ci-dessus (pages 322-325), de la fabrication du pain de maïz, fait avec sucès, d'après notre indication, dans la ville de Mont-de-Marsan.

Nous demandions aussi à M. l'Intendant de Salerne, si l'on cultivoit à Naples la Colocase ou le Gouet, plante du Levant et de l'Amérique, dont les feuilles valent les épinards, et dont les racines remplacent la pomme de terre. Voyez les Voyages de M. *Olivier* dans le Levant (Voyage en Égypte, chapitre V), et le *Dictionnaire d'Histoire naturelle*, article Gouet. Nous insistions sur d'autres articles du même genre, propres à la culture des pays chauds; mais les circonstances politiques, l'éloignement, ou d'autres causes, nous ont privés de la satisfaction de savoir si notre réponse est parvenue dans le temps à Salerne, et si l'on a pu en faire usage. Nous sommes dans la même incertitude sur la réception de la même correspondance avec beaucoup de pays où on nous l'avoit demandée. Les événemens de la guerre avoient trop fait perdre de vue la malheureuse agriculture. Puisse le retour de la paix nous ramener à la charrue, et nous y fixer pour toujours!

§. XLVIII.

Du maïz violâtre, venu de la Chine, et qui a été cultivé à Bordeaux.

Lettre de l'auteur de ce supplément, à la Société d'Agriculture.

Paris, le 4 mai 1812.

Messieurs et chers Confrères,

Occupé de quelques recherches sur le maïz, j'ai eu occasion de vérifier bien des faits inexacts relativement à cette plante. J'ai reconnu sur-tout que notre savant confrère, M. *de Candolle*, a été mal informé lorsqu'il a dit à la Société (en lui rendant compte d'un voyage dont l'aperçu fait partie du tome XI de nos *Mémoires*) que les cultivateurs du Bordelais donnoient la préférence à une variété de maïz venue de la Chine, et beaucoup plus fertile que les autres variétés déjà connues. J'ai écrit à Bordeaux, et les réponses que j'ai reçues à ce sujet détruisent complétement l'illusion et l'espérance que le récit de M. *de Candolle* m'avoit fait naître. Voici sommairement ce qu'il convient d'y substituer.

Il y a environ dix-huit ans que M. *Dupuy*,

chef du jardin botanique de Bordeaux, reçut deux épis de maïz, l'un blanc, l'autre violâtre; ils lui furent remis par un chirurgien de corsaire, qui les avoit trouvés, parmi d'autres objets d'histoire naturelle, à bord d'un navire venant de Canton, lequel navire avoit été pris par le corsaire où ce chirurgien étoit embarqué. M. *Dupuy* ne manqua pas de les cultiver; mais la totalité des plantes que produisit le semis de la première variété, blanche, fut détruit par les courtilières avant que d'avoir pris tout son accroissement. La variété violette donna, en quantité, des tiges herbacées, qui firent croire que cette variété pourroit être cultivée avantageusement pour fourrage. M. *Dupuy* l'a ressemée pendant cinq ou six années consécutives. Ayant une année attaché beaucoup de soin à l'une des plantes provenant de ces semis, il en obtint une espèce de buisson qui, à l'époque de sa floraison, pesoit 20 kilogrammes. Le fait se trouve consigné dans les Mémoires de la Société des sciences, arts et belles-lettres de Bordeaux. Un tel produit étoit bien propre à exciter l'enthousiasme. M. *Dupuy* a désigné ce maïz sous le nom de maïz de Canton, et il en a donné des graines à beaucoup d'amateurs qui tous ont abandonné sa culture, à raison du peu d'avantage qu'ils ont cru y entrevoir, par la difficulté d'en obtenir de bonnes semences, parvenues à leur maturité. Il pense même que ce maïz ne peut être cultivé avec succès que dans les parties de la France où la température soit plus élevée que dans le département de la Gironde. Depuis deux années, M. *Dupuy* n'a pu obtenir des graines du maïz violâtre. Il m'en a envoyé un petit cornet, que je joins à cette lettre; mais ces graines sont à leur troisième année, ce qui lui fait craindre qu'elles ne possédent plus leur faculté germinative. Cependant, ma lettre a ranimé l'ardeur de quelques amis de l'agriculture et de la botanique à Bordeaux, et ils vont hasarder, cette année, de nouveaux essais sur ce maïz dans des terrains de nature différente. On promet de m'instruire des résultats.

Ce maïz, par sa nature branchue et herbacée, doit être regardé comme une espèce particulière; mais il est si tardif à mûrir ses graines, et, en supposant que l'on parvînt à l'acclimater, la couleur désagréable de ces mêmes graines s'oppose si fortement à ce qu'il puisse entrer dans le commerce en concurrence avec le maïz à petits grains jaunes, le seul recherché et presque le seul cultivé dans les environs de Bordeaux, que le maïz violâtre n'y sera jamais qu'un objet de curiosité.

Cependant, il pourroit devenir utile dans les latitudes plus chaudes et où les fourrages seroient moins abondans que dans la Gironde.

D'ailleurs, on doit regretter la perte de la variété blanche de ce maïz.

On doit aussi s'étonner de ce que l'on n'ait pas songé à faire passer du maïz de la Chine en Europe dans le temps où nous avions à la Chine tant de missionnaires, et où nous faisions en grand le commerce de l'Inde.

Le premier naturaliste qui ait bien observé et décrit le maïz dans l'Amérique Septentrionale, le suédois *Kalm*, élève de *Linnœus*, observe que ce grain, transporté des pays chauds dans un pays plus froid, commence par y souffrir, et finit par s'y acclimater. M. le comte *de Rumford* a observé que les maïz du nord de l'Amérique valoient mieux, et qu'ils étoient plus recherchés en Angleterre que ceux du midi. D'après ces données, j'avois fort à cœur de savoir si les variétés précoces de maïz réussiroient dans quelques parties de la sénatorerie de Bruxelles. J'y en ai donc envoyé il y a déjà quelques années, et je n'ai pas été trompé dans mes conjectures. En dernier lieu, M. *de Serret*, secrétaire perpétuel de la Société d'Agriculture du département de la Lys, m'a fait le plaisir de m'apprendre que le maïz blanc et le maïz à poulet, que je lui avois adressés, ont complétement réussi dans les environs de Bruges.

N. B. Le maïz violâtre, cultivé à Paris, avoit levé sur couche et promettoit de faire une gerbe touffue; mais il n'a pas fleuri, et l'on a dû y renoncer.

---

§. XLIX.

Le maïz ou blé de Turquie, apprécié sous tous ses rapports.

Nouvelle édition du mémoire couronné le 25 août 1784, par l'Académie royale des Sciences, Belles-Lettres et Arts de Bordeaux; par *A.-A. Parmentier*, Officier de la Légion-d'Honneur et membre de l'Institut, imprimé et publié par ordre du Gouvernement; à Paris, in-8°., 1812, de 303 pages.

Dans cette nouvelle édition de l'excellent ouvrage de M. *Parmentier*, cet illustre agronome a déposé le fruit de quarante ans de réflexions et d'expériences : il confirme presque en tout son premier Traité, et en fait un livre classique. Il insère dans ses notes nouvelles plusieurs lettres fort curieuses. Nous croyons devoir détacher de ses observations particulières quelques traits remarquables : 1°. *sur l'étêtement du maïz ;* 2°. *sur l'emploi du papeton ;* 3°. *sur le sucre de maïz ;* 4°. *sur l'agrément de la culture du maïz ;* 5°. *sur le maïz dans le Piémont ;* 6°. *du maïz confit au vinaigre, et de sa culture à cet effet, près d'Arpajon ;* 7°. *les avantages de l'emploi du maïz en bouillie ;* et 8°. les dernières vues et le dernier vœu de M. *Parmentier sur le maïz en poudre alimentaire.*

1°. *Sur l'étêtement du maïz.*

Les pluies, qui à la fin de l'été sont si contraires à la conservation de nos grains et de nos pailles en gerbes, semblent avoir été quelquefois pour le maïz une source d'abondance. Quelques cultivateurs pensent que, dans cette circonstance, l'excès d'humidité fait croître la tige outre mesure, et qu'alors il seroit véritablement utile de les étêter, c'est-à-dire, d'enlever la panicule beaucoup plus tôt que dans les années ordinaires, parce qu'alors la plante a besoin d'être arrêtée, afin que la séve tourne au profit des épis. M. *Bosc* s'élève contre cette pratique, dont les suites, suivant lui, préjudicient au volume et à la saveur du grain : il observe qu'on forme une très-large plaie dans la direction de la séve, plaie qui occasionne une déperdition considérable de cette séve pendant plusieurs jours, et prive la plante du suc que devoient lui fournir les deux ou trois feuilles supérieures. Quoique je ne sois pas éloigné, ajoute M. *Parmentier*, d'adopter cette opinion, je laisse cependant subsister tout ce que j'ai avancé sur l'opération dont il s'agit, vu qu'il seroit extrêmement facile, au moyen d'expériences comparatives, de lever à cet égard tous les doutes par les avantages et les inconvéniens de cette pratique. La question mérite d'être examinée sous ce double rapport. M. *Parmentier* se flatte qu'elle le sera un jour, ainsi que d'autres problèmes contradictoires résultant des différens procédés de culture et d'emploi du maïz.

Joignons nos vœux aux siens pour que ces controverses rurales soient enfin décidées par la seule voie régulière, c'est-à-dire, par celle des expériences comparatives et répétées à différentes latitudes, pendant plusieurs années : sujet intéressant de concours à ouvrir par les Sociétés d'Agriculture dans les départemens où le maïz est connu, mais où il n'a pas encore été l'objet d'une étude suivie et d'expériences bien dirigées ! Si mon ouvrage donne lieu à ces expériences, il n'aura pas été inutile.

2°. *Du papeton.*

Dans les cantons où le maïz auroit été surpris, avant sa maturité, par les gelées d'automne, il semble à M. *Parmentier* qu'on pourroit, au lieu d'employer une chaleur artificielle pour sécher le grain et le mettre en état de passer l'hiver et fournir sa farine, le donner journellement aux bestiaux, en traitant les épis, encore mous et tendres, comme les racines potagères; c'est-à-dire, en les divisant par branches au moyen du moulin-couteau. C'est alors que le papeton, dans l'état charnu et muqueux, se broieroit sous la dent du bétail avec le grain encore en lait, et deviendroit une ressource. On pourroit laisser le maïz sur pied pendant un mois au moins, et en aller cueillir tous les jours une certaine quantité pour la ration du bétail. M. *Parmentier* invite les habitans des départemens qui cultivent le maïz, à réfléchir sur sa proposition.

Il seroit bon que cette propriété de l'épi de maïz non mûr, et de son papeton, fût bien constatée; car elle pourroit rendre encore assez avantageuses les tentatives de la culture du maïz dans les départemens même où ce grain ne mûrit pas ordinairement.

Il faudroit aussi savoir au juste si le papeton,

même desséché, du maïz bien mûr, ne seroit pas susceptible d'être ramolli ou pulvérisé, de manière à devenir plus utile qu'en le jetant au feu. Plusieurs essais ont été faits à cet égard, et nous en avons même tenté quelques-uns, mais beaucoup trop en petit, parce que nous n'étions pas à portée de disposer d'une assez grande quantité de fusées de maïz dans ses divers états de maturité : nouveaux sujets d'expériences à provoquer, et qui peuvent devenir très-intéressantes !

3°. *Du sucre de maïz.*

M. *Parmentier* s'est borné à rappeler dans une seule note les recherches qui ont été faites depuis les siennes sur la matière sucrante du maïz. M. *La Panouze* est l'auteur qui leur a donné le plus d'extension. Le mémoire qu'il a présenté à la Société des Sciences de Montpellier, manifeste un grand zèle et mérite des éloges ; mais il faut convenir que jamais on ne se déterminera à sacrifier la partie la plus précieuse de maïz pour n'obtenir qu'un peu de sucre; et comme l'observe M. *Figuier*, rapporteur de ce mémoire, « je demeure convaincu que de tous nos sucres » indigènes essayés jusqu'ici, c'est celui de raisin » qui est le vrai sucre français ; sa facile prépa» ration, son abondance, la modicité de son prix,

» doivent lui donner la préférence sur tous les » autres. » M. *Parmentier* en excepte cependant le sucre de betterave, quand la culture de cette plante sera mieux connue, et que les procédés pour l'en extraire auront la perfection qu'ils doivent atteindre un jour.

4°. *Agrément de la culture du maïz.*

Lettre de M. Theresse, *avocat au conseil et secrétaire du Roi, à M.* Parmentier.

« Je vous dois, Monsieur, des remercîmens pour la récolte de maïz que je viens de faire.

Les épis rouges et blancs ont peu produit, parce que, pour les avoir plus près de moi, je les avois placés dans un parterre dont le terrain est maigre et sablonneux; mais le maïz de Bourgogne, que l'on distribuait à l'intendance de Paris, à la charge d'en rendre le double après la récolte, et que j'ai semé en terre franche, a rendu considérablement. J'ai des épis de quatre cents grains, et des grains d'une grosseur énorme. En totalité, depuis trois ans que je fais valoir, je n'ai point vu ni fait de récolte plus satisfaisante et plus amusante. Je ne connois point de grain plus productif ni de production plus belle, plus intéressante, plus utile dans toutes ses parties, dans tous ses progrès. La contrariété de la saison a empêché une partie du maïz de mûrir : la volaille en a fait son profit, quant au grain; et les vaches, quant à la tige. Il n'y a rien eu de perdu, et la récolte se fait comme celle des fruits; on a le plaisir de la faire soi-même, et peu-à-peu, avec ses gens et sa faucille; la cueillette des grappes, leur suspension en festons dans les greniers, leur dépouillement, le choix pour la semence, sont autant d'amusemens champêtres qui font passer des heures d'autant plus agréables, qu'elles sont en même temps utiles. Point de blé noir, point de blé carié universellement dans cette belle culture; s'il s'en trouve quelques grains de viciés, il est facile de les ôter; il n'y a point de contagion. Je ne m'étonne point que la nature ait vêtu si richement ces beaux épis; et le soin qu'elle a pris de leur habillement, en les garantissant des mauvaises influences de l'air, annonce assez le prix qu'elle attache à leur usage. Je ne conçois donc pas comment l'Académie de Montauban vient de donner pour sujet d'un prix, un discours sur les avantages et les inconvéniens du maïz; je ne pourrais, quant à présent, concourir que pour la première partie.

N. B. L'enthousiasme que cette lettre respire, et qui est bien fondé, nous rappelle que nos poëtes n'ont pas encore rendu hommage à la culture du maïz. M. *de Rosset* est le seul qui en ait dit un mot dans le Poëme de l'Agriculture.

Enfans d'un même grain, deux mille grains mûrissent.

Mais ce n'est pas assez de savoir faire des vers; pour bien peindre l'homme des champs, il faut l'être soi-même. La lettre de M. *Theresse*, que l'on vient de lire, auroit fourni à nos poëtes géorgiques le sujet d'un charmant tableau, s'ils avoient été inspirés par le véritable amour de l'agriculture, et formés par un long séjour à la campagne.

Car il faut, quelque loin qu'un talent puisse atteindre,
Éprouver pour sentir, et sentir pour bien peindre.

PIRON, *Métromanie*.

5°. *Du maïz dans le Piémont.*

Note de M. VASSALLI.

Parmi les objets qu'on a beaucoup décriés, et qui sont pourtant toujours plus suivis, on peut citer la culture du maïz en Piémont, où l'on prétend que cette plante, en effritant le terrain, cause un vrai préjudice aux propriétaires, qui, pour avoir ce produit, perdent la double valeur en blé. Car, dit-on, en supposant qu'un arpent de terre donne trente mesures ou émines de maïz, le même terrain, semé en blé l'année suivante, au lieu d'en donner trente mesures, n'en donnera que quinze; et les quinze mesures de blé que l'on perd, valent en argent les trente mesures de maïz : ainsi on auroit la perte du travail et de la semence du maïz, quand le produit de ce dernier est médiocre. Or, on sait que sur dix ans il faut en compter deux où le produit du maïz est nul, et cinq autres où il est très-médiocre, à cause de la sécheresse qui est fréquente en Piémont dans les mois de juin et de juillet. En attendant, la terre continue à être épuisée presque également. Donc, sur dix ans, la perte que cause la culture du maïz, est très-certaine et considérable. Néanmoins, en dépit de ce raisonnement qui se trouve être vrai en partie, la culture du maïz se propage toujours davantage, vu le prix excessif des autres denrées qui a lieu depuis quelques années; et plusieurs personnes même affirment, et M. *Vassalli* est de leur avis, que le préjudice que l'on éprouve de cette culture vient de ce qu'on sème le maïz trop serré, ce qui en diminue le produit, en ce qu'il n'est pas assez nourri, et qu'il épuise davantage le terrain; au lieu qu'en le semant très-clair, s'il n'est point endommagé par la sécheresse, on en obtient un plus grand produit, sans que pour cela le terrain s'en trouve beaucoup épuisé. M. *Vassalli* a vu le maïz réussir très-bien dans les forêts qu'on venoit d'abattre, et où le blé ne réussit pas à cause de la nourriture surabondante qu'il y trouve, laquelle le fait verser, et ensuite pourrir. Le maïz vient aussi très-bien dans les terrains sablonneux et humides, même dans les années sèches et chaudes. On fume, en général, autant qu'on peut, le terrain destiné à cette culture ; mais on n'y emploie ordinairement que la quatrième partie du fonds, ce qui doit avoir son avantage : car, avant l'introduction du maïz en Piémont, ce pays avoit souffert plusieurs émigrations occasionnées par la grêle qui y est assez fréquente, laquelle ravageoit les moissons ; mais après qu'on y eut adopté le maïz, les émigrations ont cessé, par la raison que s'il arrive que la grêle emporte le blé, on a toujours la ressource de pouvoir encore semer du maïz, qui nourrit les habitans de la campagne. Ils aiment la polenta de préférence au pain, surtout dans l'hiver où ils ne travaillent pas fort, parce que, avec la polenta, ils peuvent boire de l'eau, au lieu qu'avec le pain ils ont besoin de vin. Mais dans les forts travaux, les paysans, même les plus pauvres, mangent du pain qui leur donne plus de force, et boivent du vin pour pouvoir mieux se soutenir.

6°. *Maïz confit au vinaigre. Culture du maïz pour cet usage.*

Lettre de M. ANDRIEU, *propriétaire à Cheptainville, membre de la Société d'Agriculture de Seine et Oise, à M.* PARMENTIER.

Monsieur, au moment que j'ai eu connoissance de votre mémoire sur le maïz, j'ai exécuté les préceptes qu'il renferme avec un succès toujours constant, mais qui a passé mes espérances.

Dès mon enfance, j'ai vu pratiquer la culture de ce grain dans le jardin de mon aïeul, à Paris, près des Pères de la Doctrine. La destination étoit de confire au vinaigre les jeunes pousses; on se contentoit de conserver quelques épis pour la semence.

Dès la seconde année de mon entrée en possession de mon domaine, je fis ma première expérience sur un demi-hectare; elle fut d'autant plus encourageante, qu'avec le concours de la saison la plus favorable, elle eut la réussite la plus complète. La presque totalité des épis parvint à parfaite maturité. On ne fit confire au vinaigre que les rejetons qu'on enlevoit avec précaution sur la partie inférieure de la tige. Les sommités furent données aux vaches, lorsqu'il fut permis par les indications de le faire. La récolte se fit au 15 octobre. Les grains que l'on voulut mettre au moulin, passèrent au four. Comme je faisois mon apprentissage sur les diverses parties de l'agriculture, mon exploitation n'étant à cette époque que de 15 à 20 hectares, pendant plusieurs années, ma culture en maïz fut réduite à un demi-hectare. Un de mes amis, qui avoit des relations avec M. *Acloque*, successeur de M. *Maille*, me fit, il y a quinze ans, de sa part, une demande de fournitures de jeunes pousses de maïz, à laquelle mon exploitation, qui étoit alors d'environ 100 hectares, me permettoit de satisfaire. Depuis cette époque, j'ai planté en maïz, chaque année, de 2 à 3 hectares.

Dans l'espace de trente et un ans, vingt années ont donné un produit de 27 à 30 hectolitres par hectare; neuf années, 18 hectolitres; une année, 48 hectolitres par hectare; ce fut en 1811. Une seule année ma plantation a été avariée, moins par l'intempérie de la saison que par l'essai fait mal-à-propos sur une luzerne nouvellement défrichée et fumée légèrement dans les trous avec la poudrette. La plaine de Cheptainville, dans laquelle est situé mon domaine, consistant en plus de 400 hectares de terres labourables, bois et quelques vignes, est à 36 kilomètres sud de Paris, et

6 kilomètres d'Arpajon. Il n'y a ni rivière, ni fontaine; les puits sont à 10 mètres de profondeur; la plaine est terminée au nord par une colline. Le sol se compose d'argile et sable, par conséquent est léger : à peu de profondeur, on trouve de la pierre meulière ou du tuf. Le sol est brûlant; la végétation est presque nulle à la fin de l'été et en automne; aussi les pommes de terre y sont peu productives : mais cette disposition n'est pas défavorable à la maturité du maïz et à sa conservation.

Les premières semences de maïz que je m'étois procurées, étoient jaunes, blanches et rouges. La majeure partie des épis sont formés en entier sur une longueur de 15 à 20 centimètres; les rangées de grains, beaux et bien nourris, sont au nombre de huit ou dix. Un propriétaire de Languedoc, M. *de Catelan*, qui passoit chez moi en 1806, au mois d'août, m'assura que mon champ pouvoit rivaliser avec la plus belle production de son pays.

Ma plantation se fait ordinairement en place d'avoine sur un chaume de blé. La terre est labourée à la charrue avant l'hiver; une ample fumure précède un second labour au mois de mars; le fumier de bergerie m'a paru le plus avantageux. Si le temps le permet, on plante du

10 au 20 avril. La terre n'est point hersée avant la plantation ; les grains sont placés par des enfans, au nombre de trois à quatre grains isolément, dans de petites fosses longues et étroites : ils sont recouverts par des hommes avec des houes. La distance des petites fosses est de 60 centimètres (2 pieds). Quand le maïz sort de terre, on ravale la terre avec la herse ; on donne la première façon lorsque le maïz a à-peu-près 30 centimètres. Si, dans une même fosse, plusieurs tiges se touchent, on supprime celles qui sont trop rapprochées. Le butage est le complément de l'opération : c'est à cette façon que je dois l'avantage d'avoir ordinairement des épis bien nourris, et dont les grains sont formés jusqu'à l'extrémité. Elle ne présente aucune difficulté, lorsque les précédentes façons ont été données avec soin et en bonne saison ; le temps le plus ordinaire est immédiatement avant la moisson des seigles

Quatre à cinq décalitres suffisent pour ensemencer un hectare ; les épis sont coupés aux deux tiers; par ce moyen, l'on ne fait usage pour la semence que des plus gros grains.

Les jeunes épis pour confire au vinaigre, par le procédé de M. *Acloque*, se récoltent du 10 juillet au 20 août. Quelques pluies, à cette époque, sont désirables. Pour satisfaire aux demandes un peu considérables, on sacrifie les plantes destinées à cette récolte. Les tiges sont coupées par le pied; le plus grand nombre en produit deux, trois et quatre. Le fourrage est donné aux vaches : cela les rafraîchit, et les fumiers sont doublés. J'en ai fourni de 50 à 100 milliers dans l'espace de trois semaines.

7°. *Avantages de l'emploi du maïz en bouillie.*

Le maïz a une saveur particulière qui se conserve dans le pain qu'on en obtient, et qui disparoît ordinairement dans la bouillie, sur-tout quand celle-ci a subi une préparation convenable. Cette préparation consiste à délayer peu-à-peu cette farine à grande eau, et à tenir le mélange sur le feu, au degré de l'ébullition, pendant un certain temps; à le remuer, sans discontinuer, avec une cuiller de bois, pour empêcher que la masse ne s'attache au fond du poêlon, ne forme des grumeaux et ne contracte un goût de brûlé ou d'empyreume. Sans ces conditions générales, la bouillie, même celle de farine de froment, est défectueuse et sent la colle : celle de maïz a de l'âpreté et n'acquiert pas la consistance propre à se laisser diviser par tranches. Pourquoi les semences légumineuses, proposées pour remplacer lescéréales sous forme de pain, en donnent-elles de si mauvais? C'est par la raison que l'eau nécessaire pour opérer le pétrissage de la pâte, étant moins abondante qu'il ne faut pour la cuisson de la bouillie, devient insuffisante pour faire disparoître ce goût de verdure qui appartient aux haricots, à la lentille, aux pois secs, que la fermentation et le four développent encore davantage; tandis qu'il n'est plus sensible dans leur purée, dont la préparation est à-peu-près la même que celle de la bouillie. Ainsi, l'eau aidée de la chaleur de l'ébullition, se combine avec les principes de la matière farineuse, masque ou détruit son âpreté, perd de sa fluidité, de son insipidité, prend beaucoup de corps, et devient elle-même alimentaire. Cette considération doit déterminer à admettre le maïz dans la composition des soupes aux légumes, puisqu'il donne au vehicule des potages une consistance muqueuse; et ce n'est pas sans raison qu'on a remarqué que ceux qui font usage de la bouillie de maïz, consomment une moins grande quantité de farine que si elle étoit convertie en pain, quoique chez eux la faim se fasse sentir moins souvent. La polenta est donc réellement la préparation la plus économique qu'on puisse donner au maïz. Des foules d'expériences et de nombreuses observations ont mis hors de doute, et l'extrême salubrité de ce grain, et sa faculté essentiellement nutritive, quelle que soit la forme à laquelle on le soumette.

8°. *Du maïz en poudre alimentaire.*

Dernières vues et dernier vœu de M. Parmentier.

Maintenant que la classe peu fortunée s'est prononcée en faveur des soupes aux légumes, M. *Parmentier* pense qu'il seroit possible de préparer d'avance une poudre alimentaire qui auroit spécialement cette destination. On pourroit la composer, selon lui, des farineux les moins chers, les plus substantiels et les plus constamment productifs : par exemple, du maïz et de l'orge; des semences légumineuses, telles que les haricots, les pois et les fèves; enfin des produits de la pomme de terre. Ces différentes matières farineuses, réduites en poudre grossière, étant assorties, combinées dans des proportions relatives, pourroient former par leur réunion un tout plus élaboré, plus homogène, plus économique et plus approprié à la faculté nutritive; elles rendroient plus facile, moins embarrassante et moins coûteuse la préparation de la soupe aux légumes; elles permettroient qu'on en fît usage, même aux époques où l'on ne peut plus jouir des racines potagères fraîches; et l'on éviteroit par-là tous les tâtonnemens, toutes les chances des saisons et des localités. Cette poudre, ainsi composée et fortement desséchée au four ou à l'étuve, donneroit promptement au véhicule des soupes un caractère de bouillon : il n'y auroit plus, pour les achever, qu'à y ajouter le sel, le beurre ou la graisse, les racines potagères cuites ou coupées par tranches, quelques litres de haricots cuits dans la petite marmite à part, les herbes aromatiques hachées; le tout jeté dans le potage au moment de le distribuer. On sait que le consommateur aime beaucoup à voir flotter dans le bouillon et à rencontrer sous la dent les haricots et les racines potagères divisées par rouelles.

M. *Parmentier* ne se dissimule pas cependant que, pour obtenir tous ces avantages, il faudroit constater par des expériences positives :

Le degré alimentaire de la poudre dont il s'agit, comparé à celle du pain de froment ordinaire;

Combien de temps elle seroit susceptible de se conserver;

Dans quelle proportion il seroit nécessaire de l'employer, pour donner au véhicule de la soupe la saveur et la consistance requises;

Enfin, le prix auquel reviendroit chaque portion d'une soupe du poids d'une livre et demie.

M. *Parmentier* invite les administrateurs de bienfaisance et de charité à méditer sur les vues qu'il soumet à leur sagesse, et à bien se convaincre qu'on ne sauroit trop recueillir les moyens d'augmenter la masse des subsistances et d'opérer la diminution sur la consommation du pain, devenue effrayante par l'étendue du terrain qu'elle exige et par les fatigues qu'elle coûte à l'agriculture.

Telles sont presque les dernières pensées de M. *Parmentier*. Il n'a pas eu le temps de se livrer lui-même aux expériences qu'il indique et qu'il recommande. Recueillons du moins cette espèce de testament philanthropique; faisons connoître le désir, le dernier vœu de cet ami du genre humain; et puisse sa voix généreuse être entendue de ceux qui ont le même sentiment, avec l'heureux pouvoir de remplir son attente et de faire réaliser ce qu'il avoit si bien conçu!

Madame *Chauveau de la Miltière* avoit tenté de réaliser le vœu de M. *Parmentier*. Elle combinoit les substances de la pomme de terre, du maïz, de la lentille et des autres légumes, de manière à en composer des farines qui faisoient une purée excellente et cuite en un quart d'heure. Elle a emporté son secret au tombeau.

§. L.

Instruction pratique sur la culture et l'emploi du maïs quarantain en Piémont,

Rédigée en 1808 par M. le professeur *Buniva*, membre et directeur du Musée géorgique de la Société centrale d'agriculture, de l'Académie des sciences, littérature et beaux arts de Turin, etc. Imprimé à Turin en 1812.

Nous avons appris par cet ouvrage une chose fort singulière, et à laquelle on ne se seroit pas attendu : c'est qu'en 1808, le gouvernement avoit désiré que la culture du maïz précoce ou quarantain fût introduite dans les colonies ; le ministre de la marine en écrivit au préfet du département du Pô, et lui demanda 240 litres de cette semence, avec une instruction sur la culture de la plante. Ainsi donc, au lieu de faire venir de l'Amérique du maïz des plus belles espèces, pour en renouveler la semence en France, on se proposoit d'envoyer dans le Nouveau-Monde une petite et chétive variété de ce grain précieux, que l'on croyoit sans doute nécessaire aux colonies, tandis que nous avons vu, à Saint-Domingue, les plus grands et les plus beaux maïz venir rapidement et se succéder deux ou trois fois de suite dans la même année.

Quoi qu'il en soit, M. *Buniva* rédigea très-bien l'instruction demandée, et la soumit à la Société d'Agriculture de Turin. Cette instruction contient cinquante-cinq articles, dans lesquels l'auteur rend un juste hommage à M. *Parmentier* et à M. *Bosc*, auteur de l'excellent article sur le maïz, inséré dans le nouveau *Cours complet d'Agriculture*. M. *Bosc* a donné lui-même l'extrait de l'instruction de M. *Buniva* dans les *Annales d'Agriculture*, et nous ne devous pas le répéter.

---

§. LI.

Diverses manières d'apprêter le maïz pour la nourriture des hommes, dans le département de la Charente.

Extrait d'un Traité manuscrit de la culture du maïz et de celle des pommes de terre, par M. *Musnier*, inspecteur honoraire de division dans le corps des ponts et chaussées, etc., à Angoulême, en 1813.

1°. *Emploi du maïz;* 2°. *bouillie du maïz faite à l'eau;* 3°. *galettes, ou gâteaux de maïz;* 4°. *tourteaux économiques avec la farine de maïz et la pulpe de pommes de terre;* 5°. *pâte économique avec la farine de maïz;* 6°. *amé-*

lioration de la farine de maïz; 7°. friture de la bouillie de maïz; 8°. beignets de maïz; 9°. bouillie de maïz faite au lait; 10°. manière d'améliorer cette bouillie; 11°. milloque de maïz; 12°. comparaison générale du maïz avec la pomme de terre; 13°. pain de maïz et de pommes de terre dans le département du Jura; 14°. expériences faites à Angoulême sur le même sujet.

Emploi du maïz dans le département de la Charente.

On est généralement convaincu dans ce département, qu'il n'est guère possible de faire de bon pain de ménage avec la farine seule de maïz. La croûte en seroit brûlée tandis que l'intérieur seroit encore massif, pâteux, peu propre à faire la soupe et à se garder, sur-tout en été, saison où il moisiroit promptement. Or on sait que les gens de la campagne font toujours du pain pour quinze jours ou trois semaines, afin d'économiser leur bois et leur temps. Les expériences que M. *Musnier* a faites, les soins qu'il a pris pour préparer la farine de maïz au pétrissage, déterminer la quantité de levain, d'eau et de sel nécessaires pour en assaisonner la pâte et surveiller la cuisson, ne lui ont toujours donné qu'une masse jaunâtre et compacte. Il a dû conclure que les Charentois devoient effectivement se borner aux différentes préparations en usage dans leur département pour faire contribuer le maïz, seul ou mélangé, à la subsistance du pauvre et du riche, sauf les améliorations dont elles peuvent être encore susceptibles.

2°. *Bouillie de maïz faite à l'eau.*

Cette manière de manger le maïz, est sans contredit la plus simple, la plus économique, et par conséquent la plus usitée parmi le pauvre peuple. On passe d'abord la farine à travers un tamis fin, pour en séparer la fleur et donner le son à la volaille et aux cochons. Ensuite elle doit être délayée peu-à-peu dans une casserole remplie d'eau bouillante, où l'on a mis du sel en quantité suffisante. On a soin de laisser la casserole sur le feu, et de remuer l'eau et la farine avec une cuiller de bois, en même temps qu'on la laisse tomber peu-à-peu de l'autre main, afin d'éviter qu'elle s'attache au fond de la casserole, et qu'elle se rassemble en petits grumeaux qu'on appelle *matons*, et qu'on écrase à mesure qu'ils se forment.

Lorsqu'on juge que cette bouillie est assez épaisse, on cesse d'y introduire de la farine;

mais on la laisse bouillir en continuant de la remuer au moins de temps à autre, jusqu'à ce qu'elle soit assez cuite, ce qui exige tout au plus trois quarts d'heure. Alors on la met dans des assiettes, que les maîtres de la maison distribuent, sur-tout pour le déjeuner, à chacune des personnes, soit journaliers, enfans ou domestiques, qui doivent en manger. Telle est la bouillie que les moyens du pauvre lui permettent de faire. Il lui suffiroit de la détremper sur son assiette avec du lait froid, pour la rendre un peu meilleure; il l'augmenteroit encore avec économie, en y introduisant, soit de la pâte de courges, soit quelques pommes de terre pelées, écrasées, et mêlées avec la bouillie jusqu'à son entière cuisson; le tout assaisonné convenablement avec un peu de poivre, du sel et du persil.

3°. *Galettes ou gâteaux de maïz.*

Les pauvres habitans de la campagne, même ceux qui sont un peu plus aisés, ne font presque jamais de pain dans le département de la Charente, sans introduire avec la farine de froment ou de seigle une portion de celle de maïz plus ou moins considérable selon leurs facultés ou la quantité de ce grain qu'ils ont pu récolter. Mais aussitôt cette récolte, ils profitent presque toujours de la nécessité de faire du pain pour former une ou deux galettes de farine de maïz seul, qu'ils appellent *tourteaux de blé d'Espagne*. Ces galettes ont ordinairement 2 à 3 décimètres (8 à 9 pouces) de diamètre, sur 18 à 19 millimètres (8 à 9 lignes) d'épaisseur.

La manière de les faire consiste à former une simple pâte avec de l'eau, de la farine de maïs et du sel; à donner un peu de consistance à cette pâte, et à l'étendre sur une feuille de chou pour la mettre au four. Ensuite on a soin de les tirer lorsqu'on voit qu'elles sont jaunes et assez cuites. Le tourteau est plus léger et meilleur si l'on a soin d'échauder la farine, ce qui se fait en la délayant peu-à-peu à l'eau bouillante avec une grande cuiller; plus elle sera remuée, plus la pâte sera favorable. On attend ensuite qu'elle soit assez refroidie pour y mettre la main, la pétrir et former le tourteau. Cette pâte n'a pas besoin de fermenter; on peut même assurer qu'elle seroit moins bonne si l'on y introduisoit du levain; il suffit de mettre le tourteau au four aussitôt qu'il est formé. Si l'on attendoit davantage, la pâte se ramolliroit et s'étendroit de manière à ne pouvoir être contenue, sur-tout si cette opération se faisoit lors du mouvement ou après le mouvement de la sève, qui a lieu au mois de mai, et qui agit sur la farine de maïz. C'est ce qu'on appelle *saber* dans le Midi. Si le tourteau est bien fait et cuit à propos, il plaît à l'œil par sa belle couleur dorée, et au goût par la saveur particulière qui caractérise le maïz en pâte. Les paysans trouvent ces tourteaux si bons, qu'ils portent souvent les premiers en présent dans les villes, comme fruit nouveau (1).

4°. *Tourteaux économiques faits avec la farine de maïz et la pulpe de pommes de terre.*

On obtiendra ces nouveaux tourteaux en composant une pâte avec parties égales de farine de maïz et de pommes de terre cuites à l'eau, pelées ensuite et écrasées, soit à la main, soit au rouleau. Cette pâte sera bien mêlée, et pétrie de manière qu'elle ait un peu plus de consistance que si elle étoit formée de farine de maïz seulement, afin qu'on puisse la placer à nu sur la sole du four, où elle cuira mieux qu'étant étendue sur une feuille de chou, qui empêche ordinairement le tourteau de cuire par dessous.

---

(1) Cette bouillie à l'eau se nomme *polenta*, en Italie, où, après dix-huit ou vingt minutes de cuisson, on la verse sur une table autour de laquelle les journaliers et les domestiques se rassemblent pour manger de la polenta.

La première fois que M. *Musnier* a voulu faire de ces tourteaux, il s'est proposé en même temps de rendre témoins de cette expérience les habitans qui cuisoient avec sa bordière dans le four commun du bourg de Fliac, près Angoulême. Il y avoit deux tourteaux qui furent trouvés si beaux et si bons, qu'il fallut qu'elle eût mérité leur confiance dans d'autres circonstances, et qu'elle leur jurât d'une manière énergique que les tourteaux qu'elle venoit de tirer du four sous leurs yeux, étoient faits seulement de parties égales de farine de maïz et de pulpe de pommes de terre assaisonnées d'un peu de sel. M. *Musnier,* cependant, avoit fait ajouter et pétrir un œuf cru avec la pâte de l'un de ces deux tourteaux; mais le goût n'en étoit pas moins le même; l'intérieur seulement étoit un peu œilleté, et conséquemment un peu plus rapproché de la forme du pain ordinaire.

Il est vraisemblable que l'économie qui résulte de ce procédé affoiblira au moins l'empire de l'habitude, avec d'autant plus de raison qu'une quantité quelconque de pommes de terre coûte annuellement dix fois moins qu'une pareille quantité de blé d'Espagne en grain. Ces deux sortes de tourteaux doivent être mangés chauds. S'ils sont froids, on les rend encore meilleurs en les partageant en différentes parties, que l'on fend par le milieu de leur épaisseur, avec un couteau qui peut servir en même temps pour les présenter devant le feu et les faire griller légèrement des deux côtés. Alors il arrive que les portions qui proviennent du tourteau fait de pur maïz, sont moins sèches et plus savoureuses que celles du tourteau composé de pommes de terre et de farine de maïz. Telles sont les jouissances des pauvres gens de la campagne, dont la nourriture a toujours été l'objet des sollicitudes de M. *Musnier*.

5°. *Pâte économique faite avec la farine de maïz.*

Cette pâte prend le nom de *miques* dans le département de la Charente ; elle ne diffère de celle des tourteaux que par un peu plus de consistance et par la forme allongée d'un œuf de différentes grosseurs. Mais au lieu de porter les miques au four, on les fait cuire dans une marmite remplie d'eau bouillante, d'où on les tire, lorsqu'on les juge assez cuites, pour tenir lieu de pain à déjeuner aux enfans, aux domestiques et aux autres personnes qui doivent en manger. Comme ces miques pourroient former une nourriture trop pesante pour certains estomacs, on les rend un plus légères en les coupant dans leur longueur en tranches de 69 à 92 millimètres (3 ou 4 lignes) d'épaisseur, qu'on fait rôtir des deux côtés sur le gril, jusqu'à ce qu'elles soient terminées par une croûte dorée qui ramène la pâte de ces tranches presque à la nature de celle des tourteaux. Il paraît que ces miques sont à-peu-près ce qu'on appelle *millas* dans le département des Landes; elles ont encore beaucoup de rapport au pouding des Anglais.

Comme il faut beaucoup de farine pour former les miques, et que cette farine peut être mieux employée, on n'en fait guère que lorsqu'on manque de pain, ou momentanément d'autres farines pour les mêler avec celle du maïz et en faire du pain. Les enfans recherchent les miques avec d'autant plus d'empressement, qu'elles forment pour eux un déjeuner séparé dont ils profitent à volonté. Cependant on ne peut guère se dissimuler qu'elles sont pesantes et grossières ; mais il est certain en même temps qu'elles accoutument dès le bas âge l'estomac du jeune homme des champs à digérer les alimens les plus indigestes, et qu'elles le mettent à portée de résister avec plus de vigueur à la vie dure du soldat, que ne peut le faire celui des villes élevé avec trop de mollesse et de sensualité.

Si quelqu'un, prévenu contre le maïz, vouloit soutenir qu'il est plus nuisible que favorable à la santé de l'espèce humaine, il suffiroit, pour le désabuser, de l'envoyer chez les Béarnois, chez les habitans du Jura ou du pays des Basques; il verroit que les hommes de ces contrées sont très-robustes, quoique le maïz forme, dès l'enfance, leur principale nourriture.

6°. *Amélioration de la farine de maïz.*

De quelque manière qu'on se propose de faire servir la farine de maïz à la nourriture de l'homme, on fera toujours très-bien de l'échauder à l'eau bouillante; alors elle formera une pâte plus longue, plus légère et meilleure; mais il faut verser l'eau peu-à-peu, et remuer la farine comme on l'a dit ci-dessus, article 3. Cette considération détermine souvent les gens de la campagne à échauder cette farine séparément, avant de la pétrir avec celle de froment ou des autres grains qui doivent entrer dans la composition de leur pain. Ce mélange se fait peu-à-peu en pétrissant ensemble ces différentes farines. (On a vu que c'est la base du procédé que nous avons indiqué pour faire du pain de maïz qui a si bien réussi dans le département des Landes et ailleurs.)

M. *Musnier* passe ensuite aux jouissances que

l'homme un peu fortuné peut se procurer avec la farine seule de maïz.

7°. *Friture de la bouillie de maïz.*

Les maîtres de maison qui veulent manger la bouillie à l'eau beaucoup meilleure, la font plus épaisse, en continuant de verser de la farine peu-à-peu, et de la laisser cuire jusqu'à ce qu'elle ait acquise la consistance nécessaire pour en faire l'usage suivant. Ils en font remplir des assiettes plates dans lesquelles on la laisse refroidir entièrement, pour la faire frire ensuite dans la poêle, soit à l'huile de noix, soit à la graisse. Lorsqu'on a eu soin de retourner cette friture, qu'elle a de la consistance et une couleur dorée des deux côtés, on la mange avec plaisir.

Les personnes plus recherchées en font souvent des plats qui flattent encore davantage l'œil et le goût, en divisant la bouillie froide en compartimens qu'ils font frire à la graisse fraîche et qu'ensuite ils saupoudrent de sucre, ce qui forme un plat d'entremets que l'on mange chaud, et qui est recherché par les personnes même les plus friandes. Pour que cette bouillie ne s'attache pas au fond de la poêle, qu'on puisse la retourner et la déplacer aisément sans la déchirer, il est nécessaire que la farine dont on veut se servir soit fraîche, et qu'elle n'ait pas été moulue d'après d'autres grains que du blé d'Espagne.

8°. *Beignets de maïz.*

La farine fraîche de maïz pourra encore servir pour faire de bons beignets. Il suffit d'en former une pâte molle avec des œufs assaisonnés de sel, et dont le nombre sera fixé par la quantité de beignets qu'on voudra se procurer. Divisez cette pâte en petites parties de la grosseur d'une noix; faites les frire avec de la graisse fraîche dans une poêle ou dans une casserole; servez les beignets lorsqu'ils seront bien roux; la saveur particulière que le maïz aura conservée, et leur légèreté, les feront trouver assez bons pour se dispenser de les saupoudrer de sucre. Un œuf suffit pour en faire un petit plat.

9°. *Bouillie de maïz faite au lait.*

Les personnes aisées des villes, même celles de la campagne, qui ont des vaches et qui veulent manger de meilleure bouillie que celle qu'on a indiquée ci-dessus, article 2, la font avec du lait; mais elle se fait différemment que celle à l'eau. Pour qu'elle soit bonne, on peut prendre deux cuillerées seulement de farine de maïz que l'on délaye bien dans une casserole avec du lait et du sel, de manière qu'elle soit un peu épaisse et sans matons. Un litre de lait que l'on continue de verser peu-à-peu et à froid, en remuant toujours du même côté avec la cuiller jusqu'à ce que la bouillie soit assez cuite, sans être trop épaisse, suffit pour la finir.

Cette bouillie, mise dans des assiettes et saupoudrée de sucre râpé, peut engager, dans les villes, des voisines et des amies à se rassembler pour la manger à déjeuner. On peut introduire du sucre ou du miel dans la casserole même de bouillie sur le fourneau, un moment avant qu'elle soit assez cuite : elle pourroit tourner si on le faisoit plus tôt ; ce qui arriveroit encore, si au lieu de délayer la farine avec du lait froid, on se servoit de lait chaud, qui occasionneroit d'ailleurs beaucoup de matons. On pourroit n'ajouter le sel que vers la fin de la cuisson. Il faut avoir soin, en faisant cuire cette bouillie, que le feu ne soit pas trop ardent, et remuer toujours également de droite à gauche pour qu'elle ne s'attache pas au fond de la casserole, ce qui lui donneroit un goût d'empyreume.

Cette bouillie convient à tous les estomacs, même à ceux qui sont délabrés. Elle est nourrissante et beaucoup plus légère que celle de froment qui, en fatiguant la digestion des enfans, leur occasionne des dévoiemens, des tranchées, des vers et souvent la mort. Pour éviter cette destruction, M. *Parmentier* conseille dans son avis aux bonnes ménagères, aux mères tendres et aux personnes chargées d'élever des nourrissons, de remplacer la bouillie de froment, ou par celle de maïz, ou par de bon pain simplement délayé dans l'eau, dans le bouillon ou dans du lait sous la forme de panade.

10°. *Amélioration dont la bouillie de maïz au lait est susceptible.*

Les Bourguignons et les Francs-Comtois leurs voisins, donnent le nom de *gaudes* à la bouillie de maïz au lait; mais ce grain est toujours desséché au four avant de le convertir en farine; au reste, ils la préparent comme je viens de le dire. On peut y ajouter quelques écorces de citron, du lait d'amandes, ou un peu d'eau de fleur d'orange. Les personnes riches de ces provinces mangent quelquefois les gaudes assaisonnées de cette manière.

11°. *Milloque de maïz.*

Comme les personnes aisées du département de la Charente aiment à varier leurs mets, on peut encore parler des très-bons flancs ou tartelettes qu'elles composent avec la farine de maïz et auxquels elles donnent le nom de *milloques.* Pour en faire une bonne, prenez un litre de lait, une pleine cuiller de farine, et trois œufs avec du sel à proportion, du sucre ou du miel en quantité suffisante. Versez ce mélange bien délayé et liquide dans une tourtière sur le feu, dont le fond aura été bien enduit de graisse fraîche; garnissez de bonne braise le couvercle de ce four de campagne, et lorsque la milloque aura un peu de consistance, mettez par-dessus quelques amandes ou dragées, quelques petites tranches de citrons confits, etc. Veillez à ce que la milloque cuise également et suffisamment par-tout : elle aura alors une couleur dorée qui flattera le coup d'œil, et une pâte qui formera un excellent manger.

12°. *Comparaison générale du maïz avec la pomme de terre.*

Il n'est pas plus facile de faire de bon pain avec le maïz seul qu'avec la pomme de terre; mais le maïz présente plus de facilité pour le mêler avec les différentes espèces de grains. Néanmoins la pomme de terre employée seule est susceptible d'un plus grand nombre de combinaisons alimentaires et économiques que le maïz.

Quoique la dépense de leur culture et la masse

de leurs productions soient à-peu-près égales dans un fonds de même qualité ; quoique la récolte de la pomme de terre soit plus assurée que celle du maïz, et que cette plante soit moins délicate sur le choix du terrain, on peut demander pourquoi le maïz a au moins dix fois plus de valeur qu'une pareille quantité de pommes de terre. M. *Musnier* répond : que le vide entre les tubercules, le feu nécessaire pour les faire cuire, la perte du temps employé à les peler et à les réduire en pâte lorsqu'il s'agit de les employer à la panification, et le déchet occasionné par l'enlèvement de la pellicule, sont les causes principales de cette diminution de valeur, de manière que si l'on comparoit une masse quelconque de farine de maïz, non tamisée, avec une pareille quantité de pulpe de pommes de terre réduite en pâte, on ne trouveroit guère d'autre cause de leur différente valeur que dans l'empire de l'habitude. Cependant il faut avouer que le maïz est plus facile à conserver, qu'il est plus savoureux et plus substantiel que la pomme de terre, dont les tubercules néanmoins font un pain plus léger et conséquemment plus facile à digérer.

N. B. Ce parallèle du maïz et de la pomme de terre n'est qu'un aperçu qui mériteroit d'être plus développé.

13°. *Pain de maïz et de pommes de terre dans le département du Jura.*

Lorsqu'on veut faire du pain avec du froment et une portion de maïz, dans le département du Jura, on commence par réchauffer le grain, soit par un feu doux allumé exprès dans le four, soit après que le pain en a été tiré. Ensuite on le fait moudre dans des moulins qui ne sont employés qu'à cette mouture : on les appelle *moulins à gaudes*. Le pain ordinaire des ouvriers et des gens de la campagne se compose indifféremment de deux tiers de froment et un tiers de maïz, ou deux tiers de froment et un tiers de pommes de terre cuites à l'eau et ensuite pelées, écrasées et réduites en pâte. On y met du levain et du sel en quantité suffisante : ce dernier pain est même assez généralement regardé comme plus léger et meilleur que celui où le maïz est employé.

14°. et 15°. *Expériences faites concernant la fabrication du pain avec le froment et le maïz ou les pommes de terre.*

M. *Musnier* croit pouvoir avancer, sans crainte d'être contredit, que parties égales de farine de froment et de maïz, ou de pommes de terre bouillies, suffisent pour faire du pain qui seroit meilleur que celui de munition. Ce mélange est même conforme à la méthode américaine rapportée par M. *Crèvecœur*, tome II, page 197, de la *Bibliothèque physico-économique*, année 1788; d'où l'on peut extraire la fabrication suivante :

Prenez une quantité de pommes de terre bouillies et pelées, égale en poids à celui de la farine de froment que vous voulez employer. Après les avoir bien écrasées, faites-les passer à travers un gros tamis au moyen d'une quantité d'eau suffisante : mêlez ce résidu seulement avec autant de farine de froment qu'il en faudra pour convertir ce mélange en pâte; ajoutez-y le levain que vous jugerez nécessaire, et pétrissez. Attendez au lendemain matin pour pétrir de nouveau cette pâte, en y ajoutant le peu de farine qui vous sera restée de la veille. Lorsque ce composé aura suffisamment fermenté, mettez au four comme à l'ordinaire.

On sait que la pomme de terre ne diminue, ni n'augmente la blancheur du pain; qu'elle le rend seulement plus doux, moins échauffant et de nature à se conserver plus long-temps que le pain où il entreroit une quantité égale de farine de maïz. Il sera encore plus délicat, si l'on réduit la pâte en pains du poids d'un kilogramme : effectivement, on sait qu'un pain quelconque, réduit en petit volume, est meilleur à tous égards qu'en grosses miches.

Comme M. *Musnier* cherchoit à économiser encore davantage sur la fabrication du pain mentionné ci-dessus, il engagea M. *Landrau*, pharmacien distingué à Angoulême, et digne successeur de M. *Thomas*, son beau-père, à faire des essais avec un tiers de froment et deux tiers de maïz, ainsi qu'avec un tiers de froment et deux tiers de pulpe de pommes de terre. On a eu lieu d'être surpris de la beauté et de la qualité du premier pain ; mais il n'en a pas été ainsi de celui qui a été fait avec un tiers de froment et deux tiers de pommes de terre. La croûte seule étoit du pain, le dessous n'étoit qu'une pâte formée par l'affaissement de la pulpe; ce qui prouve au moins que le maïz peut contribuer à la panification avec plus de facilité que la pomme de terre employée dans son état naturel; mais si, au lieu de deux tiers de pulpe, on mélangeoit deux tiers de fécule avec un tiers, même avec une moindre quantité de farine de froment, il est incontestable qu'on auroit alors un pain bien supérieur au premier sous tous les rapports, ce qui, sans doute, seroit bien satisfaisant si sa cherté, occasionnée par celle de la fécule, n'excédoit en même temps les facultés, les soins, les loisirs et les attentions des gens de la campagne. Quoi qu'il en soit, M. *Musnier* se borne à désirer que des amateurs zélés s'occupent des expériences nombreuses, mais faciles à faire, au sujet de la fabrication du pain de maïz et de pommes de terre avec les différentes espèces de grains qui servent principalement à la nourriture de la classe du peuple la moins aisée. Quant à lui, avant de rendre compte des expériences qu'il a déjà faites lui-même à ce sujet, il croit devoir faire connoître la valeur qu'avoient les grains dans le temps qu'il les a employés.

Valeur des différentes espèces de grains, lorsque les expériences précédentes et les suivantes ont été faites.

Le boisseau de chaque espèce de grains a été supposé contenir 60 litres, et ce boisseau valoit, lors des expériences, savoir : en froment, 18 fr.; en seigle, 15 francs; en maïz et baillarge, connue sous le nom d'*orge du Poitou*, 10 francs; en avoine, 5 francs; en pommes de terre, un franc; et en fécule, au moins 30 à 36 francs.

Deuxième expérience.

20 litres de froment, à 18 francs les 60 litres, valent.	6 f. » c.
20 litres de seigle, à 15 francs les 60 litres, ci.	5 »
20 litres de maïz, à 10 francs les 60 litres, ci.	3 38
Valeur du pain provenant d'un boisseau ou 60 litres de ce mélange. . .	14 f. 38 c.

Cette expérience a été faite en grand par le bordier de M. *Musnier*, pour sa nourriture. Ce pain s'est trouvé très-bon et ne devoit différer de celui des habitans du Jura que parce qu'il avoit été employé un tiers de seigle au lieu d'un second tiers de froment. Il est encore certain que si l'on eût introduit dans ce mélange 20 litres de pulpe de pommes de terre, au lieu de 20 litres de maïz, la qualité du pain auroit été à-peu-près la même, quoique avec une économie de 2 francs 93 centimes, en ce que les 20 litres de pommes de terre auroient coûté tout au plus 40 centimes au lieu de 3 francs 33 centimes dépensés en maïz. On observe encore que la rétribution due au meunier pour la mouture de ce grain pourroit former une dépense peut-être supérieure à la peine que l'on prend pour faire cuire les pommes de terre dans l'eau, les peler, les réduire en pâte et les bien mêler avec la farine dans le pétrissage.

Troisième expérience.

15 litres de froment, à 30 centimes (6 sous) la livre, valent.	4 f.	50 c.
8 litres de seigle, à 25 centimes (5 sous) la livre, valent 2 fr., ci. .	2	»
37 litres de maïz, à 17 centimes (3 sous 4 deniers) la livre, valent 6 francs 17 centimes, ci.	6	17
Valeur du pain provenant d'un boisseau ou 60 litres de ce mélange.	12 f.	67 c.

Ce pain, un peu moins bon que celui de la deuxième expérience, n'a pas moins été employé à la nourriture du bordier et de sa famille. Il a dû se trouver aussi, et il s'est effectivement trouvé un peu meilleur que celui qui avoit été composé par M. *Landrau*, avec un tiers de froment et deux tiers de maïz. Cette expérience prouve encore surabondamment qu'on doit faire un très-bon pain avec moitié froment et moitié maïz ou moitié pulpe de pommes de terre.

Comme il peut être utile d'indiquer aux pauvres

familles les moyens d'employer à leur nourriture, avec très-peu de froment, les menus grains de toute espèce qu'ils peuvent avoir à leur disposition, M. *Musnier* cite encore deux expériences qui ont été faites et qui donnent un pain propre à soutenir la vigueur de leur estomac dans les travaux pénibles de la campagne.

Quatrième expérience.

15 litres de froment, à 30 centimes le litre, valent.	4 f.	50 c.
15 litres de maïz, à 17 centimes le litre, valent.	2	55
15 litres de baillarge, à 17 centimes le litre, valent, *idem*.	2	55
15 litres de pommes de terre, à 2 centimes ou 4 deniers le litre, valent.	0	25
Valeur du pain provenant d'un boisseau ou 60 litres de ce mélange. .	9 f.	85 c.

Cinquième expérience.

Parties à-peu-près égales de froment, maïz, baillarge, avoine, formant ensemble un demi-boisseau (30 litres) de farine pétrie avec 30 litres de pulpe de pommes de terre, compris la valeur de 0,15 centimes (3 sous) de farine de fèves que l'on sait être très-bonne, en petite quantité, dans la panification, ont coûté ensemble, savoir :

Pour $\frac{1}{8}$ de froment.	2 f.	25 c.
$\frac{1}{8}$ de maïz.	1	25
$\frac{1}{8}$ de baillarge.	1	25
$\frac{1}{8}$ d'avoine, à 5 francs les 60 litres, 12 sous 6 deniers ou 63 centimes, ci..	o	63
Pour 22 centimes de fèves, ci.. .	o	22
Pour 30 litres de pulpe de pommes de terre, à 2 centimes ou 4 deniers le litre, déduction faite de la valeur des fèves.	o	28
Valeur du pain, provenant d'un boisseau ou 60 litres de ce mélange, ci.	5 f.	88 c.

Cette expérience, faite par M. *Landrau*, a donné un pain œilleté et assez bon.

M. *Musnier* conclut de ces expériences qu'il y a bien des moyens d'économie pour varier la nourriture des familles pauvres.

Il ne connoissoit pas les détails que nous avons recueillis sur les différentes manières de convertir en pain la substance des parmentières, ou des pommes de terre, depuis le pain économique de ces racines crues, fabriqué par M. *Mustel* en 1767, jusqu'aux essais du même genre, qu'a faits tout récemment M. le curé de Bezons, et qui ont été honorés de l'approbation expresse de S. Ex. le Ministre de l'intérieur. (Voyez ce que nous avons publié sur ce point dans les *Annales de l'Agriculture française*, tomes LXI et LXII.)

M. *Musnier* ignoroit également que nous avions conseillé, dans le même ouvrage, de faire avec la pomme de terre, des gâteaux salés pour les troupeaux (tome LXII des *Annales*, pages 117-123). Nous avons ensuite engagé M. le baron *Picot de la Peyrouse* à composer des gâteaux de ce genre avec un mélange de parmentière et de farine de maïz. Cette combinaison a réussi parfaitement. Nous avons sous les yeux une de ces galettes, que M. *Picot de la Peyrouse* a eu la complaisance de nous apporter à Paris, en 1814, et qui s'est conservée intacte, sans moisissure et sans défaut, dans un coin, assez humide, où elle a été déposée. De semblables gâteaux salés, préparés à l'avance dans une année fertile, auroient été bien secourables pour les bêtes à laine, dans une année froide et humide, comme l'a été celle de 1816.

Cette note, étrangère aux essais de M. *Musnier*, n'ôte rien au mérite de ses expériences.

Quelle estime ne doit-on pas à ce savant ingénieur qui a repris la plume à plus de quatre-vingts ans, pour écrire en faveur du pauvre peuple et de l'utilité publique? Nous nous empressons de lui offrir ici un foible témoignage de notre vénération, et nous sommes flattés de nous associer à des travaux si respectables, en les rendant publics, et en formant le vœu que de pareils exemples ne soient pas sans récompense et sans imitateurs.

---

§. LII.

Plantation des épis de maïz, et nouvelle disposition de cette culture, essayée dans le département des Landes en 1813.

Le 13 août 1813, M. *Thoumiu*, prêtre, curé-desservant de Gouts, membre de la Société d'Agriculture du département des Landes, a lu dans l'Assemblée générale de cette compagnie, un mémoire sur la nature et la culture du maïz.

Long-temps il n'avoit examiné cette plante qu'à l'extérieur. Un jour il lui vint dans l'idée de fouiller dans l'intérieur de l'épi du maïz. Il avoit déjà observé que ce grain, cueilli avant sa parfaite maturité, se perfectionnoit en restant sur son épi même, ce qui lui fit juger que la fusée ou le papeton devoit posséder intérieurement une vertu nutritive, et que par conséquent sa nature n'étoit pas inutile pour la germination. En conséquence il ouvrit un de ces épis du haut en bas, et l'intérieur lui présenta une substance humide et spongieuse. Il enleva cette moelle intérieure avec précaution. Il vit que tous les grains placés autour de la fusée communiquoient avec cette substance interne par des filamens très-déliés qui les retenoient attachés à des espèces d'alvéoles où ils sembloient comme cousus avec art, et par le moyen desquels ils paroissoient sucer leur nutrition.

M. *Thoumiu* étoit persuadé que les plantes indiquent souvent elles-mêmes par leur nature la manière dont elles veulent être cultivées.

L'observation particulière de la structure de l'épi de maïz lui suggéra donc l'idée de l'essai d'une nouvelle manière de le cultiver. Il fit ouvrir six trous sur une plate-bande d'un pied de profondeur et d'ouverture; il combina la terre qui en étoit sortie avec de bon fumier, et recombla ces trous espacés entre eux de deux pieds, à partir de leur centre. Ce fut dans ces trous et au centre qu'il planta des épis de maïz auxquels il n'avoit laissé que douze grains à chacun. Huit jours après, le germe se montra sur la surface, et lorsque les tiges eurent acquis une hauteur suffisante, il en retrancha six par chaque touffe. Les autres prospérèrent et parvinrent dans le temps à leur perfection, aidées par les binages ordinaires; de manière que vingt-quatre pieds de terre produisirent trente-six beaux épis.

Cet essai fut fait en 1788, et fut l'objet d'un

mémoire adressé à la Société royale d'Agriculture dont M. *Thoumiu* étoit le correspondant. M. *Broussonnet*, alors secrétaire perpétuel, lui répondit au nom de la Société, et lui demanda de faire une nouvelle expérience plus en grand sur une terre ordinaire ; d'en cultiver en même temps une certaine quantité selon l'usage du pays et sur un terrain égal ; de tenir un état exact des frais de culture et des produits ; et enfin de lui faire passer les résultats.

Au moment où M. *Thoumiu* alloit s'occuper de remplir le vœu de la Société royale, la révolution vint déranger ses projets, et le força de sortir de sa patrie. Il a été long-temps en pays étranger.

A son retour, il est revenu au maïz. Fixé dans la commune de Gouts, il a repris ses expériences, et croit avoir trouvé les moyens de simplifier beaucoup son travail. Il ne plante plus les épis mêmes, mais des touffes disposées par rangées combinées, de manière à tirer du terrain tout le parti possible. Mais ce qu'il annonce n'étoit, en 1813, que le résultat d'une seule année, et les nouveaux événemens survenus à cette époque, et depuis, n'ont pas encore permis de constater la suite et le succès de ses expériences.

Nous soupçonnions depuis long-temps que l'on

avoit tort de planter le maïz à la surface d'une terre assez mal préparée, et que ce grain avoit besoin d'être placé bien plus avant et dans un sol mieux travaillé. Nous avons fait plusieurs essais, qui tous ont confirmé ce que nous avions présumé. Des grains de maïz ont été enfoncés à différentes profondeurs, depuis un pouce, deux, trois, quatre, et jusqu'à un pied, et cultivés avec le même soin dans deux terres, dont l'une avoit été bêchée légèrement, et l'autre à fond; les résultats sont en faveur de l'enfouissement du grain et du défoncement du sol ; mais ces expériences, contrariées aussi par les événemens et par notre santé, ne sont qu'une invitation et un appel que nous faisons à des agriculteurs plus jeunes, et domiciliés dans les contrées où le maïz est en grande culture. Les observations et les essais de M. *Thoumiu* viennent à l'appui de nos conjectures, et nous souhaitons qu'elles soient éclairées ultérieurement et confirmées, ou démenties par des résultats authentiques.

Nous avons vu (ci-dessus, §. XXXIX, p. 271), que M. *Geoffroy* avoit déjà tenté, dans le même département des Landes, la plantation des épis de maïz, dans la vue d'en retirer du fourrage.

RÉCAPITULATION

Et conclusion du supplément au Mémoire de M. PARMENTIER, *sur le maïz.*

D'UNE multitude d'articles relatifs au maïz, que nous avions classés dans nos collections sur toutes les parties de notre économie rurale (1), nous avons détaché les cinquante-deux paragraphes que nous venons de mettre sous les yeux des lecteurs.

On y trouve, rangées dans un ordre chronologique, les notions sur le maïz qui avoient échappé aux recherches très-étendues de notre illustre *Parmentier*, et qui nous ont paru susceptibles d'être ajoutées à son mémoire.

Le résumé de nos recherches nous a semblé prouver :

1°. Que le maïz n'est pas encore assez connu en France ;

2°. Que les circonstances en avoient cependant montré le prix, du temps même de Louis XIV ;

3°. Que le maïz figuroit dès ce temps-là dans les potages économiques ;

4°. Qu'on ne conçoit pas comment il n'y a pas été employé de nouveau dans ces derniers temps ;

5°. Qu'il y a des moyens de faire cultiver le maïz, d'une

(1) Ces collections, rassemblées depuis plus de trente ans, nous ont déjà servi à publier séparément, en 1803, la *Lettre sur le robinier*, ou *faux acacia;* en 1804, le *Traité spécial de la carotte et du panais;* en 1809, l'*Art de multiplier les grains* dont les deux volumes commencent le recueil de nos œuvres, etc.

manière commode pour les propriétaires, en le plaçant dans les jachères avec la parmentière ou la pomme de terre;

6°. Que nous avons besoin de rechercher les meilleures variétés de maïz et d'en renouveler la semence;

7°. Que l'emploi du maïz réduit en gruau, ou grossièrement concassé, est sur-tout important pour les hommes, et en fourrage pour le bétail;

8°. Que les usages du maïz peuvent recevoir autant de perfection et d'extension que ceux de la parmentière ou de la pomme de terre;

9°. Qu'on ne peut considérer sans enthousiasme la récolte et les avantages du maïz;

10°. Et enfin, qu'il n'y a rien de plus séduisant que le tableau de son égrenage dans le midi de la France.

1°. *Le maïz n'est pas encore assez connu en France.*

L'histoire même de l'introduction de cette plante utile n'est pas débrouillée. Elle faisoit déjà le fond de la subsistance des campagnes du Béarn, lorsque M. *Guyet*, intendant de la généralité de Pau, dressa, par ordre de Monseigneur le duc de Bourgogne, en 1698, un mémoire sur le Béarn et la Basse-Navarre. Or, à l'article intitulé : *Qualité du Béarn*, voici tout ce qu'il dit du maïz, qu'il n'appelle pas même par son nom :

« On n'y sème que peu de seigle et encore moins de fro-
» ment; mais on y recueille quantité de millet qui est une
» sorte de blé, venu des Indes, dont le peuple se nourrit. »

Le *millet, une sorte de blé, venu des Indes :* voilà qui est bien instructif pour le Prince à l'usage duquel le mémoire est destiné! Rien n'est plus rare dans le monde, et même parmi les administrateurs, que les idées nettes et les connoissances positives. Tout est dans le vague et dans les à-peu-près.

Les mémoires des intendans, pour les autres généralités, ne parlent pas du maïz.

Le P. *Vanière*, jésuite, né à Béziers, composoit dans le même temps, à Toulouse, son beau poëme latin sur l'économie rurale (*Prœdium rusticum*); il ne dit rien non plus du maïz, qui auroit pu lui fournir de brillantes images. Le même silence nous frappe dans le poëme des *Mois*, par feu M. *Roucher*, qui étoit né à Montpellier; dans celui des *Plantes*, par M. *Castel*, etc.

Et dans ce siècle même, après le mémoire de M. *Parmentier*, imprimé en 1785; après le magnifique éloge qu'avoit fait du maïz M. *Arthur Young*, dans son voyage en France, en 1788; les auteurs des *Statistiques générale et élémentaire de la France*, publiées en 1803 et 1805, récapitulant les productions végétales de notre sol, ne nomment le maïz qu'après le sarrasin, et se contentent de dire que « la culture du maïz est importante pour les départemens » où elle a lieu, principalement dans ceux de Lot et Ga- » ronne (Agen);

» De la Haute-Garonne (Toulouse);

» De l'Isère (Grenoble);

» De la Dordogue (Périgueux);

» Et de la Charente (Angoulême). »

Ainsi donc, on semble oublier que le maïz est cultivé en grand dans les départemens :

De l'Ain (Bourg), où il y a tous les ans près de 20,000 hectares ensemencés en maïz (§. XLII, page 292);

De l'Arriège (Foix);

De l'Aude (Carcassonne);

De la Corrèze (Tulle);

De la Corse (Ajaccio);

Du Gers (Auch);

De la Gironde (Bordeaux), dont l'Académie a publié le programme qui a fait naître le mémoire de M. *Parmentier* et celui de M. *Amoreux ;*

Du Jura (Lons-le-Saulnier);

Des Landes (Mont-de-Marsan);

Des Basses-Pyrénées (Tarbes);

Des Hautes-Pyrénées (Pau); et c'est là que le maïz paroît avoir été le plus anciennement cultivé en France;

Des Pyrénées-Orientales (Perpignan);

Du Bas-Rhin (Colmar);

Du Haut-Rhin (Strasbourg);

De la Haute-Saône (Vesoul);

Du Tarn (Alby); et c'est le Lauraguais qui fait partie de ce département, que M. *Picot de la Peyrouse* dit être le véritable pays du maïz, parce qu'il y est la nourriture exclusive du peuple, et que sa culture y a remplacé celle du pastel (1);

Et du Tarn et Garonne (Montauban).

Sans compter qu'il s'en trouve, à la vérité beaucoup moins, dans les départemens :

De la Côte-d'Or (Dijon);

Du Doubs (Besançon);

De la Drôme (Valence);

Du Gard (Nismes);

De l'Hérault (Montpellier);

---

(1) *Mémoires de la Société royale et centrale d'Agriculture*, 1814, page 85.

De l'Indre (Châteauroux) ;

D'Indre et Loire (Tours) ;

De la Moselle (Metz) ;

Du Rhône (Lyon), où la farine de maïz étoit connue et employée, comme on le verra tout-à-l'heure, dès le dix-septième siècle ;

De la Sarthe (Le Mans) ;

De la Haute-Vienne (Limoges) ;

Et dans quelques autres.

L'auteur des *Géorgiques françaises*, imprimées à Paris en 1804, affecté désagréablement de cette espèce d'indifférence ou d'ignorance de nos magistrats, de nos écrivains et de nos publicistes, sur le maïz, demande, avec un peu d'humeur,

Quel Ministre, peut-être, en des temps difficiles,
Dénombrant de l'État les ressources utiles,
A compris le maïz, comme donnant un grain
Qui peut nourrir le peuple et suppléer au pain (1) ?

Tandis que les simples colons du Béarn et du Lauraguais, de la Bourgogne et de la Bresse, etc., cultivent ce blé des Incas, par le moyen duquel ils ont résolu en silence le problème très-important que l'auteur de ces Géorgiques énonce ainsi en quatre lignes :

Favoriser toujours le débit, la culture,
Du grain qui peut fournir le plus de nourriture,

---

(1) On peut répondre à cette question : 1°. par le §. XXX de ce recueil, qui est une instruction sur le maïz, publiée par ordre du Ministre de l'intérieur *Benezech* ; 2°. par le §. XLIX, dont la publication a été due à M. le comte *de Sussy*, Ministre du commerce ; et 3°. par l'impression même de ce recueil, qu'il nous a été permis de faire paroître sous les auspices du gouvernement.

Sur un modique espace, avec plus de succès,
En donnant moins de peine et coûtant moins de frais.
Géorgiques françaises, chant second.

Ces vers ne sont pas des modèles de l'élégance poétique; mais ils ont du moins le mérite de proclamer en peu de mots un axiome économique d'une profonde vérité, et ils motivent la surprise de ce qu'on a été si long-temps à rendre justice aux nombreux avantages de la culture du maïz.

2°. *Cependant les circonstances en avoient démontré le prix, même du temps de Louis XIV.*

C'est une chose remarquable et dont le témoignage est consigné dans les *Observations sur l'agriculture et le jardinage*, par M. *Angran de Rueneuve*, 2 tomes in-8°., à Paris, 1712, et dans le *Dictionnaire économique* de *Noël Chomel*, in-F°. Lyon, 1709, Paris, 1718, etc.

M. *Angran de Rueneuve*, qui écrivoit à Orléans, rapporte ce qui suit :

« Il fit en janvier et février 1709 un froid si excessif et si » extraordinaire, dans presque toute l'Europe, que la plupart des blés de la France gelèrent, ce qui y causa une » famine presque générale. Ce fâcheux accident obligea les » laboureurs de mettre la charrue dans leurs terres et d'y » semer ensuite, à la place de ces blés gelés, toutes sortes » de menus grains », parmi lesquels cet auteur mentionne expressément le maïz qu'il distingue très-bien du millet, et auquel il consacre un article de son second volume.

« Il y a, dit-il, une espèce de grain qui est fort utile, » qu'on appelle mays ou blé d'Inde, ou blé de Turquie. » Je suis surpris de ce qu'on cultive si peu de maïz en ce » pays, étant d'un si grand profit qu'il est, et n'exigeant pas

» plus de travaux que les autres grains. Il seroit à souhaiter » que les gens de la campagne fussent pleinement convain- » cus de l'utilité qu'on en retire. On pourroit dire que ce se- » roit une découverte qu'ils auroient faite contre les malheurs » que pourroit causer une disette de blés, telle qu'elle fût, » puisqu'il est vrai que, où le maïz se cultive, le peuple ne » souffre pas, à beaucoup près, de la faim comme dans le » pays où ce grain est négligé. »

M. *Angran de Rueneuve* ne parle pas des pommes de terre, qui étoient dès-lors répandues et bien cultivées en Lorraine, mais qui n'ont été connues à Orléans et à Paris que beaucoup plus tard.

3°. *Le maïz figuroit, dès ce temps-là, dans les potages économiques.*

L'estimable curé *Chomel* n'a pas oublié le service que l'emploi du maïz rendit après les disettes de 1693 et de 1709, lorsqu'on fut obligé de recourir à des potages économiques pour la subsistance des pauvres. Madame *de Miramion* avoit eu le mérite de trouver ou d'accréditer la recette des potages au riz. Dans la famine que Paris éprouva en 1693, cette Dame distribuoit chaque jour, chez elle, six mille de ces potages aux indigens de sa paroisse. On varia les procédés pour composer ces soupes; *Chomel* a eu soin de consigner, dans son *Dictionnaire économique*, les recettes multipliées des *bouillons et potages à peu de frais* pour les pauvres, imités de ceux de madame *de Miramion*, que reproduisit ensuite une autre dame charitable nommée Madame *de l'Écluse*. Cent portions de ces potages revenoient en tout à 4 livres 3 sous 6 deniers.

Les premières recettes ont pour base la farine d'avoine

ou les pois. Il faut que l'avoine ait été rôtie au four, avant d'être moulue ; quant aux pois, il faut qu'ils aient trempé dès la veille dans de l'eau échauffée avant de les y mettre. Il entroit dans ces premiers potages du pain coupé par petits morceaux, gros comme la moitié du pouce et non par petites tranches de soupes. Plus cette soupe étoit mangée chaude, plus elle fortifioit, rassasioit et désaltéroit.

Mais à ces premières données, succèdent toujours dans *Chomel* les préparations d'autres potages composés :

D'orge mondé,

De froment grué,

De fèves,

De pois,

De riz,

De millet,

Et, enfin, de blé de Turquie;

Qui nourrissent beaucoup, sans qu'il y entre de pain, et ne reviennent qu'à 4 ou six deniers par potage. Et, parmi ces recettes, ce sont celles des potages de maïz qui paroissent les plus substantielles et qui foisonnent davantage.

En voici l'indication, dans l'ordre progressif de la quantité d'aliment qui résulte des grains ou des légumes employés.

Potage de *fèves*. Il est bon de les faire gruer, mais après les avoir desséchées. Une livre de fèves gruées fait cinq gros potages.

Les fèves noires, vieilles et dures, sont les meilleures pour être gruées.

Potage de *millet*. Il faut faire sécher ce grain avant de le gruer; son potage abonde extraordinairement et il ne faut qu'un moment pour le faire cuire. Une livre suffit pour fournir six écuellées.

Potage d'*orge mondé*. Une livre suffit pour six personnes.

Potage de *riz*. La livre fait huit potages. *Chomel* observe que c'est un ménage de faire mettre le riz en farine, parce qu'il faut alors moins de temps pour le faire cuire.

Potage de *froment grué*. Ces potages sont nourrissans et plus délicats que les autres. S'il faut deux livres de blé converti en pain pour nourrir une personne, le même poids de blé grué fera dix bons potages, dont deux nourriront une personne ; il y en aura même qui se contenteront d'un seul.

Potage de *blé de Turquie*. *Chomel* dit que l'on ne grue point ce blé, mais qu'il doit être mis en farine. La livre fait dix écuellées de potage.

Le *blé de Turquie* en farine, et le *millet*, joints ensemble, font un bon effet.

Voilà des données anciennes, d'après lesquelles il est constant que le maïz, employé en potages, avoit dès-lors un avantage reconnu sur les autres grains et légumes, puisqu'*une seule livre* de la farine de maïz donnoit *dix* écuellées, quand les fèves et le froment en donnoient *cinq*; le millet et l'orge mondé *six*, et le riz *huit*.

On n'avoit pas alors essayé dans ces soupes la farine des haricots qui foisonnent aussi beaucoup, mais sont moins sains que le maïz.

4°. *On ne conçoit pas comment on n'a pas fait entrer le maïz dans les soupes économiques, lorsqu'elles ont été renouvelées par M.* de Rumford.

Comment se fait-il donc que des faits si précis, consignés dans un livre qui a eu beaucoup de débit et que l'on a souvent réimprimé, aient été perdus de vue; si bien que M. *de Rumford* a eu l'air de nous dire une chose étrange et nouvelle, lorsqu'il a conseillé d'employer le maïz dans les soupes économiques, baptisées après coup du nom de ce savant, et qui étoient connues en France au moins depuis un siècle ?

M. *Chancey* paroît avoir été presque le seul qui, à l'éveil donné par la traduction de M. *de Rumford*, ait fait quelques essais sur la faculté nutritive de la farine de maïz, et qui ait publié des vues intéressantes sur la manière d'en répandre et d'en généraliser l'emploi.

On ne sauroit relire sans un vif intérêt ce que ce savant agronome a écrit, dans le temps, 1°. sur l'avantage d'adopter les soupes que l'on fait à Munich (*Feuille du Cultivateur*, du 11 janvier 1797); 2°. sur le maïz, relativement à son avantage pour la nourriture des hommes et des animaux (même feuille, du 14 août 1797).

Il a tiré de ses essais cette conclusion si digne de remarque, que le maïz est l'aliment le plus sain et le plus économique.

Quatre onces de farine de maïz, qu'il a préparées en *gaudes*, ont absorbé beaucoup d'eau, et ont donné un potage de 28 onces, qui pouvoit nourrir un ouvrier jusqu'à l'heure de son dîner. Les six septièmes étoient de l'eau, mais elle étoit devenue nutritive.

Vingt-deux poules et un coq ont été nourris journellement par une livre de maïz convertie en une gaude du poids de 7 livres. Il auroit fallu 4 à 5 livres de maïz en grain pour les nourrir.

On n'a pas fait d'attention à des notes si concluantes en faveur du maïz, ni au fait cité par *Desbiey*, de la cessation des épilepsies dans les Landes, après l'adoption de la culture du maïz (§. XVI, page 88); ni à l'effet moral de cette nourriture attesté par l'expérience des Quackers des États-Unis (§. XL, page 288).

Ces exemples n'ont pas influé sur l'emploi qu'on pourroit faire du maïz pour le substituer au riz et même à l'orge dans les potages aux légumes et les soupes économiques. On ne paroît s'être occupé nulle part de vérifier les assertions positives de M. *de Rumford*. Il est vrai qu'il avoit écrit plus spécialement pour la Bavière et l'Angleterre; mais la France pouvant recueillir le maïz chez elle, devroit, à bien plus forte raison, se prévaloir d'un avantage qui manque à l'Angleterre. Nous payons tous les ans un fort tribut à l'Étranger, pour plusieurs millions de quintaux de riz importés; et nous pourrions non-seulement nous rédimer, par le maïz, d'une partie de cet impôt, mais exporter nous-mêmes une quantité de ce grain dont le prix seroit pour la France un vétablebénéfice .

A quoi tient donc la négligence que tant d'écrivains nous reprochent à l'égard du maïz? Et pourquoi les efforts de M. *Parmentier*, couronnés d'un si grand succès, par rapport au *solanum tuberosum*, qu'il est venu à bout, après quarante ans de constance, de faire cultiver en grand dans les environs de Paris et de faire abonder dans les marchés de cette ville, pourquoi ces louables efforts n'ont-ils pas réussi de même à l'égard du *zea maïz*, qui n'est pas devenu une ressource alimentaire usuelle, ni recherchée, malgré les circonstances des années de disette où ce grain auroit pu fournir une ressource immense?

Il seroit indiscret, et encore plus inutile, de répondre à ces questions en rappelant les causes de cette vieille insouciance pour ce qui n'est qu'utile. Ne nous tourmentons pas de ce qui est passé; cherchons un meilleur avenir.

Si l'esprit de routine et le système des jachères ont retardé l'adoption de la culture du maïz, n'y a-t-il pas lieu d'espérer que cet esprit et ce système, ayant déjà cédé dans une partie de la France en faveur de la parmentière, permettront enfin au maïz de s'associer avec elle, puisque nous avons vu que ces deux plantes sympathisent et qu'on peut les cultiver avec succès dans le même terrain (§§. VII et XXIX de ce recueil)? et qu'on peut aussi les réunir utilement dans leur emploi alimentaire (§§. XXVII et LI)?

5°. *Moyen de faire cultiver le maïz d'une manière plus commode pour les propriétaires, en le plaçant dans les jachères et en l'associant à la parmentière ou pomme de terre.*

Il y a un moyen bien simple de profiter, à cet égard, des années de jachère; moyen que la Société royale d'Agriculture a constamment recommandé, et que M. le baron *Picot de la Peyrouse* a le double mérite d'avoir mis en pratique et d'avoir ensuite décrit en peu de mots:

« On donne au colon une quantité de terre pour la » cultiver en maïz, ordinairement demi-hectare par tête. » Il s'oblige à travailler la terre à la bêche, à semer le maïz, » à le sarcler, à le buter, à couper les panicules, à ra» masser les épis, à les décharger dans les greniers, à couper » les tiges, à les mettre sur la charrette, à rendre au pro» priétaire la moitié brute de la récolte, et toutes les dé» pouilles de la plante (1). » M. *Parmentier* évalue le produit du maïz en grain à 9 setiers par arpent, dans la Bourgogne. M. *Geoffroy* calcule son produit ordinaire comme

(1) *Topographie rurale du canton de Montastruc*, dans les *Mémoires de la Société royale d'Agriculture*, 1814, page 85.

supérieur à celui que donne le blé (§. XXXIX), et ce produit peut être triplé par une meilleure culture (§. IX).

M. *Picot de la Peyrouse* donne la parmentière ou la pomme de terre à cultiver aussi à la bêche et à demi-fruit, aux mêmes conditions que le maïz. Il fournit en sus le fumier qu'on arrange dans les raies qui doivent recevoir les tubercules; les colons lui livrent net la moitié du produit. En 1813, il en a recueilli 1527 hectolitres sur une jachère de 6 hectares de contenance. La moitié de cette superbe récolte a été retirée par les colons et est allée alimenter vingt-quatre familles (1).

Quand on saura que cette récolte peut se joindre à celle du maïz, cultivé simultanément dans les mêmes terrains et par les mêmes procédés, se refusera-t-on encore à en faire l'essai? et les propriétaires entre les mains desquels ce recueil aura pu tomber, fermeront-ils les yeux à leur propre intérêt, et aux considérations que nous leur présentons à l'appui du Traité classique de M. *Parmentier?*

6°. *Nous avons besoin de rechercher les meilleures variétés de maïz et d'en renouveler la semence.*

Il est bien vrai qu'il faut choisir les variétés du maïz convenables au sol, au climat, à l'utilité que l'on veut en tirer; et nous ne sommes pas encore aussi instruits ni aussi riches, par rapport au choix des maïz les plus avantageux, que nous le sommes désormais pour celui des pommes de terre, depuis que la Société royale d'Agriculture a réuni, classé, distingué les espèces de ces merveilleuses racines. Nous ne connoissons pas en France le maïz à épis rameux, décrit par *Boccone* (§. Ier. de ce Recueil), ni celui qui se sème tard, appelé

(1) *Mémoires de la Société royale d'Agriculture*, 1814, page 91.

moheuskorn (§. IV), ni l'*aminta* que l'on préfère, dit-on, dans le Chili (§. XXVI), ni les divers maïz du Levant et de la Syrie, dont M. *Parmentier* lui-même ne savoit que les noms arabes qui reviennent à ceux de maïz d'été, de maïz du Nil et de maïz de Syrie. *Adanson* en indique d'autres, l'*avati* du Brésil, le *pagatour* des Grandes-Indes, etc.

Les marins, les négocians, les savans voyageurs ne devroient-ils pas se piquer de nous rapporter les semences des plantes remarquables qui peuvent augmenter nos productions végétales ou renouveler celles que nous avons déjà tirées d'autres pays? Suffit-il d'aller prendre les dessins des ruines de l'antique Balbeck, ou de remplir des fioles avec l'eau du Jourdain; tandis qu'on laisse le maïz appelé *Dsourah*, qui croît près de Damiette dans l'espace de soixante-dix à quatre-vingts jours (1); et tant d'autres richesses naturelles du même genre, blés, racines, légumes, fruits, etc., que recevroient d'abord les jardins botaniques de Nantes, de Bordeaux, de Toulon, de Marseille, et qui de là pourroient se répandre de proche en proche et finir par s'acclimater sur le sol heureux de la France? Sans même aller si loin, pourquoi négligeons-nous les plantes venues de ces contrées lointaines, mais qui sont déjà faites au climat de l'Europe, et qui sont à notre portée? Les maïz blancs sont préférés pour la panification: mais où devons-nous les chercher? Le maïz à seize rangées, qui est le premier de ce genre, ne peut-il donc sortir

(1) Géographie de *Mentelle* et *Malte-Brun*, tome XIII, page 77. Il est sur-tout bien étonnant que l'on ne fasse pas venir tous les ans, quand on est en paix, des blés fromens hâtifs des pays méridionaux, pour nos semailles du printemps, qui suppléeroient si bien au défaut de celles d'automne, dans les intempéries des années qui ressemblent à celle de 1816. Nous avons traité cet objet dans l'*Art de multiplier les grains*, tome II, chapitre XVII.

des environs de Puy-Laurens, dans le département du Tarn (ci-dessus §. XXXIV, page 197)? M. *Medicus* fils, professeur d'Agriculture à Landshut en Bavière, a trouvé cette espèce blanche dans toute sa perfection, dans la vallée de l'Inn en Tyrol; cette variété blanche du Tyrol est cependant plus délicate et ne mûrit que là où elle peut être semée dès le mois d'avril. D'un autre côté, l'on assure que le maïz précoce, le maïz quarantain doit être préféré quand on veut avoir du fourrage, etc. Il y auroit un bon travail et d'utiles expériences à faire sur ce point, comme sur tous les articles controversés dans la culture de cette plante précieuse. Nous avons eu soin d'exposer toutes ces contradictions qu'il s'agit d'éclaircir; puissent nos recherches servir de base à ce travail et devenir le canevas de ces expériences, réclamées à-la-fois par l'intérêt sacré de la subsistance des hommes et l'intérêt, pressant pour les agriculteurs, du bien-être des animaux!

7°. *L'emploi du maïz, réduit en gruau, ou grossièrement concassé, est sur-tout important pour les hommes, et en fourrage pour le bétail.*

Quant à l'usage du maïz pour la subsistance des hommes, il faudroit sur-tout des essais bien constatés, bien répétés dans les hospices, dans les dépôts de mendicité, dans les prisons, dans les établissemens des soupes économiques, etc., pour montrer l'excellence, la salubrité, l'économie de la nourriture du maïz, et sur-tout, comme M. *Parmentier* l'a désiré, du maïz en gruau que l'on appelle *farre* dans le ci-devant Roussillon. Ces essais authentiques donneroient bientôt de la vogue à ce genre de nourriture; ils feroient du maïz-gruau un objet qui seroit très-recherché dans le commerce, et ce seroit sans doute le plus grand encouragement pour les cultivateurs. C'est la demande des denrées qui invite à les reproduire.

Le choix des alimens est une affaire d'habitude. Le goût qui fait naître cette habitude est d'autant plus heureux qu'il peut se satisfaire à moins de frais. Si le maïz-gruau venoit à être mieux connu, il s'accréditeroit sans peine, deviendroit dans les villes le déjeuner de préférence, et tiendroit lieu dans les villages du pain nécessaire à la soupe que l'habitant de la campagne trempe deux ou trois fois par jour. Un aliment si savoureux se recommanderoit assez pour qu'on n'eût pas besoin de recourir aux subterfuges dont les débitans du tabac se sont servis dans le principe, lorsqu'il s'est agi d'engager les Européens à fourrer dans leur nez cette poudre noire et irritante.

Quant au maïz-fourrage, personne ne l'a mieux fait valoir que nos collègues MM. *Yvart* et le comte *de Père*. Voyez dans le traité de la *Succession des cultures* (tome XII du *Cours d'Agriculture* de *Deterville*), l'article du maïz rédigé par M. *Yvart*, page 413-427.

On doit insister sur ce point, parce que le maïz-fourrage peut devenir utile, même dans les départemens où ce grain ne mûrissant pas ne pourroit pas donner sa récolte complète, mais où il n'offriroit pas moins, étant coupé en vert, la plus succulente pâture pour tous les bestiaux. M. *Parmentier* évalue le produit du maïz-fourrage à 50 quintaux par arpent.

8°. *Les usages du maïz peuvent recevoir autant de perfection et d'extension que ceux de la parmentière ou de la pomme de terre.*

Nous devons souhaiter que les usages du maïz soient soumis à un examen profond et authentique par les artistes vétérinaires, par les médecins et par les chimistes.

On a beaucoup moins travaillé sur les divers emplois que

l'on peut faire du maïz, que sur ceux de la parmentière. Nous avons rassemblé toutes les notions sur ce dernier objet, dans les *Nouveaux Motifs d'étendre la culture des parmentières ou des pommes de terre, d'après plusieurs moyens qu'on a déjà tentés pour augmenter l'utilité ou pour prolonger le succès de leur substance nutritive par leur conversion,*

En Pain,
En Vinaigre,
En Eau-de-vie,
En Pâtes sèches,
En Farine,
Et en Fécule inaltérable.

Cet écrit remplit en partie les tomes LXI et LXII des *Annales de l'Agriculture française.* Il a pour épigraphe ces deux vers qui invitent à de nouvelles découvertes :

Utere quæsitis, semper meliora requirens!
Multa inventa nitent; plura invenienda supersunt (1).

Cet écrit a déjà produit des tentatives très-utiles. On verra même un jour de nouveaux résultats de l'impulsion que paroît avoir donnée sa lecture. M. *Arcelot de Dracy* nous a promis à cet égard un mémoire qui pourra devenir extrêmement utile. Il est à désirer que la chimie s'occupe aussi des moyens de faire mieux valoir les produits du maïz. On n'a pas encore essayé, assez en grand, la bière, le vinaigre et les boissons diverses que fourniroient toutes les parties d'une plante si saine et si sucrée. La distillation des pommes de terre,

---

(1) Usez de ce qu'on sait, mais cherchez mieux encore :
Car ce qu'on sait n'est rien près de ce qu'on ignore.
O Nature! ton voile est à peine entr'ouvert :
Il reste à découvrir plus qu'on n'a découvert.

dans les années abondantes, est déjà reconnue un des meilleurs moyens de nourrir un nombreux bétail et de faire tourner cette substance au profit de la fertilité des terres. Le maïz offriroit sans doute ce double avantage. Et peut-être la dépense du combustible, nécessaire pour cet objet, ne seroit-elle pas aussi considérable que l'on pourroit le craindre; car c'est l'objection que l'on fait contre l'art de tirer un plus grand parti de la pomme de terre en la mettant à l'alambic. Cependant, la dépense est plus que compensée par l'excédant de la recette. Nous sommes assurés que dans les années d'abondance, seul temps où il puisse être permis de se livrer à cette spéculation, le maïz peut donner des boissons bien meilleures que la pomme de terre; le prix de ces boissons en payeroit tous les frais, et les résidus fermentés sustenteroient les bestiaux et accroîtroient en conséquence les moyens d'engraisser les terres; mais il nous suffit aujourd'hui d'exciter sur ce point le zèle et les recherches de ceux qui nous liront. Nous ne saurions douter des résultats heureux que produiroit également, par rapport au maïz, l'application éclairée des procédés de la chimie en faveur de l'agriculture. D'après ces espérances, on ne doit pas être surpris de la chaleur avec laquelle nous préconisons le maïz.

9°. *Tableau abrégé de la récolte et des avantages du maïz dans le département du Jura.*

La culture de cette plante est si belle et si fructueuse que ceux qui ont pu l'observer en parlent nécessairement avec un peu d'enthousiasme. On a vu (ci-dessus page 341) ce que M. *Thérèsse* écrivoit sur cette récolte à M. *Parmentier.* Ajoutons-y quelques passages d'un *Voyage dans le Jura*, et d'un *Discours* qui a obtenu le prix proposé par la Société des Sciences de Montauban.

L'auteur du *Voyage pittoresque et physico-économique dans le Jura* décrit le spectacle nouveau que lui présenta la récolte du maïz dans un village près de la ville d'Arinthoz.

« On venoit de faire la récolte du maïz (ou Turquie), production précieuse dans le Jura. L'on avoit déjà tiré les épis de leur paille, et l'on venoit de les arranger au dehors de la maison. Tout le long du mur en dehors et à quelques pieds au-dessus de la hauteur des portes, on établit une espèce de galerie d'environ deux pieds de large, par-dessus laquelle s'avance le toit. C'est un magasin entièrement ouvert aux yeux du voyageur. On le charge de Turquie depuis son plancher jusqu'à la paille du toit. Les épis y sont arrangés aussi soigneusement que toutes les marchandises de goût à la ville dans les boutiques les plus en ordre et les magasins les mieux tenus. Des groupes de ces beaux épis d'un jaune éclatant, alternés quelquefois par d'autres groupes de couleur pourpre, règnent encore suspendus en forme de guirlande à la portion inférieure de cette galerie. C'est dans cet état que le Turquie passe trois ou quatre mois exposé au grand air et aux vents qui le sèchent sans qu'il ait rien à craindre des neiges et des pluies. Par son arrangement et par ses couleurs brillantes, il donne à la maison une sorte de parure d'autant plus gracieuse qu'elle n'est aucunement l'enseigne du luxe, mais l'emblème et la preuve de l'abondance. »

A cette occasion, le voyageur se plaît à tracer un tableau rapide des avantages du maïz, et regarde comme un malheur qu'il ne soit pas connu dans tant de parties de la France où il pourroit être introduit.

« Ce grain, en effet, est celui qui réussit le mieux et qui

donne avec le plus d'abondance ; il ne se sème qu'au printemps, et par conséquent il ne se trouve jamais exposé aux rigueurs de la mauvaise saison ; les glaces et les pluies qui ruinent si souvent les semailles ordinaires, ne sauroient l'atteindre (1) ; il n'occupe le sol que pendant six mois au plus ; il épuise donc moins la terre que les autres blés, et les différens binages qu'il exige, la tiennent préparée merveilleusement à toutes les autres productions. Dans sa croissance, il donne, par l'excès de ses feuilles et la tonte de ses panicules, la nourriture la plus succulente, sans contredit, pour les vaches, celle qui leur procure le plus de lait, et qui, pour tous les bestiaux, a le plus d'attraits. On a vu des vaches échappées dans les champs en dévorer des tiges grosses comme la jambe et presque aussi dures que le bois ; elles n'en laissoient absolument que la racine qu'elles ne pouvoient pas arracher. En outre, la paille sèche ne le cède en valeur à aucune autre ; et quand, après la moisson du froment, on veut le semer fort épais et à la volée pour le couper en foin dans l'automne, c'est le meilleur de tous les fourrages.

» A tous ces avantages réels, on peut ajouter qu'aucune espèce de plante annuelle ne donne aux campagnes plus

(1) Exceptez les années extraordinairement froides et humides, comme l'a été celle de 1816, et comme le furent celles de 1315, 1485, 1693, 1725, etc. On pourra voir à ce sujet les *Recherches historiques sur les intempéries de l'air*, que nous avons lues à la Société royale et centrale d'Agriculture, le 5 mars 1817. Au reste, les blés et les légumes ordinaires, la vigne, les arbres fruitiers, n'ont pas été, à cet égard, plus privilégiés que le maïz. Et celui-ci nous offre, au printemps de 1817, une semaille de ressource, pour remédier aux suites de l'intempérie de 1816, et suppléer aux ensemencemens d'automne dans beaucoup de localités où ils n'ont pas été possibles.

d'agrément. Lorsque les champs, dépouillés des autres grains, ne montrent plus qu'une triste nudité, lorsqu'ils affligent nos yeux par la couleur brûlée des guérets, le maïz ou turquie nous console. Le terrain qui le porte a plutôt l'air d'un potager que d'un champ; sa tige vigoureuse s'élance avec noblesse; les panaches argentés de la floraison se courbent et flottent avec grâce sur l'embryon des épis qu'ils fécondent. Les vents de l'équinoxe ont déjà détaché la parure des bois, que son feuillage épais couvre encore le sol d'une verdure plus riche que celle des prairies; il dispute à la vigne l'ornement des coteaux; il venge orgueilleusement l'automne de l'aridité des plaines; depuis le printemps jusqu'à l'arrière-saison, il décore avec éclat les campagnes. »

10°. *Tableau de l'égrenage du maïz dans le midi de la France.*

Terminons par l'esquisse de l'égrenage du maïz comme l'a peint M. *Limousin-Lamothe*, auteur du *Mémoire sur les avantages et les inconvéniens de la culture du maïz*, couronné par la Société des Sciences, Agriculture et Belles-Lettres du département du Tarn, le 15 mai 1811. L'auteur écrit dans le Midi, qui est la patrie du maïz, et l'on sent qu'il a vu souvent la scène qu'il se plaît à nous représenter.

« La récolte du maïz n'exige ni les précautions, ni les embarras, ni sur-tout les grands frais que demande la récolte du blé. Il ne faut ici, ni gerbier, ni aire, ni chevaux, ni bras robustes pour le battre et l'égrener. Les seuls métayers ou colons, et leur famille, font ces diverses opérations facilement, et quelquefois à temps perdu. C'est plutôt une récréation et un amusement, qu'une occupation pénible. C'est en quelque sorte un délassement des grands travaux qui ont été faits dans la journée. Ici, les batteurs en grange ne sont point obligés de se lever avant le jour, ni de s'armer de leur bruyant fléau. Le soir, sur le gazon, devant la métairie, et au clair de la lune, quand le temps le permet, on dépouille de leurs feuilles les épis dorés, et on égrène le premier maïz dont on a besoin; mais si les frimas de l'hiver se font déjà sentir, c'est autour du foyer que la famille et ses voisins, spontanément réunis, célèbrent cette espèce de fête pastorale, vraiment digne d'être copiée par nos peintres et célébrée par nos poëtes. Là, parmi les jeux folâtres de l'enfance, au milieu d'une conversation naïve, souvent assaisonnée de chansons, d'agaceries piquantes, et de quelques petits larcins dérobés en même temps au travail et à l'amour innocent, le maïz se trouve dépouillé quand chacun voudroit le dépouiller encore. Heureuses veillées du village, d'où l'on n'emporte d'autre peine que celle de se séparer de ses compagnons de travail! soirées délicieuses à-la-fois et paisibles, dont le souvenir ne peut s'effacer de l'idée de quiconque en a pu jouir! »

L'image de cette soirée seroit pour un peintre de genre le sujet d'un charmant tableau, qu'on eût aimé à voir tracé dans les saisons de *Bernis* et de *Saint-Lambert*, et qui n'auroit pas déparé le chant du règne végétal, dans le vaste poëme des *Trois Règnes de la Nature*, si feu M. *Delille* eût été averti de la convenance de joindre un mot sur le maïz et la pomme de terre à ses justes éloges du riz et du froment. Le nom de notre *Parmentier* se seroit trouvé sous sa plume : le tribut que le grand poëte eût payé au grand agronome, les eût honorés l'un et l'autre. Sans doute les amis des muses, successeurs de M. *Delille*, acquitteront un jour sa dette à l'ami de Cérès. Un Gouvernement éclairé leur promet sa faveur; c'est à lui de les faire naître.

Un Auguste aisément enfante des Virgiles.

Reposons-nous sur cette idée, et répétons à nos lecteurs la prière que nous leur avons adressée, page 302, de comparer avec leurs cultures locales les documens nombreux contenus dans ce Supplément au Mémoire sur le maïz, par notre illustre *Parmentier*, et de transmettre à la Société royale d'Agriculture, sous le couvert de S. Ex. le Ministre de l'Intérieur, le détail de leurs réflexions, de leurs expériences, et des faits qu'il auront constatés, relativement au choix, à la culture et à l'emploi du maïz, soit qu'ils confirment, soit qu'ils rectifient les notes que nous avons rassemblées, les vues que nous avons émises et les espérances que nous avons conçues.

N. B. La table des matières présentera plus en détail les objets contenus dans ce recueil. On a eu soin d'y spécifier ceux qui paroissent plus dignes d'une attention particulière; et il sera facile de comparer entre eux les articles dont les titres ont de l'analogie, comme, par exemple : les greniers des Hongrois, page 174, et la coupe d'un grenier, gravée, page 283, etc. Ces rapprochemens rendront la lecture de l'ouvrage plus utile, et feront sentir l'avantage de la méthode que l'on a cru devoir suivre, pour ranger, suivant l'ordre des dates, les renseignemens qui composent cette collection. Ce n'est qu'une partie du *Répertoire universel de la science agronomique*, que l'auteur avoit entrepris sur le même plan, mais dont les circonstances ont malheureusement ajourné l'exécution.

FIN.

TABLE DES MATIÈRES.

PREMIÈRE PARTIE,

DEUXIÈME PARTIE,

---

(1) C'est un paradoxe adopté par beaucoup d'écrivains. Voyez dans le *Dictionnaire de médecine* (in-folio. Paris, 1746), l'article ALICA, où il est dit que cette espèce de nourriture, fort célèbre chez les anciens, se faisoit de maïz ; mais l'auteur dit ensuite « ne » seroit-ce pas plutôt de l'épautre? » Au surplus, nous connoissons mal l'*alica*, l'*intrita*, le *far* et les autres apprêts que les Romains savoient donner aux blés et aux farines. Ce seroit un sujet à éclaircir par les savans.

FIN DE LA TABLE.

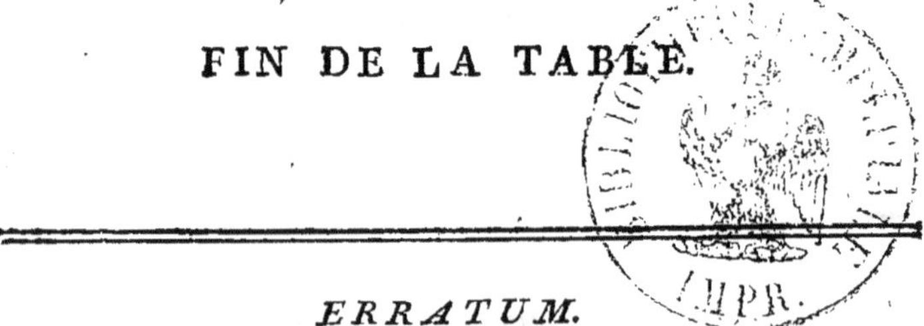

ERRATUM.

Page 291, ligne 15, en attirant à lui les sacs; *lisez :* en attirant à lui les sucs.

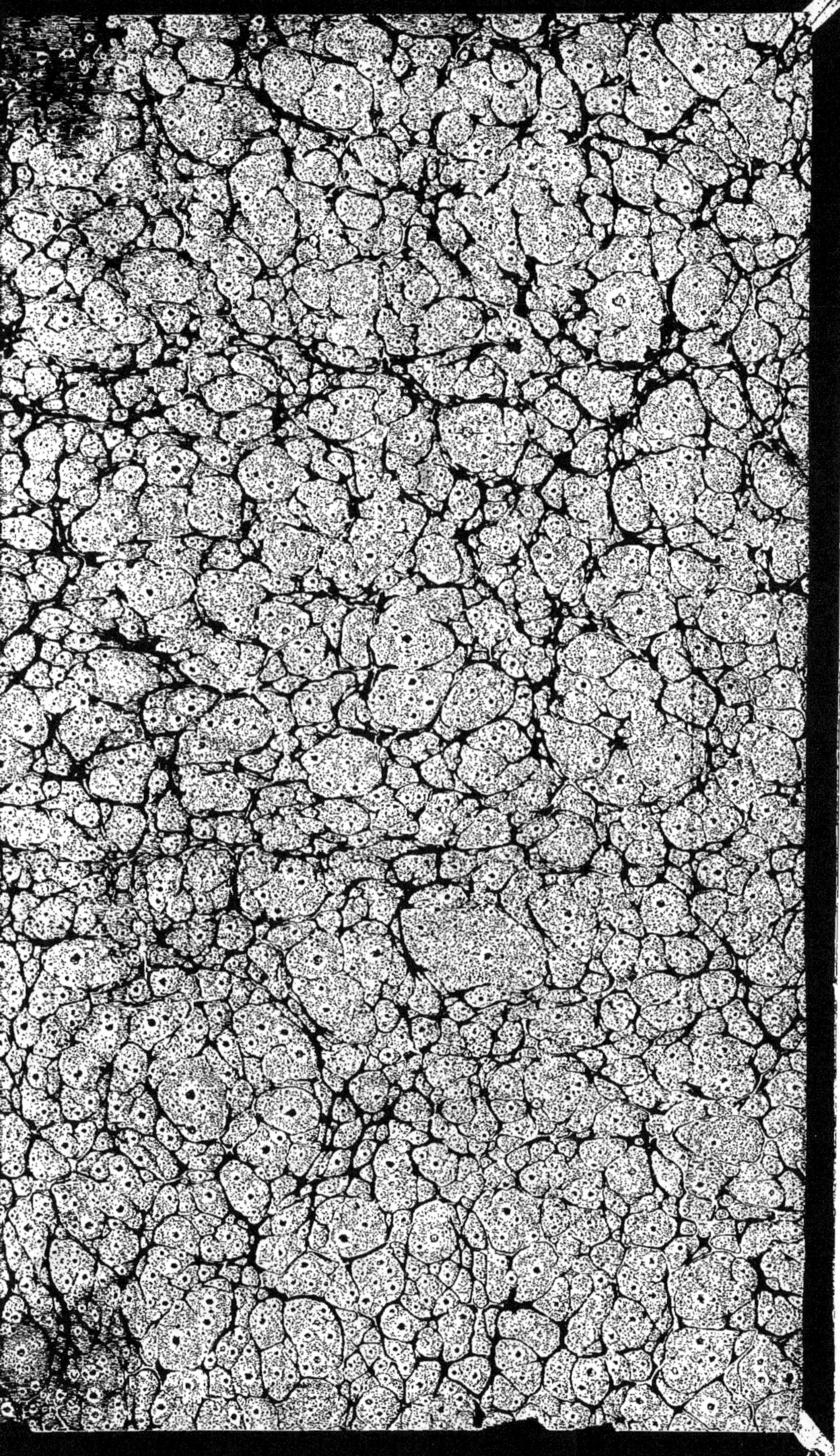